Fundamentals of
DIGITAL
SIGNAL
Processing in Geosciences

地学数字信号
处理基础

石战结 ◎著

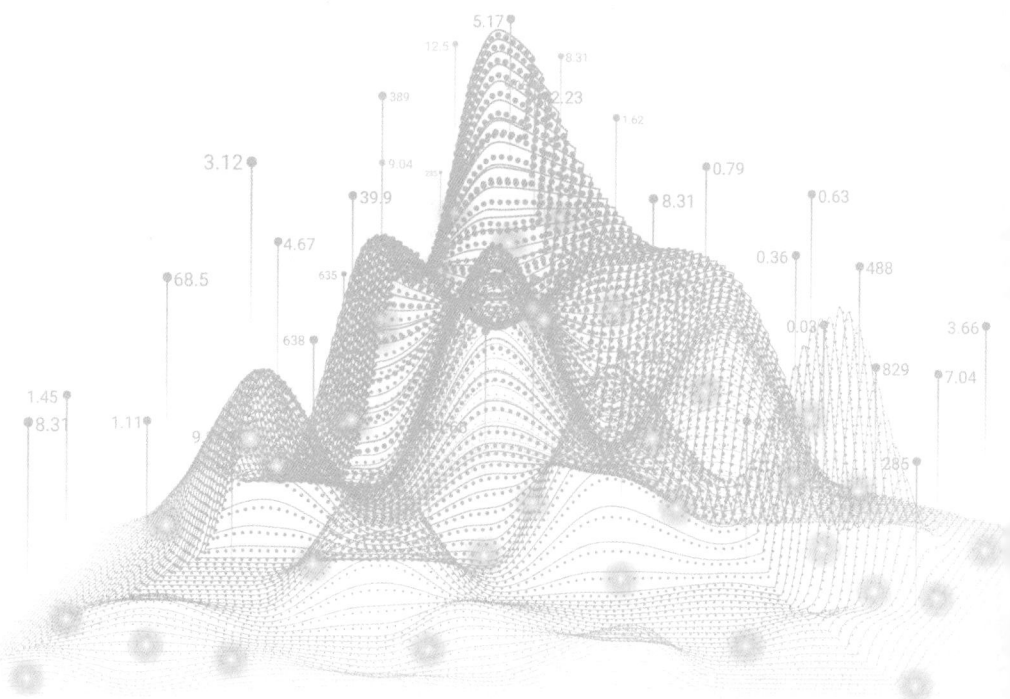

ZHEJIANG UNIVERSITY PRESS
浙江大学出版社
·杭州·

图书在版编目（CIP）数据

地学数字信号处理基础 / 石战结著. -- 杭州 ：浙江大学出版社，2025. 7. -- ISBN 978-7-308-26367-2

Ⅰ. P3-39

中国国家版本馆 CIP 数据核字第 2025EY4218 号

地学数字信号处理基础

石战结　著

策　　划	徐　霞（xuxia@zju.edu.cn）	
责任编辑	徐　霞	
责任校对	秦　瑕	
封面设计	春天书装	
出版发行	浙江大学出版社	
	（杭州市天目山路 148 号　邮政编码 310007）	
	（网址：http://www.zjupress.com）	
排　　版	杭州星云光电图文制作有限公司	
印　　刷	杭州捷派印务有限公司	
开　　本	787mm×1092mm　1/16	
印　　张	13.25	
字　　数	290 千	
版 印 次	2025 年 7 月第 1 版　2025 年 7 月第 1 次印刷	
书　　号	ISBN 978-7-308-26367-2	
定　　价	45.00 元	

内容提要

　　本书是作者在多年讲授"地学数字信号处理基础"课程的基础上,编写的第一部面向地学数字信号处理的教材。

　　本书系统和全面地讨论了地学数字信号处理的基本概念、原理和方法。第 1 章介绍了连续信号的傅里叶变换的概念、原理和性质;第 2 章介绍了数字信号的离散采样定理、采样方法及恢复连续信号的问题;第 3 章介绍了滤波与褶积的基本概念、实现方法及信号能谱与功率谱定义;第 4 章介绍了有限离散傅里叶变换的基础理论及其循环褶积的应用、快速傅里叶变换的基本理论和实现过程、频谱分析的方法以及理想滤波器的特点与问题;第 5 章介绍了傅里叶变换在地震信号检测、衰减补偿以及探地雷达信号高分辨率处理中的应用;第 6 章介绍了傅里叶变换到小波变换的发展历程、连续和离散小波变换的基本原理与实现方法;第 7 章介绍了小波变换在地震信号时频分析、位场信号多尺度分解以及遥感影像融合中的应用;第 8 章介绍了 BP 神经网络的基础理论,及其在地震和探地雷达目标信号识别中的应用;第 9 章介绍了地质统计和大数据聚类方法的原理及实际应用;第 10 章介绍了基本信号及其运算、傅里叶变换和小波变换等数字信号基础方法的综合实验。以上各部分内容都有相应的课堂例题和课后习题,并附有所有习题的参考答案。

　　本书可作为高等学校地球物理学、勘查技术与工程、地质学、数字地球系统科学、地球信息科学与技术、遥感与地理信息系统、大气科学等地学专业的教材,也可以作为从事这些专业的科学研究和工程技术人员的参考书。

前　言

　　随着信息技术的飞速发展,地球科学进入了数字化和大数据的时代。对于地球内部探测所使用的地震仪、电磁仪、电法仪、探地雷达以及重磁等设备来说,它们均采用了数字化的测量方式。而且,仪器设备的测量精度越来越高,观测点也越来越密集。尤其是近年来密集台阵技术的出现,使得对地球内部广覆盖、高密度、全天候的观测已成为现实,产生了海量的观测数据。地质学的观测也大量采用了数字化的方式,比如数字岩芯库、遥感地质影像、岩石电镜图像、地球化学分析等。此外,气象、地理、环境等领域的研究也均依赖于数字化观测方式以及大量数据。

　　地学数字信号主要指在以上研究与应用中所采集的数字信号,其中蕴含了丰富的地学信息,数字信号处理是提取这些地学信息的基础。按照地学数字信号产生的物理机制,可以分为弹性波信号、电磁波信号、电信号、位场信号、图像信号、地球化学分析信号等。因此,地学信号具有多源、多维度、多尺度等特点。地学信号中包含着人们未知的地学信息,取得了信号不等于就获取了信息,必须对信号做进一步的分析与处理才能从信号中提取到所需信息。信号处理就是对信号进行某种加工或变换,如变换、滤波、增强、压缩、估计、识别等,目的是分析信号成分,削弱信号中的多余内容,滤除混杂的噪声和干扰;或将信号变换成容易分析与识别的形式,便于提取它的特征参数等。

　　本教材主要围绕地球科学中的数据处理及大数据分析所涉及的信号处理基础问题,介绍地学数字信号处理的基本原理和方法,主要内容包括连续信号的傅里叶变换、离散信号和采样定理、滤波与褶积、有限离散傅里叶变换、傅里叶变换在地学数字信号处理中的应用、小波变换、小波变换在地学数字信号处理中的应用、机器学习及其在地学数字信号分析中的应用,以及地质统计和聚类分析等。此外,为了提升学生对数字信号处理基础理论的理解和实际应用能力,专门编写了一章"地学数字信号处理的综合实验"内容,供学生进行上机练习。

　　目前,国内外地学专业本科生使用的数字信号处理教材,其内容大多以傅里叶变换基本理论为主,对新出现的数字信号处理方法,比如小波变换、大数据机器学习分析等新方法介绍得很少甚至没有涉及,难以满足当前数字化和大数据时代学生的学习需求。本教材对傅里叶变换、小波变换、机器学习等内容都进行了详细介绍,并且考虑到地学专业本科生的学习需要,增加了地质统计相关内容。除了数字信号处理的基础方法与原理以外,还包括数字信号处理基础方法在地学中的应用。同时,对每章都设计了一些复习思考题和习题。而且,注重做好教材思政,引入傅里叶等科学家的科学精神等思政元素。

除了地学专业,数字信号处理也是信息与通信工程等专业的基础课程,相关专业也出版了一些关于数字信号处理的教材。与信息与通信工程等专业教材不同,本教材主要面向地学数字信号的特点进行设计。一些数字信号处理基础方法,比如傅里叶变换和小波变换,其基本原理虽是一致的,但是在地学数字信号处理的应用方法上有较大不同。因此,本教材主要面向地学类专业本科生的学习需要。当然,也可以作为信息与通信工程等专业本科生的学习参考书。

本教材的编写主要参考了作者所开设的地学数字信号处理基础课程的讲义。石战结编写了第1章至第9章的内容;李雪靖编写了第10章的内容。浙江大学杨文采院士提供了重力信号的小波多分辨分析的程序和滇西重力数据小波多尺度分解的结果,并且对结果的解释提供了很大帮助。硕士研究生杜腾姣绘制了本书中的图件,并且测试了所用到的 MATLAB 程序代码。浙江大学对本书的出版给予了资助。在此一并感谢!

本书是地学数字信号处理基础第一版教材,不足甚至谬误之处在所难免,恳请读者和同行不吝指正。对本书的意见和建议请向作者本人或出版社反映。

作者
2025 年 3 月于浙江大学紫金港校区

目　录

第 1 章　连续信号的傅里叶变换 ……………………………………………（1）

§ 1.1　周期信号的傅里叶级数 …………………………………………（1）

§ 1.2　周期信号的频谱及其特点 ………………………………………（4）

§ 1.3　非周期信号的傅里叶变换 ………………………………………（6）

§ 1.4　常见非周期信号的频谱 …………………………………………（8）

§ 1.5　傅里叶变换的性质 ………………………………………………（12）

第 2 章　离散信号和采样定理 ………………………………………………（18）

§ 2.1　离散信号 …………………………………………………………（18）

§ 2.2　正弦波的采样问题 ………………………………………………（24）

§ 2.3　实信号与奈奎斯特采样定理 ……………………………………（28）

§ 2.4　离散信号的傅里叶变换 …………………………………………（33）

§ 2.5　离散信号的采样定理 ……………………………………………（35）

§ 2.6　由离散信号恢复连续信号的问题 ………………………………（40）

§ 2.7　假频现象与采样（重采样）方法 …………………………………（41）

第 3 章　滤波与褶积 …………………………………………………………（44）

§ 3.1　连续信号的滤波与褶积 …………………………………………（44）

§ 3.2　离散信号的滤波与褶积 …………………………………………（47）

§ 3.3　信号的能谱与功率谱 ……………………………………………（50）

§ 3.4　离散信号与频谱的简化表示 ……………………………………（55）

§ 3.5　Z 变换 ……………………………………………………………（57）

第 4 章　有限离散傅里叶变换 ………………………………………………（62）

§ 4.1　有限离散傅里叶变换 ……………………………………………（62）

§ 4.2　快速傅里叶变换 …………………………………………………（67）

§ 4.3　有限离散傅里叶变换的循环褶积 ………………………………（73）

§ 4.4　应用快速傅里叶变换进行频谱分析 ……………………………（77）

§ 4.5　理想滤波器 ………………………………………………………（79）

第 5 章　傅里叶变换的应用 ·· （83 ）

　§5.1　检波器耦合数字匹配滤波 ··· （83 ）

　§5.2　近地表吸收衰减补偿反滤波 ··· （91 ）

　§5.3　探地雷达信号的稀疏脉冲反褶积 ·· （100）

第 6 章　小波变换 ·· （105）

　§6.1　小波变换的意义 ··· （105）

　§6.2　傅里叶变换到小波变换的理论发展 ··· （110）

　§6.3　连续小波变换 ··· （116）

　§6.4　离散小波变换 ··· （121）

第 7 章　小波变换的应用 ·· （126）

　§7.1　地震信号时频分析中的应用 ··· （126）

　§7.2　重力数字信号的小波分解 ·· （132）

　§7.3　地学数字信号处理中的其他应用 ·· （138）

第 8 章　BP 神经网络及其在信号分析中的应用 ·· （141）

　§8.1　BP 神经网络 ·· （141）

　§8.2　油气地震探测信号的智能检测 ·· （144）

　§8.3　城市道路隐患雷达探测信号的智能识别 ·································· （150）

第 9 章　地质统计与聚类分析 ·· （158）

　§9.1　地质统计学基本原理 ··· （158）

　§9.2　地质统计学应用 ·· （162）

　§9.3　聚类方法 ··· （170）

　§9.4　地学数据的聚类分析 ··· （171）

第 10 章　地学数字信号处理的综合实验 ·· （172）

　§10.1　基本信号及其运算 ·· （172）

　§10.2　傅里叶变换 ··· （180）

　§10.3　小波变换 ··· （195）

参考文献 ··· （202）

第 1 章

连续信号的傅里叶变换

对地学数字信号进行分析和处理,傅里叶变换是最基本和有效的方法。傅里叶变换的基本思想是:任一复杂的时间域或空间域信号,都可以通过傅里叶变换将该信号分解为许多单一频率的简单正(余)弦信号的叠加。本章主要介绍连续信号的傅里叶变换及其性质,内容包括:周期信号的傅里叶级数、周期信号的频谱及其特点、非周期信号的傅里叶变换、常见非周期信号的频谱和傅里叶变换的性质。

§1.1　周期信号的傅里叶级数

级数展开的思想源于矢量的分解。一个矢量 $\boldsymbol{V}$ 可以用二维平面的两个正交矢量 $\boldsymbol{V}_1$,$\boldsymbol{V}_2$ 叠加来表示[见图 1-1(a)],也可以用三维空间的三个正交矢量 $\boldsymbol{V}_1$,$\boldsymbol{V}_2$,$\boldsymbol{V}_3$ 叠加来表示[见图 1-1(b)],称为矢量的正交分解,表达式分别为

$$\boldsymbol{V} = c_1\boldsymbol{V}_1 + c_2\boldsymbol{V}_2 \tag{1-1}$$

$$\boldsymbol{V} = c_1\boldsymbol{V}_1 + c_2\boldsymbol{V}_2 + c_3\boldsymbol{V}_3 \tag{1-2}$$

(a)二维分解　　　　　　　　　(b)三维分解

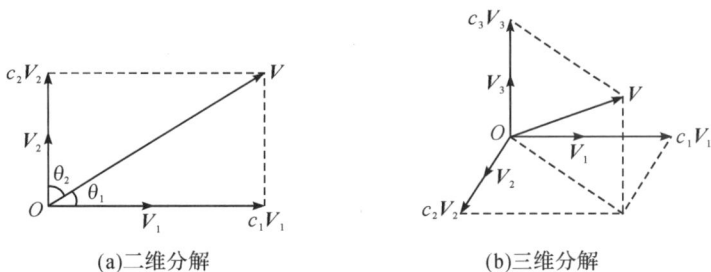

图 1-1　矢量分解

将二维和三维正交分解进一步推广到 n 维空间,对任意矢量 $\boldsymbol{V}$,可以用 n 个正交矢量 $\boldsymbol{V}_1$,$\boldsymbol{V}_2$,$\cdots$,$\boldsymbol{V}_n$ 叠加来表示,其表达式为

$$\boldsymbol{V} = c_1\boldsymbol{V}_1 + c_2\boldsymbol{V}_2 + \cdots + c_n\boldsymbol{V}_n \tag{1-3}$$

与矢量的正交分解类似,在满足一定条件时,一般的数字信号也可以用一个正交函数集中的函数来表示。这就是傅里叶级数展开的基本思想。

三角函数集是正交函数系的一个特例,傅里叶级数就是利用三角函数集进行展开的[1]。三角函数集可以表示为

$$\{1, \cos(n\omega t), \sin(n\omega t)\}, \quad n = 1, 2, 3, \cdots \tag{1-4}$$

从上式可以看出,三角函数集的周期为 $T = \dfrac{2\pi}{\omega}$,其中 ω 为圆频率,$\omega = 2\pi f$。三角函数集是正交的,原因如下[2]:

$$\int_{-\frac{T}{2}}^{\frac{T}{2}} 1 \cdot \sin(n\omega t) \mathrm{d}t = \int_{-\frac{T}{2}}^{\frac{T}{2}} 1 \cdot \cos(n\omega t) \mathrm{d}t = 0$$

$$\int_{-\frac{T}{2}}^{\frac{T}{2}} \cos(n\omega t) \cdot \sin(n\omega t) \mathrm{d}t = 0$$

$$\int_{-\frac{T}{2}}^{\frac{T}{2}} \sin(m\omega t) \cdot \sin(n\omega t) \mathrm{d}t = 0, \quad m \neq n$$

$$\int_{-\frac{T}{2}}^{\frac{T}{2}} \cos(m\omega t) \cdot \cos(n\omega t) \mathrm{d}t = 0, \quad m \neq n$$

假设一个周期信号的周期为 T,称 $\omega = \dfrac{2\pi}{T}$ 为基频。较简单的周期信号,比如简谐波,可以用一个简单的正弦信号来表示:$A\sin(\omega t + \varphi)$,$A$ 代表振幅,φ 代表初相位。对于一个较复杂的周期信号 $f(t)$,比如三角波、方波等,可以用无限多个谐波叠加来获得,其表达式为

$$f(t) = c_0 + \sum_{n=1}^{\infty} c_n \sin(n\omega t + \varphi_n) \tag{1-5}$$

式(1-5)等号右侧,实际上是一个常量 c_0 加上无限个谐波,谐波的频率为 $n\omega$。

将式(1-5)中的 $c_n \sin(n\omega t + \varphi_n)$ 展开,可得

$$c_n \sin(n\omega t + \varphi_n) = c_n \cdot \sin\varphi_n \cdot \cos(n\omega t) + c_n \cdot \cos\varphi_n \cdot \sin(n\omega t) \tag{1-6}$$

令 $a_n = c_n \cdot \sin\varphi_n, b_n = c_n \cdot \cos\varphi_n, \dfrac{a_0}{2} = c_0$,那么式(1-5)可以写成如下的形式:

$$f(t) = \frac{a_0}{2} + \sum_{n=1}^{\infty} [a_n \cos(n\omega t) + b_n \sin(n\omega t)] \tag{1-7}$$

式(1-5)和式(1-7)都称为 $f(t)$ 的傅里叶级数展开式,式(1-5)和式(1-7)的等号右侧为三角函数形式的傅里叶级数。其中,a_0, a_n 和 b_n 被称为傅里叶系数,表达式分别为

$$\frac{a_0}{2} = \frac{1}{T} \int_{-\frac{T}{2}}^{\frac{T}{2}} f(t) \mathrm{d}t$$

$$a_n = \frac{2}{T} \int_{-\frac{T}{2}}^{\frac{T}{2}} f(t) \cos(n\omega t) \mathrm{d}t, \quad n = 0, 1, 2, \cdots$$

$$b_n = \frac{2}{T} \int_{-\frac{T}{2}}^{\frac{T}{2}} f(t) \sin(n\omega t) \mathrm{d}t, \quad n = 0, 1, 2, \cdots$$

$\dfrac{a_0}{2}$ 也被称为直流分量,a_n 也被称为余弦分量的幅度,b_n 也被称为正弦分量的幅度。

需要注意的是,一个周期信号能够展开成傅里叶级数,需要满足一组充分条件,即狄利克雷(Dirichlet)条件[3]:

(1)在一个周期内,信号绝对可积,即 $\int_{-\frac{T}{2}}^{\frac{T}{2}} |f(t)|\mathrm{d}t<\infty$;

(2)在一个周期内,只有有限个不连续点;

(3)在一个周期内,只有有限个极大值和极小值。

根据欧拉公式,还可以进一步推导出复指数形式的傅里叶级数。欧拉公式的表达式为

$$e^{\mathrm{i}\theta}=\cos\theta+\mathrm{i}\sin\theta \tag{1-8}$$

其中,i 为虚数单位。

由式(1-8),可以推导出如下的表达式:

$$\begin{cases} \cos(n\omega t)=\dfrac{1}{2}\big[\exp(\mathrm{i}n\omega t)+\exp(-\mathrm{i}n\omega t)\big] \\[2mm] \sin(n\omega t)=\dfrac{1}{2\mathrm{i}}\big[\exp(\mathrm{i}n\omega t)-\exp(-\mathrm{i}n\omega t)\big] \end{cases} \tag{1-9}$$

将式(1-9)代入式(1-7),即可得到复指数形式的傅里叶级数展开式

$$f(t)=\sum_{n=-\infty}^{\infty}d_n\exp(\mathrm{i}n\omega t) \tag{1-10}$$

其中,在复指数形式的傅里叶级数中,傅里叶系数 d_n 的表达式为

$$d_n=\frac{1}{T}\int_{-\frac{T}{2}}^{\frac{T}{2}}f(t)\exp(-\mathrm{i}n\omega t)\mathrm{d}t, \quad n=0,\pm 1,\pm 2,\cdots$$

因为当 $m\neq n$ 时,$\int_{-\frac{T}{2}}^{\frac{T}{2}}\exp(\mathrm{i}m\omega t)\cdot\exp(\mathrm{i}n\omega t)\mathrm{d}t=0$,所以指数函数集 $\{\exp(\mathrm{i}n\omega t)\}$($n=0,\pm 1,\pm 2,\cdots$)也是正交的。

对于式(1-10)来说,当 $n=\pm 1$ 时,对应两项的频率为基波频率 ω,两项合起来称为信号的基波分量;当 $n=\pm 2$ 时,对应两项的频率为 2ω,两项合起来称为信号的 2 次谐波分量;当 $n=\pm N$ 时,对应两项的频率为 $N\omega$,两项合起来称为信号的 N 次谐波分量。

从式(1-7)和式(1-10)可以看出,周期信号 $f(t)$ 可以分解为不同频率的复指数信号之和,信号不同则傅里叶系数不同,为一一对应关系。

由以上分析可知,傅里叶系数在信号分解中起着关键作用,不同的周期信号分解后,对应不同的傅里叶系数。傅里叶系数具有以下基本性质:

(1)线性叠加特性。若信号 $f_1(t),f_2(t)$ 的傅里叶系数分别为 d_{1n} 和 d_{2n},那么信号 $a_1f_1(t)+a_2f_2(t)$ 对应的傅里叶系数为 $a_1d_{1n}+a_2d_{2n}$。

(2)时移特性。若信号 $f(t)$ 的傅里叶系数为 d_n,$f(t-\tau)$ 是时移 τ 个单位的信号,那么该时移信号对应的傅里叶系数为 $\exp(-\mathrm{i}n\omega\tau)d_n$。

(3)微分特性。若信号 $f(t)$ 的傅里叶系数为 d_n,$f'(t)$ 是 $f(t)$ 的一阶导数,那么该微分信号对应的傅里叶系数为 $\mathrm{i}n\omega d_n$。

(4)卷积特性。若信号 $f_1(t),f_2(t)$ 的傅里叶系数分别为 d_{1n} 和 d_{2n}，那么两个信号的

卷积 $f_1(t)*f_2(t)=\int_{-\frac{T}{2}}^{\frac{T}{2}}f_1(t)f_2(t-\tau)\mathrm{d}\tau$，该卷积信号对应的傅里叶系数为 $d_{1n}\cdot d_{2n}$。

(5)对称特性。若信号 $f(t)$ 为实信号，对应的傅里叶系数为 d_n，则 $|d_n|=|d_{-n}|$。

§1.2　周期信号的频谱及其特点

由第 1.1 节的分析可知，周期信号 $f(t)$ 可以分解为不同频率的三角函数或复指数信号之和，即周期信号函数可以展开成不同频率谐波的叠加。所以，对分解获得的不同频率的信号进行分析，就可以了解周期信号不同频率成分的特点。不同的时间/空间域周期信号，对应的傅里叶系数不同，因此可以通过研究傅里叶系数来研究信号的特征。

由式(1-6)知，信号的 n 次谐波可写成

$$a_n\cdot\cos(n\omega t)+b_n\cdot\sin(n\omega t)=c_n\sin(n\omega t+\varphi_n) \tag{1-11}$$

其中，c_n 为 n 阶谐波的振幅；φ_n 为 n 阶谐波的初相位。由于 $a_n=c_n\cdot\sin\varphi_n$，$b_n=c_n\cdot\cos\varphi_n$，所以

$$\begin{cases}c_n=\sqrt{a_n^2+b_n^2}\\\varphi_n=\arctan\dfrac{a_n}{b_n}\end{cases} \tag{1-12}$$

式(1-12)中，当 $n=0,1,2,\cdots$ 时，对应的谐波频率分别为 $0,\omega,2\omega,\cdots$，振幅分别为 c_0，$c_1,c_2,\cdots$，初相位分别为 $\varphi_0,\varphi_1,\varphi_2,\cdots$。通常把各次谐波对应的振幅称为振幅谱函数，把各次谐波对应的初相位称为相位谱函数，两者简称周期信号的频谱函数。绘制出信号的各次谐波对应的频谱，称为信号的频谱图，包括振幅谱和相位谱(因为振幅谱经常被使用，而相位谱使用得较少，故我们所说的频谱有时也专指振幅谱)。振幅谱描述了信号振幅随频率变化的特性，相位谱描述了信号初相位随频率变化的特性。

由以上分析可知，信号的振幅谱和相位谱都与傅里叶系数 a_n、b_n 有关，并且一个信号能够用振幅谱和相位谱完整地表示出来。

下面以周期矩形脉冲信号为例，详细介绍周期信号频谱的计算方法，以及频谱的特点。

设周期矩形脉冲信号 $f(t)$ 的脉冲宽度为 τ，脉冲幅度为 A，重复周期为 $T\left(\text{角频率 } \omega_0=\dfrac{2\pi}{T}\right)$，如图 1-2 所示。

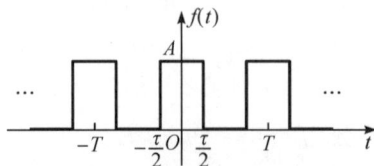

图 1-2　周期矩形信号的波形

该信号在一个周期内的表达式可以利用单位阶跃信号 $u(t)$ 来表示：

$$f(t) = A\left[u\left(t + \frac{\tau}{2}\right) - u\left(t - \frac{\tau}{2}\right) \right] \tag{1-13}$$

其中，单位阶跃信号 $u(t)$ 的表达式为

$$u(t) = \begin{cases} 1, & t \geqslant 0 \\ 0, & t < 0 \end{cases} \tag{1-14}$$

利用式(1-7)中傅里叶系数的计算公式，可以求出各系数，其中直流分量

$$\frac{a_0}{2} = \frac{1}{T}\int_{-\frac{T}{2}}^{\frac{T}{2}} f(t)\mathrm{d}t = \frac{1}{T}\int_{-\frac{\tau}{2}}^{\frac{\tau}{2}} A\mathrm{d}t = \frac{A\tau}{T} \tag{1-15}$$

余弦分量的幅度为

$$a_n = \frac{2}{T}\int_{-\frac{T}{2}}^{\frac{T}{2}} f(t)\cos(n\omega_0 t)\mathrm{d}t = \frac{2}{T}\int_{-\frac{\tau}{2}}^{\frac{\tau}{2}} A\cos\left(n\frac{2\pi}{T}t\right)\mathrm{d}t = \frac{2A}{n\pi}\sin\left(\frac{n\pi\tau}{T}\right) \tag{1-16}$$

或者利用抽样函数 S_a 表达如下：

$$a_n = \frac{2A\tau}{T}S_a\left(\frac{n\pi\tau}{T}\right) = \frac{A\tau\omega_0}{\pi}S_a\left(\frac{n\omega_0\tau}{2}\right) \tag{1-17}$$

其中，抽样函数 S_a 的表达式为

$$S_a\left(\frac{n\pi\tau}{T}\right) = \frac{\sin\left(\frac{n\pi\tau}{T}\right)}{\frac{n\pi\tau}{T}} \tag{1-18}$$

由于 $f(t)$ 是偶函数，所以由正弦分量幅度的计算公式 $b_n = \dfrac{2}{T}\displaystyle\int_{-\frac{T}{2}}^{\frac{T}{2}} f(t)\sin(n\omega_0 t)\mathrm{d}t$ 可知

$$b_n = 0$$

综上，周期矩形脉冲信号的三角函数形式的傅里叶级数为

$$f(t) = \frac{A\tau}{T} + \frac{A\tau\omega_0}{\pi}\sum_{n=1}^{\infty} S_a\left(\frac{n\omega_0\tau}{2}\right)\cos(n\omega_0\tau) \tag{1-19}$$

利用复指数形式的傅里叶系数公式，可得复指数形式的傅里叶系数为

$$d_n = \frac{1}{T}\int_{-\frac{T}{2}}^{\frac{T}{2}} f(t)\exp(-\mathrm{i}n\omega_0 t)\mathrm{d}t = \frac{1}{T}\int_{-\frac{\tau}{2}}^{\frac{\tau}{2}} A\exp(-\mathrm{i}n\omega_0 t)\mathrm{d}t = \frac{A\tau}{T}S_a\left(\frac{n\omega_0\tau}{2}\right) \tag{1-20}$$

所以，周期矩形脉冲信号的复指数形式的傅里叶级数为

$$f(t) = \sum_{n=-\infty}^{\infty} d_n\exp(\mathrm{i}n\omega_0 t) = \frac{A\tau}{T}\sum_{n=-\infty}^{\infty} S_a\left(\frac{n\omega_0\tau}{2}\right)\exp(\mathrm{i}n\omega_0 t) \tag{1-21}$$

利用式(1-15)和式(1-17)，给定 τ、T 和 A，就可以求出周期脉冲信号的直流分量、基波及各次谐波分量的幅度。

图 1-3 给出了周期矩形脉冲信号的频谱图。由于傅里叶系数是实数，这里把振幅谱和相位谱绘制在了一张图上。

从图 1-3 可以看出，周期矩形脉冲信号的频谱具有以下特点：

(1)周期矩形脉冲信号的频谱是离散的谱线，是以 $\omega_0 = \dfrac{2\pi}{T}$ 为间隔进行抽样所得。脉

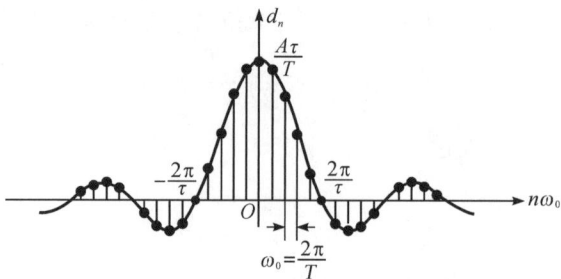

图 1-3 周期矩形脉冲信号的频谱

冲重复周期越大,则谱线越靠近(即越密集);反之,脉冲重复周期越小,则谱线越稀疏。

(2)直流分量、基波及各次谐波分量的大小正比于脉冲幅度 A 和脉宽 τ,反比于周期 T。谱线的幅度按照 $S_a\left(\dfrac{n\pi\tau}{T}\right)$ 函数的变化规律而变化。

(3)周期矩形脉冲信号的频谱图包含无限多条谱线,表明该信号可以分解为无限多个不同频率的分量。但是,其能量主要集中于第一个零点以内。

(4)周期矩形脉冲信号的频谱具有幅度衰减特性。当该信号的幅度频谱随着谐波增大时,幅度频谱不断衰减,并最终趋于零。信号时域波形变化越平缓,表示高次谐波的成分越少,幅度频谱衰减越快;信号时域波形变化跳变越多,表示高次谐波成分越多,幅度频谱衰减越慢。

一般的周期信号频谱特征跟周期矩形脉冲信号相似,均为离散的谱线,对应的频谱也被称为离散频谱。而且,一般周期信号的振幅谱也具有幅度衰减特性。

§1.3 非周期信号的傅里叶变换

前两节讨论了周期信号的傅里叶级数,并通过傅里叶系数得到了它的离散频谱。本节将上述傅里叶分析方法推广到非周期信号中去,推导出非周期信号的傅里叶变换。

第 1.2 节详细分析了周期矩形脉冲信号及其频谱特点,若假设周期矩形脉冲信号的周期趋于无穷大,那么由图 1-2 可知该脉冲将转化为非周期性的单脉冲信号。因此,可以将非周期信号当成周期趋于无穷大的周期信号,来分析其频谱特点。由上一节分析的周期脉冲信号频谱特点可知,当周期信号的周期增大时,离散谱线的间隔将变小,若周期趋于无穷大,则谱线的间隔趋于无限小,这样离散谱线就变成了连续频谱了。因此,对于非周期信号,离散谱线的表示方法就不再适用了。为此,我们引入"频谱密度函数"来表示非周期信号的频谱。下面由周期信号的傅里叶级数的频谱推导出非周期信号的傅里叶变换,并阐述频谱密度函数的意义。

设 $f(t)$ 为一周期信号,其频谱为 $F(n\omega_0)$,将该周期信号展开成复指数形式的傅里叶级数,表达式为

$$f(t) = \sum_{n=-\infty}^{\infty} F(n\omega_0)\exp(\mathrm{i}n\omega_0 t) \tag{1-22}$$

其中，$F(n\omega_0) = \dfrac{1}{T} \displaystyle\int_{-\frac{T}{2}}^{\frac{T}{2}} f(t)\exp(-\mathrm{i}n\omega_0 t)\mathrm{d}t$。

频谱表达式两边同乘以 T，可得

$$F(n\omega_0) \cdot T = \frac{2\pi F(n\omega_0)}{\omega_0} = \int_{-\frac{T}{2}}^{\frac{T}{2}} f(t)\exp(-\mathrm{i}n\omega_0 t)\mathrm{d}t \tag{1-23}$$

对于周期信号，若周期 $T \to \infty$，则频率 $\omega_0 \to 0$，谱线间隔 $\Delta \to \mathrm{d}\omega$，那么，离散频谱 $n\omega_0$ 就变成了连续频率。在这种极限情况下，频谱 $F(n\omega_0) \to 0$，但是 $\dfrac{2\pi F(n\omega_0)}{\omega_0}$ 趋近于有限值，且变成一个连续函数，可表示成 $F(\omega)$，因此有

$$F(\omega) = \lim_{\omega_0 \to 0} \frac{2\pi F(n\omega_0)}{\omega_0} = \lim_{T \to \infty} F(n\omega_0) \cdot T \tag{1-24}$$

其中，$\dfrac{F(n\omega_0)}{\omega_0}$ 表示单位频带的频谱值，即频谱密度。$F(\omega)$ 称为非周期信号的频谱密度函数，或简称频谱函数。因此，$F(\omega)$ 是单位频率所具有的信号频谱，是一种密度谱、连续谱的概念，表示信号频谱密度的分布情况。

将式(1-23)代入式(1-24)，可得

$$F(\omega) = \lim_{T \to \infty} \int_{-\frac{T}{2}}^{\frac{T}{2}} f(t)\exp(-\mathrm{i}n\omega_0 t)\mathrm{d}t \tag{1-25}$$

可进一步将式(1-25)写成

$$F(\omega) = \int_{-\infty}^{\infty} f(t)\exp(-\mathrm{i}\omega t)\mathrm{d}t \tag{1-26}$$

式(1-26)被称为非周期信号的傅里叶变换表达式，通过该式可将时间域或空间域的非周期信号变换到频率域。

考虑到谱线间隔 Δ 等于 ω_0，那么周期信号的复指数形式的傅里叶级数展开式 $f(t) = \displaystyle\sum_{n=-\infty}^{\infty} F(n\omega)\exp(\mathrm{i}n\omega_0 t)$，可被进一步改写成

$$f(t) = \sum_{n\omega_0=-\infty}^{\infty} \frac{F(n\omega_0)}{\omega_0} \exp(\mathrm{i}n\omega_0 t)\Delta$$

在极限情况下，$n\omega_0 \to \omega$，$\Delta \to \mathrm{d}\omega$，$\dfrac{F(n\omega_0)}{\omega_0} \to \dfrac{F(\omega)}{2\pi}$，$\displaystyle\sum_{n\omega_0=-\infty}^{\infty} \to \int_{-\infty}^{\infty}$，那么，傅里叶级数可写成积分形式，即

$$f(t) = \frac{1}{2\pi} \int_{-\infty}^{\infty} F(\omega)\exp(\mathrm{i}\omega t)\mathrm{d}\omega \tag{1-27}$$

式(1-27)被称为非周期信号的傅里叶逆变换，通过该式可将频率域的信号变换到时间域或空间域。

傅里叶逆变换的物理意义是：非周期信号可分解为无数个频率为 ω，复振幅为 $\dfrac{F(\omega)}{2\pi}$ 的虚指数信号 $\exp(\mathrm{i}\omega t)$ 的线性组合。从信号分解的角度来看，$F(\omega)$ 和 $F(n\omega_0)$ 的物理意

义是可以统一的,两者都常统称为频谱函数。

严格来说,周期信号的频谱函数和非周期信号的频谱密度函数是有区别的。周期信号的频谱函数为离散的频谱,非周期信号的频谱密度函数为连续的频谱;周期信号频谱的分布,表示每一个谐波分量的复振幅(可以理解为频率点的值),非周期信号频谱的分布,表示每单位带宽内所有谐波分量合成的复振幅,即频谱的密度(可以理解为单位频率宽度内的值)。

信号 $f(t)$ 的频谱函数 $F(\omega)$,一般是复函数,可以写成

$$F(\omega) = |F(\omega)| \exp(i\varphi(\omega)) \tag{1-28}$$

其中,$|F(\omega)|$ 表示 $F(\omega)$ 的模,代表信号中各频率分量的相对大小;$\varphi(\omega)$ 是 $F(\omega)$ 的相位函数,表示信号中各频率分量之间的相位关系。与周期信号的频谱类似,我们把 $|F(\omega)|$ 与 ω 的关系曲线称为振幅谱,把 $\varphi(\omega)$ 与 ω 的关系曲线称为相位谱。

与周期信号相似,也可以将非周期信号的傅里叶逆变换[见式(1-27)]改写成三角函数形式:

$$f(t) = \frac{1}{2\pi}\int_{-\infty}^{\infty} F(\omega) \exp(i\omega t) \mathrm{d}\omega = \frac{1}{2\pi}\int_{-\infty}^{\infty} |F(\omega)| \exp(i[\omega t + \varphi(\omega)]) \mathrm{d}\omega$$

$$f(t) = \frac{1}{2\pi}\int_{-\infty}^{\infty} |F(\omega)| \cos[\omega t + \varphi(\omega)] \mathrm{d}\omega + \frac{\mathrm{i}}{2\pi}\int_{-\infty}^{\infty} |F(\omega)| \sin[\omega t + \varphi(\omega)] \mathrm{d}\omega$$

因此,与周期函数一样,非周期函数可以分解成许多不同频率的正弦分量和余弦分量。与周期函数不同的是,非周期函数的周期趋于无穷大,基波趋于无穷小,所以它包含了从零到无限高的所有频率分量。同时,由于周期趋于无限大,对任一能量有限的信号来说,在各频率点的分量幅度 $\frac{F(\omega)\mathrm{d}\omega}{2\pi}$ 趋于无限小。因此,非周期信号的频谱不能再用幅度来表示,而改用频谱密度函数来表示。

非周期信号的傅里叶变换也需要满足一定的条件才能存在。这种条件与周期信号傅里叶级数的狄利克雷条件类似,不同之处在于时间范围从一个周期变成无限区间。非周期信号的傅里叶变换需满足的狄利克雷条件如下:

(1)非周期信号在无限区间上绝对可积,即 $\int_{-\infty}^{\infty} |f(t)| \mathrm{d}t < \infty$;

(2)在任意有限区间内,信号只有有限个最大值和最小值;

(3)在任意有限区间内,信号仅有有限个不连续点,且这些点必须是有限值。

一般地,能量信号都能满足狄利克雷的充分条件,故都存在傅里叶变换。可以说傅里叶变换是地学涉及的数字信号变换的基石。对信号进行频谱分析、傅里叶变换或求频谱函数,实质上具有相同的含义。

§1.4 常见非周期信号的频谱

本节介绍几种常见的非周期信号的傅里叶变换及其频谱特点,包括矩形脉冲信号、

单边指数信号、双边指数信号、钟形脉冲信号和单位冲激信号。

1.4.1　矩形脉冲信号

矩形脉冲信号的表达式为

$$f(t) = \begin{cases} A, & |t| < \tau \\ 0, & |t| > \tau \end{cases} \tag{1-29}$$

其中，A 表示脉冲幅度；τ 表示脉冲宽度。

矩形脉冲信号的傅里叶变换为

$$F(\omega) = \int_{-\infty}^{\infty} f(t) \exp(-\mathrm{i}\omega t) \mathrm{d}t = \int_{-\frac{\tau}{2}}^{\frac{\tau}{2}} A \exp(-\mathrm{i}\omega t) \mathrm{d}t = \frac{2A}{\omega} \sin\left(\frac{\omega\tau}{2}\right) = A\tau \left[\frac{\sin\left(\frac{\omega\tau}{2}\right)}{\frac{\omega\tau}{2}} \right]$$

$$\tag{1-30}$$

因为

$$\frac{\sin\left(\frac{\omega\tau}{2}\right)}{\frac{\omega\tau}{2}} = S_a\left(\frac{\omega\tau}{2}\right)$$

所以，有

$$F(\omega) = A\tau S_a\left(\frac{\omega\tau}{2}\right)$$

根据振幅谱和相位谱的公式，可得矩形脉冲信号的振幅谱和相位谱分别为

$$|F(\omega)| = A\tau \cdot \left| S_a\left(\frac{\omega\tau}{2}\right) \right|$$

$$\varphi(\omega) = \begin{cases} 0, & \dfrac{4n\pi}{\tau} < |\omega| < \dfrac{2(2n+1)\pi}{\tau} \\ \pi, & \dfrac{2(2n+1)\pi}{\tau} < |\omega| < \dfrac{4(n+1)\pi}{\tau} \end{cases} \quad n = 0, 1, 2, \cdots$$

矩形脉冲信号的波形及其频谱如图 1-4 所示。由于该信号频谱为实函数，一般用一条曲线同时表示振幅谱和相位谱。

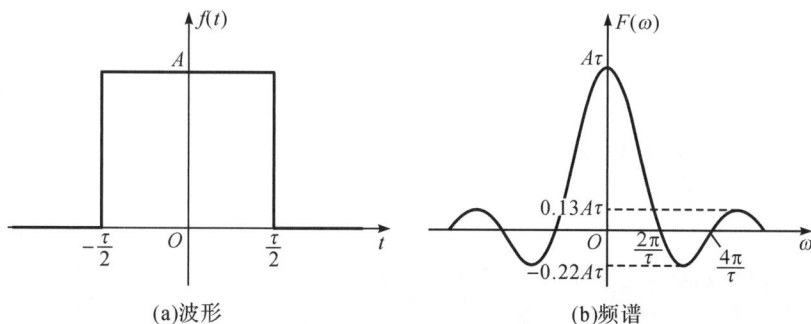

图 1-4　矩形脉冲信号的波形及频谱

从图 1-4 可以看出,矩形脉冲的振幅谱能量主要集中在频率 $\dfrac{2\pi}{\tau}$ 以内。若矩形脉冲宽度变窄,那么优势频带的宽度将变大,意味着信号的分辨率将增加。

1.4.2 单边指数信号

单边指数信号的表达式为

$$f(t)=\begin{cases} \exp(-at)u(t), & t\geqslant 0 \\ 0, & t<0 \end{cases} \tag{1-31}$$

其中,a 为正实数。

单边指数信号的傅里叶变换为

$$\begin{aligned} F(\omega) &= \int_{-\infty}^{\infty} f(t)\exp(-\mathrm{i}\omega t)\mathrm{d}t = \int_{0}^{\infty} \mathrm{e}^{-at}\exp(-\mathrm{i}\omega t)\mathrm{d}t \\ &= \int_{0}^{\infty} \exp(-(a+\mathrm{i}\omega)t)\mathrm{d}t = \frac{1}{a+\mathrm{i}\omega} \end{aligned} \tag{1-32}$$

所以,单边指数信号的振幅谱和相位谱的表达式分别为

$$|F(\omega)| = \frac{1}{\sqrt{a^2+\omega^2}}$$

$$\varphi(\omega) = -\arctan\left(\frac{\omega}{a}\right)$$

单边指数信号的波形、振幅谱和相位谱如图 1-5 所示。

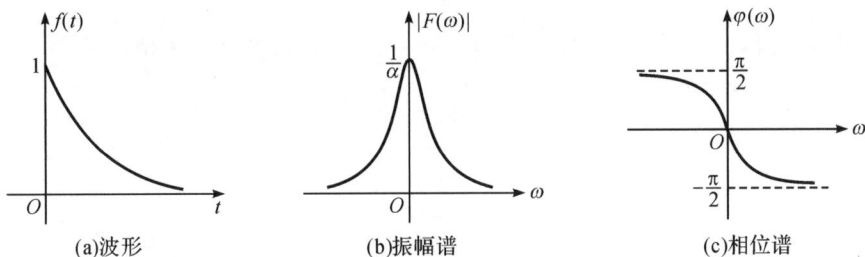

(a)波形　　　　　　　(b)振幅谱　　　　　　　(c)相位谱

图 1-5　单边指数信号的波形及振幅谱、相位谱

1.4.3 双边指数信号

双边指数信号的表达式为

$$f(t)=\exp(-a|t|), \quad -\infty<t<\infty \tag{1-33}$$

其中,a 为正实数。

双边指数信号的傅里叶变换为

$$F(\omega) = \int_{-\infty}^{\infty} f(t)\exp(-\mathrm{i}\omega t)\mathrm{d}t = \int_{0}^{\infty} \mathrm{e}^{-a|t|}\exp(-\mathrm{i}\omega t)\mathrm{d}t = \frac{2a}{a^2+\omega^2} \tag{1-34}$$

因此,双边指数信号的振幅谱和相位谱分别为

$$|F(\omega)| = \frac{2a}{a^2+\omega^2}$$

$$\varphi(\omega)=0$$

双边指数信号的波形、振幅谱如图 1-6 所示。

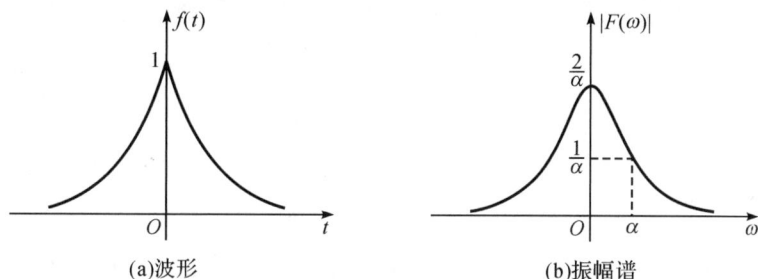

图 1-6 双边指数信号的波形及振幅谱

1.4.4 钟形脉冲信号

钟形脉冲信号的表达式为

$$f(t)=A\exp\left(-\left(\frac{t}{\tau}\right)^2\right),\quad -\infty<t<\infty \tag{1-35}$$

钟形脉冲信号的傅里叶变换为

$$
\begin{aligned}
F(\omega) &= \int_{-\infty}^{\infty} f(t)\exp(-\mathrm{i}\omega t)\mathrm{d}t = \int_{-\infty}^{\infty} A\exp\left(-\left(\frac{t}{\tau}\right)^2\right)\exp(-\mathrm{i}\omega t)\mathrm{d}t \\
&= A\int_{-\infty}^{\infty}\exp\left(-\left(\frac{t}{\tau}\right)^2\right)\left[\cos(\omega t)-\mathrm{i}\sin(\omega t)\right]\mathrm{d}t \\
&= 2A\int_{0}^{\infty}\exp\left(-\left(\frac{t}{\tau}\right)^2\right)\cos(\omega t)\mathrm{d}t \\
&= \sqrt{\pi}A\tau\cdot\exp\left(-\left(\frac{\omega\tau}{2}\right)^2\right)
\end{aligned}
\tag{1-36}
$$

因此,钟形脉冲信号的振幅谱和相位谱分别为

$$|F(\omega)|=\sqrt{\pi}A\tau\cdot\exp\left(-\left(\frac{\omega\tau}{2}\right)^2\right)$$

$$\varphi(\omega)=0$$

钟形脉冲信号的波形、振幅谱如图 1-7 所示。

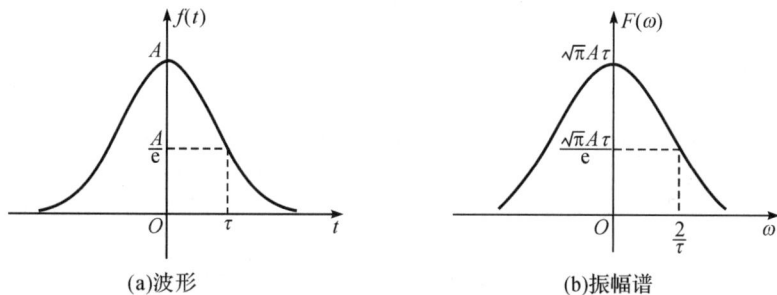

图 1-7 钟形脉冲信号的波形和振幅谱

1.4.5 单位冲激信号

单位冲激信号的表达式为

$$\delta(t) = \begin{cases} 1, & t=0 \\ 0, & t \neq 0 \end{cases} \tag{1-37}$$

单位冲激信号的傅里叶变换为

$$F(\omega) = \int_{-\infty}^{\infty} \delta(t) \exp(-\mathrm{i}\omega t) \mathrm{d}t = 1 \tag{1-38}$$

单位冲激信号的波形和频谱如图 1-8 所示。由图 1-8 可见,单位冲激信号(时域里变化最剧烈的理想信号)的频谱是一种均匀谱,其频谱包括所有的频率分量,为一个常数,又称"白色谱"。

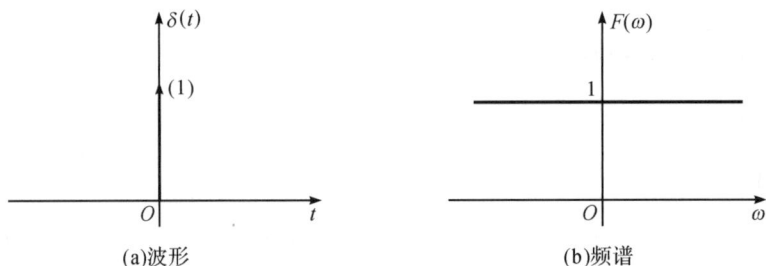

图 1-8 单位冲激信号的波形和频谱

从以上常见的非周期信号及其频谱分析来看,若要求取一个信号的振幅谱和相位谱,按照傅里叶变换的公式首先计算频谱的表达式,然后根据振幅谱和相位谱公式计算对应的振幅谱和相位谱即可。

§1.5 傅里叶变换的性质

式(1-26)和式(1-27)给出了非周期信号的傅里叶变换和傅里叶逆变换的表达式,通过这对表达式可以得到傅里叶变换的基本性质,这些性质将使得利用傅里叶变换分析信号变得更简便。本节将讨论傅里叶变换的这些基本性质。

1.5.1 叠加性质

设信号 $f_i(t)$ 的傅里叶变换为 $F_i(\omega)(i=1,2,\cdots,n)$。为了简便,本书中傅里叶变换的符号均用 $\mathscr{F}$ 来表示,那么

$$\mathscr{F}\Big[\sum_{i=1}^{n} a_i f_i(t)\Big] = \sum_{i=1}^{n} a_i F_i(\omega) \tag{1-39}$$

其中,a_i 为常数;n 为正整数。

由傅里叶变换定义式[见式(1-26)]可以证明上述结论。因此,傅里叶变换是一种线性

变换,满足叠加定理,即多个信号相加形成的新的信号,其频谱是各单独信号的频谱之和。

1.5.2 共轭性质

设信号 $f(t)$ 的傅里叶变换为 $F(\omega)$,那么它的共轭信号 $\overline{f(t)}$ 的傅里叶变换为

$$\mathscr{F}\left[\overline{f(t)}\right] = \int_{-\infty}^{\infty} \overline{f(t)}\exp(-\mathrm{i}\omega t)\mathrm{d}t = \overline{\int_{-\infty}^{\infty} f(t)\exp(\mathrm{i}\omega t)\mathrm{d}t} = \overline{F(-\omega)} \tag{1-40}$$

当该非周期性信号为实信号时,有 $f(t)=\overline{f(t)}$,所以两者的傅里叶变换有如下关系:

$$F(\omega) = \overline{F(-\omega)}$$

实际上,地学信号中的信号大部分都是实信号,共轭性质表明,对于这样的信号的频谱 $F(\omega)$,只要知道 $\omega \geqslant 0$ 时的值就可以了。这是因为当 $\omega < 0$ 时,其频谱 $F(\omega) = \overline{F(-\omega)}$。

1.5.3 时移性质

设信号 $f(t)$ 的傅里叶变换为 $F(\omega)$,那么该信号对应的时移信号 $f(t-\tau)$ 的傅里叶变换为 $\exp(-\mathrm{i}\omega\tau)F(\omega)$。原因如下:

按照傅里叶变换公式,时移信号 $f(t-\tau)$ 的傅里叶变换为

$$\mathscr{F}\left[f(t-\tau)\right] = \int_{-\infty}^{\infty} f(t-\tau)\exp(-\mathrm{i}\omega t)\mathrm{d}t$$

令 $x=t-\tau$,那么,$\mathrm{d}x=\mathrm{d}t$,将其代入上式,有

$$\int_{-\infty}^{\infty} f(t-\tau)\exp(-\mathrm{i}\omega t)\mathrm{d}t = \int_{-\infty}^{\infty} f(x)\exp(-\mathrm{i}\omega(\tau+x))\mathrm{d}x$$
$$= \exp(-\mathrm{i}\omega\tau)\int_{-\infty}^{\infty} f(x)\exp(-\mathrm{i}\omega x)\mathrm{d}x \tag{1-41}$$
$$= \exp(-\mathrm{i}\omega\tau)\cdot F(\omega)$$

因此,信号在时间域中的时移或空间域中的位置移动,对应频谱函数在频域中将产生附加的相位移动,而幅度频谱(振幅谱)保持不变。

1.5.4 频移性质

设信号 $f(t)$ 的傅里叶变换为 $F(\omega)$,即 $\mathscr{F}[f(t)]=F(\omega)$,那么

$$\mathscr{F}\left[f(t)\exp(\mathrm{i}\omega_0 t)\right] = F(\omega-\omega_0) \tag{1-42}$$

利用傅里叶变换公式对此进行证明如下:

$$\mathscr{F}\left[f(t)\exp(\mathrm{i}\omega_0 t)\right] = \int_{-\infty}^{\infty} f(t)\exp(\mathrm{i}\omega_0 t)\exp(-\mathrm{i}\omega t)\mathrm{d}t$$
$$= \int_{-\infty}^{\infty} f(t)\exp(-\mathrm{i}(\omega-\omega_0)t)\mathrm{d}t = F(\omega-\omega_0)$$

因此

$$\mathscr{F}\left[f(t)\exp(\mathrm{i}\omega_0 t)\right] = F(\omega-\omega_0)$$

与此类似,有

$$\mathscr{F}\left[f(t)\exp(-\mathrm{i}\omega_0 t)\right] = F(\omega+\omega_0)$$

其中，ω_0 为实常数。

由频移性质可知，若信号 $f(t)$ 乘以因子 $\exp(i\omega_0 t)$，则对应的频谱 $F(\omega)$ 将沿频率轴向右移动 ω_0，即发生了频移现象。或者说，在频率域将频谱向右移动 ω_0，等效于将时间域或空间域信号乘以因子 $\exp(i\omega_0 t)$。

1.5.5 对称性质

设信号 $f(t)$ 的傅里叶变换为 $F(\omega)$，如果把 $F(\omega)$ 中的频率 ω 换成 t，那么 $F(t)$ 就变成了一个信号，该信号的傅里叶变换为 $2\pi f(-\omega)$。用表达式可以表示为

$$\mathscr{F}[F(t)] = 2\pi f(-\omega) \tag{1-43}$$

下面给出该表达式的证明。

由傅里叶逆变换表达式可知

$$f(t) = \frac{1}{2\pi}\int_{-\infty}^{\infty} F(\omega)\exp(i\omega t)\,d\omega$$

所以

$$f(-t) = \frac{1}{2\pi}\int_{-\infty}^{\infty} F(\omega)\exp(-i\omega t)\,d\omega$$

将上式中的变量 t 与 ω 互换，有

$$2\pi f(-\omega) = \int_{-\infty}^{\infty} F(t)\exp(-i\omega t)\,dt$$

因此

$$\mathscr{F}[F(t)] = 2\pi f(-\omega)$$

从对称性质可以看出，若信号 $f(t)$ 的傅里叶变换为 $F(\omega)$，那么形状为 $F(t)$ 的波形，其频谱必为 $2\pi f(-\omega)$，而不必重新计算其频谱了。

1.5.6 翻转性质

设信号 $f(t)$ 为一连续信号，则称 $f(-t)$ 为 $f(t)$ 的翻转信号。具体来说，当 $f(t)$ 为实信号时，若用横坐标轴代表 t，纵坐标轴代表 f，就可以绘制出 $f(t)$ 的图形。$f(-t)$ 的图形就是将 $f(t)$ 的图形以纵坐标轴为对称轴翻转得到的，即将 $f(t)$ 纵坐标轴右边的图形翻转到左边、$f(t)$ 纵坐标轴左边的图形翻转到右边。

若信号 $f(t)$ 的傅里叶变换为 $F(\omega)$，那么翻转信号 $f(-t)$ 的傅里叶变换为

$$\mathscr{F}[f(-t)] = \int_{-\infty}^{\infty} f(-t)\exp(-i\omega t)\,dt = \int_{-\infty}^{\infty} f(x)\exp(i\omega x)\,dx = F(-\omega) \tag{1-44}$$

傅里叶变换的翻转性质表明，将一个信号沿纵坐标轴进行翻转得到的信号，对原信号频谱表达式中的频率取相反数，即可获得该翻转信号对应的频谱。

1.5.7 尺度变换性质

设信号 $f(t)$ 为一连续信号，对应的傅里叶变换为 $F(\omega)$。$f(at)$（a 为非零的实常数）

是对应的尺度变换信号,那么尺度变换信号 $f(at)$ 的傅里叶变换为

$$\mathscr{F}[f(at)] = \frac{1}{|a|}F\left(\frac{\omega}{a}\right) \tag{1-45}$$

证明如下:

根据傅里叶变换公式,有

$$\mathscr{F}[f(at)] = \int_{-\infty}^{\infty} f(at)\exp(-\mathrm{i}\omega t)\mathrm{d}t$$

令 $x = at$,那么当 $a > 0$ 时,有

$$\mathscr{F}[f(at)] = \frac{1}{a}\int_{-\infty}^{\infty} f(x)\exp\left(-\mathrm{i}\omega\frac{x}{a}\right)\mathrm{d}x = \frac{1}{a}F\left(\frac{\omega}{a}\right)$$

当 $a < 0$ 时,则有

$$\mathscr{F}[f(at)] = \frac{1}{a}\int_{\infty}^{-\infty} f(x)\exp\left(-\mathrm{i}\omega\frac{x}{a}\right)\mathrm{d}x$$

$$= \frac{-1}{a}\int_{-\infty}^{\infty} f(x)\exp\left(-\mathrm{i}\omega\frac{x}{a}\right)\mathrm{d}x = \frac{-1}{a}F\left(\frac{\omega}{a}\right)$$

将以上两种情况合并,可得

$$\mathscr{F}[f(at)] = \frac{1}{|a|}F\left(\frac{\omega}{a}\right)$$

从尺度变换性质可知,信号在时间域或空间域压缩,等效于在频率域中伸展;反之,信号在时间域或空间域伸展,等效于在频率域中压缩。进一步表明,信号在时间域或空间域压缩 a 倍,即信号随时间或空间位置变化加快至 a 倍,则等效于在频率域频率分量增加至 a 倍,反之亦然。

1.5.8　时间域或空间域微分性质

设 $\mathscr{F}[f(t)] = F(\omega)$,那么

$$\begin{cases} \mathscr{F}\left[\dfrac{\mathrm{d}f(t)}{\mathrm{d}t}\right] = \mathrm{i}\omega F(\omega) \\[2mm] \mathscr{F}\left[\dfrac{\mathrm{d}^n f(t)}{\mathrm{d}t^n}\right] = (\mathrm{i}\omega)^n F(\omega) \end{cases} \tag{1-46}$$

证明如下:

由傅里叶逆变换公式,有

$$f(t) = \frac{1}{2\pi}\int_{-\infty}^{\infty} F(\omega)\exp(\mathrm{i}\omega t)\mathrm{d}\omega$$

上式两边都对 t 求导,可得

$$\frac{\mathrm{d}f(t)}{\mathrm{d}t} = \frac{1}{2\pi}\int_{-\infty}^{\infty}(\mathrm{i}\omega)F(\omega)\exp(\mathrm{i}\omega t)\mathrm{d}\omega$$

因此

$$\mathscr{F}\left[\frac{\mathrm{d}f(t)}{\mathrm{d}t}\right] = \mathrm{i}\omega F(\omega)$$

采用类似的方法,可推导出

$$\mathscr{F}\left[\frac{\mathrm{d}^n f(t)}{\mathrm{d}t^n}\right]=(\mathrm{i}\omega)^n F(\omega)$$

微分性质表明,在时间域或空间域对自变量取 n 阶导数,等效于在频率域将其频谱乘以 $(\mathrm{i}\omega)^n$。

综上,傅里叶变换的基本性质如表 1-1 所示。其中,卷积性质由习题 1-5 给出。

表 1-1 傅里叶变换的性质

性质	信号(时间域)	傅里叶变换(频率域)
	$f(t)$	$F(\omega)$
叠加性质	$\sum\limits_{i=1}^{n} a_i f_i(t)$	$\sum\limits_{i=1}^{n} a_i F_i(\omega)$
共轭性质	$\overline{f(t)}$	$\overline{F(-\omega)}$
	$f(t)$ 为实信号时	$F(\omega)=\overline{F(-\omega)}$
时移性质	$f(t-\tau)$	$\exp(-\mathrm{i}\omega t) \cdot F(\omega)$
频移性质	$f(t)\exp(\mathrm{i}\omega_0 t)$	$F(\omega-\omega_0)$
对称性质	$F(t)$	$2\pi f(-\omega)$
翻转性质	$f(-t)$	$F(-\omega)$
尺度变换性质	$f(at)$	$\dfrac{1}{\lvert a \rvert}F\left(\dfrac{\omega}{a}\right)$
时间域或空间域微分性质	$\dfrac{\mathrm{d}f(t)}{\mathrm{d}t}$	$\mathrm{i}\omega F(\omega)$
	$\dfrac{\mathrm{d}^n f(t)}{\mathrm{d}t^n}$	$(\mathrm{i}\omega)^n F(\omega)$
卷积性质	$f_1(t) * f_2(t)$	$F_1(\omega)F_2(\omega)$

※ 傅里叶变换的故事

　　傅里叶变换是由法国著名科学家傅里叶(Fourier)提出的。傅里叶,法国数学家、物理学家。1768 年 3 月 21 日生于欧塞尔,1830 年 5 月 16 日卒于巴黎。9 岁父母双亡,被当地教堂收养。1798 年随拿破仑远征埃及时任军中文书和埃及研究院秘书,1801 年回国后任伊泽尔省地方长官。1817 年当选为科学院院士,1822 年任该院终身秘书,后又任法兰西学院终身秘书和理工科大学校务委员会主席。

其主要贡献是在研究热的传播时创立了一套数学理论;提出任一函数都可以展成三角函数的无穷级数。傅里叶级数(即三角级数)、傅里叶分析等理论均由此创始。1807年傅里叶在向法国科学院呈交的一篇关于热传导问题的论文中宣布了任一函数都能够展成三角函数的无穷级数(傅里叶变换的理论基础)。由于文中初始温度展开为三角级数的提法与拉格朗日(当时该领域权威、审稿人)关于三角级数的观点相矛盾,而遭拒绝。由于拉格朗日的强烈反对,傅里叶的论文从未公开露面过。但是傅里叶没有迷信权威,凭借执着的科学精神,在经过多次学术会议的打击后,最终把他的成果以另一种方式呈现在《热的解析理论》这本书中,后来逐渐被广泛认可和接受。

习 题

1-1　周期脉冲信号 $f(t) = A\left[u\left(t+\dfrac{\tau}{2}\right) - u\left(t-\dfrac{\tau}{2}\right)\right]$,其中 $u(t) = \begin{cases} 0, & t \geqslant 0 \\ 1, & t \leqslant 0 \end{cases}$,请推导出周期脉冲信号的傅里叶级数。

1-2　单边指数信号 $f(t) = \begin{cases} \exp(-at)u(t), & t \geqslant 0 \\ 0, & t < 0 \end{cases}$,请推导出该信号的频谱。

1-3　单位冲激信号 $\delta(t) = \begin{cases} 1, & t = 0 \\ 0, & t \neq 0 \end{cases}$,请推导出该信号的频谱。

1-4　设信号 $f(t)$ 的傅里叶变换为 $F(\omega)$,根据傅里叶变换的性质,写出信号 $g(t) = a\dfrac{\mathrm{d}^2 f(t)}{\mathrm{d}t^2} + b\dfrac{\mathrm{d}f(t)}{\mathrm{d}t} + cf(t)$ 的频谱。

1-5　证明傅里叶变换的卷积性质,即两个信号的卷积形成的信号,其频谱为两个单独信号频谱的乘积。已知信号 $f_1(t)$、$f_2(t)$ 的卷积公式为

$$f_1(t) * f_2(t) = \int_{-\frac{T}{2}}^{\frac{T}{2}} f_1(t)f_2(t-\tau)\mathrm{d}\tau$$

习题1参考答案

第 2 章

离散信号和采样定理

▶▶▶▶▶▶

地学数字信号一般是采用计算机进行处理的,计算机只能够处理离散信号,因此研究离散信号的傅里叶变换更具有实际意义。离散信号通常是由连续信号经过离散化得到的。本章比较系统地介绍由连续信号的离散化采样带来的问题,以及对离散信号进行重采样带来的问题,给出不同情况下的采样定理。主要内容包括:离散信号、正弦波的采样定理、实信号与奈奎斯特采样定理、离散信号的傅里叶变换、离散信号的采样定理、由离散信号恢复连续信号的问题、采样与假频问题等。

§2.1 离散信号

2.1.1 离散信号简介

地学中的信号,一般都是连续的时间域或空间域信号,或者称为连续时间或空间函数。假设连续时间函数用 $f(t)$ 来表示,如果用计算机处理这些信号,首先需要把这些连续信号变成离散信号,即按照一定的间隔 Δ 进行采样,得到 $f(n\Delta)(n=0,\pm1,\pm2,\cdots)$。$\Delta$ 被称为采样间隔(或抽样间隔、采样率),称 $f(n\Delta)$ 为离散信号或离散时间序列。

连续信号的离散采样,一般通过对连续时间函数进行离散化来实现。比如一个简单的连续信号——简谐波,其对应的连续信号表达式为

$$f(t)=\sin(t),\quad -\infty<t<\infty$$

其对应的离散信号为

$$f(n\Delta)=\sin(n\Delta),\quad -\infty<n<\infty$$

n 为整数。

地学数字信号基本是通过专用设备,对自然界中存在的连续信号进行离散采样得到的。比如,数字地震信号,是通过地震仪的模数转换模块,设置好采样率,对连续的大地振动信号进行离散采样得到的;探地雷达采集的电磁波信号,是通过探地雷达设备,对高频电磁波进行离散采样得到的;高密度电法数字信号,是通过电法仪,对电场数据

进行离散采样得到的;大地电磁数字信号,是通过大地电磁仪,对电磁波进行离散采样得到的。因此,离散信号是自变量取离散值的函数。根据自变量维数的差异,可以分为一维、二维和多维离散信号。

一维离散信号是自变量为一维离散值的函数,可以表示为 $f(n)$。单道地震数字信号、单道探地雷达数字信号、单点大地电磁信号、某测点采集的重磁数字信号等,都是一维离散信号。一维离散信号的自变量可以是时间,比如一维地震数字信号;也可以是空间位置,比如沿一条测线观测的重力数据。由以上专用设备采集的数字信号基本都是有限长度的离散信号,即当 n 在某个有界区间之外时 $f(n)$ 恒为零,也称这样的信号为有限长信号。例如,当 n 在 $[0, N-1]$ 之外,$f(n)$ 恒为零时,称该信号是长度为 N 的离散信号,记作

$$f(n) = [f(0), f(1), f(2), \cdots, f(N-1)]$$

二维离散信号是自变量为二维离散值的函数。二维离散信号的自变量通常用两个整数 m、n 来表示,可以写作 $f(m, n)$。因此,二维离散信号对应一个二维矩阵。二维测线上采集的地震信号就是一个二维离散信号,其两个自变量分别为测点位置坐标和信号的时间值,信号值一般为大地振动速度的幅值。电法、探地雷达、电磁法等地球物理方法对应的二维测线采集的信号,与二维地震信号类似,也是以二维离散信号的格式来得到的。在一定面积上采集的重磁数据,也是一种二维离散信号,其自变量是纵向与横向坐标值。地学中的遥感影像、岩石薄片显微图像等,实际都是二维离散数字信号。

三维离散信号是自变量为三维离散值的函数。三维离散信号的自变量通常用三个整数 m、n、t 来表示,可以写作 $f(m, n, t)$。因此,三维离散信号对应一个三维数组。三维地震采集的地震数据,是一种三维离散信号,其三个自变量分别为纵向坐标、横向坐标和时间方向的数值。以三维方式采集的电法、探地雷达、电磁法等数据,也是一种三维离散信号,与二维数据相比,其自变量增加了某位置方向的坐标值。

特别地,对于不同时间(比如不同年度)在同一个地方采集的三维地震数据,如果将其一起进行处理,则可以把它们看成一种四维离散信号。比如,用于油气田开发监测的时移地震[4],所采集的就是一种四维离散信号,因为信号的自变量又增加了一个时间变量。

除了以上多维度的特点以外,地学信号还是一种多尺度的数字信号。一般来说,可以把地球物理数据分成局部、区域和大陆等不同尺度的数据,对应的离散信号的采样间隔也不一样。局部尺度的一般采用很小的采样间隔,比如空间采样间隔可以小到几个厘米。区域尺度的采样间隔相对较大,空间采样率一般在几十米。大陆尺度的采样间隔最大,空间采样率一般在几十公里。

对多维度、多尺度、多类型的地学数字信号进行傅里叶分析,其基本原理是一样的。为了方便理解,本书主要介绍一维离散信号对应的采样定理,以及傅里叶变换基本理论。下面介绍几种常见的离散信号。

2.1.2　几种常见的离散信号

1. 离散 δ 函数

δ 函数,即前面介绍过的单位冲激信号,也被称为单位抽样函数、单位脉冲函数等。其表达式为

$$\delta(n)=\begin{cases}1, & n=0 \\ 0, & n\neq0\end{cases} \tag{2-1}$$

例 2-1　请写出 $\delta(n-3)$ 的数学表达式。

解　根据 δ 函数的定义式(2-1),$\delta(n-3)$ 的数学表达式为

$$\delta(n-3)=\begin{cases}1, & n=3 \\ 0, & n\neq3\end{cases}$$

另外,可以用单位脉冲函数来表示离散信号。任何一个离散信号 $f(n)$,都可以用 $\delta(n)$ 进行表示,表达式为

$$f(n) = \sum_{k=-\infty}^{\infty} f(k)\delta(n-k)$$

2. 单位阶跃信号

单位阶跃信号的表达式为

$$u(n)=\begin{cases}1, & n\geqslant0 \\ 0, & n<0\end{cases} \tag{2-2}$$

单位阶跃信号也可以用 δ 函数来表示,表达式为

$$u(n) = \sum_{k=0}^{\infty} u(k)\delta(n-k) = \sum_{k=0}^{\infty} \delta(n-k) = \sum_{m=-\infty}^{\infty} \delta(m)$$

还可以用单位阶跃信号来表示 δ 函数,表达式为

$$\delta(n)=u(n)-u(n-1)$$

例 2-2　写出 $x(n)=u(n)-u(n-3)$ 的数学表达式。

解
$$x(n) = \sum_{m=-\infty}^{n} \delta(m) - \sum_{m=-\infty}^{n-3} \delta(m) = \sum_{m=n-2}^{n} \delta(m)$$
$$= \delta(n-2) + \delta(n-1) + \delta(n)$$

所以

$$x(n)=\begin{cases}1, & n=0,1,2 \\ 0, & n\neq0,1,2\end{cases}$$

3. 实指数离散信号

实指数离散信号的表达式为

$$x(n)=a^n u(n) \tag{2-3}$$

其中,a 为实数。

从式(2-3)可以看出,当 $0<a<1$ 时,实指数离散信号为衰减信号;当 $a>1$ 时,实指

数离散信号随自变量增加而增大。

4. 离散周期信号

设离散信号 $x(n)(-\infty < n < \infty)$，若存在非零整数 N，使得 $x(n) = x(n+N)$，对任何 n 都成立，则称 $x(n)$ 为离散周期信号，N 为周期。

由离散周期信号定义可知，对任何非零整数 k，kN 仍是 $x(n)$ 的周期。在 $x(n)$ 的周期中，绝对值最小的正整数称为 $x(n)$ 的最小周期，简称周期。

例 2-3　判断下列离散信号是否为周期信号，若是周期信号，确定其周期：

$(1) x(n) = A\sin\left(\dfrac{5\pi n}{11} - \dfrac{\pi}{7}\right)$；
$\qquad\qquad (2) x(n) = B\cos\left(\dfrac{n}{7} - \dfrac{\pi}{3}\right)$；

$(3) x(n) = \exp\left(\mathrm{i}\left(\dfrac{2\pi n}{9} - \dfrac{\pi}{3}\right)\right)$。

解　(1) 对于 $x(n) = A\sin\left(\dfrac{5\pi n}{11} - \dfrac{\pi}{7}\right)$，若 $x(n)$ 为周期信号，则 $x(n) = x(n+N)$，其中 N 为某个非零整数。由于正弦函数以 $2k\pi$ 为周期，k 为整数，于是有

$$\frac{5\pi(n+N)}{11} - \frac{\pi}{7} = \frac{5\pi n}{11} - \frac{\pi}{7} + 2k\pi$$

$$\frac{5\pi N}{11} = 2k\pi$$

$$N = \frac{22k}{5}$$

所以该信号是周期信号，最小周期为 22。

(2) 对于 $x(n) = B\cos\left(\dfrac{n}{7} - \dfrac{\pi}{3}\right)$，若 $x(n)$ 是以 N 为周期的信号，由于余弦函数以 $2k\pi$ 为周期，于是有

$$\frac{n+N}{7} - \frac{\pi}{3} = \frac{n}{7} - \frac{\pi}{3} + 2k\pi$$

$$\frac{N}{7} = 2k\pi$$

$$N = 14k\pi$$

当 k 为非零整数时，由于 π 为无理数，所以 N 也为无理数。因此，该信号不是周期信号。

(3) 对于 $x(n) = \exp\left(\mathrm{i}\left(\dfrac{2\pi n}{9} - \dfrac{\pi}{3}\right)\right)$，由于 $\exp(\mathrm{i}t)$ 是以 $2k\pi$ 为周期的，再由 $x(n) = x(n+N)$ 可得

$$\frac{2\pi(n+N)}{9} - \frac{\pi}{3} = \frac{2\pi n}{9} - \frac{\pi}{3} + 2k\pi$$

$$\frac{2\pi N}{9} = 2k\pi$$

$$N = 9k$$

取 $k=1$，可知 $x(n)$ 为周期信号，其周期等于 9。

两个离散周期信号合成的离散周期信号，对应的信号周期与这两个信号的周期有关。设 $x_1(n)$ 是周期为 N_1 的周期信号，$x_2(n)$ 是周期为 N_2 的周期信号，$x(n)$ 是由 $x_1(n)$ 和 $x_2(n)$ 合成的一个信号，且 $x(n)=x_1(n)\cdot x_2(n)$，那么 $x(n)$ 的周期如何计算呢？

由于 N_1 乘任何整数仍是 $x_1(n)$ 的周期，N_2 乘任何整数仍是 $x_2(n)$ 的周期，因此，$N_1 N_2$ 既是 $x_1(n)$ 的周期也是 $x_2(n)$ 的周期。为了求得较小周期，我们要在 $N_1 N_2$ 中去掉 N_1 和 N_2 的最大公约数 $\gcd(N_1 N_2)$，于是得到 $x(n)$ 的周期为

$$N=\frac{N_1 N_2}{\gcd(N_1 N_2)}$$

5. 离散对称信号

设 $x(n)$ 为实离散信号，如果 $x(n)=x(-n)$，则称 $x(n)$ 为对称信号，也称为偶信号；如果 $x(n)=-x(-n)$，则称 $x(n)$ 为反对称信号，也称为奇信号。

设 $x(n)$ 为复离散信号，如果 $x(n)=x^*(-n)$，则称 $x(n)$ 为共轭对称信号；如果 $x(n)=-x^*(-n)$，则称 $x(n)$ 为共轭反对称信号。

6. 离散信号的运算

离散信号可以进行相加、相乘、移位、翻转、尺度变换等运算。

1）加法和乘法

离散信号之间的加法和乘法，是指同一时刻或同一位置的序列值逐项对应相加和相乘。

例 2-4 离散信号 $x_1(n)=(x_1(0),x_1(1),x_1(2),x_1(3),x_1(4))=(2,1,2,-1,1)$，$x_2(n)=(x_2(0),x_2(1),x_2(2),x_2(3),x_2(4))=(1.5,2,1,0,-1)$。求 $x_1(n)+x_2(n)$ 和 $x_1(n)\cdot x_2(n)$。

解 根据离散信号加法和乘法的运算规则，有

$$x_1(n)+x_2(n)=(3.5,3,3,-1,0)$$
$$x_1(n)\cdot x_2(n)=(3,2,2,0,-1)$$

2）移位

设 $x(n)$ 为离散信号，移位序列 $x(n-n_0)$，当 $n_0>0$ 时，称为 $x(n)$ 的延时序列；当 $n_0<0$ 时，称为 $x(n)$ 的超前序列。

例 2-5 已知 $x(n)$ 的波形如图 2-1 所示，绘制 $x(n-2)$ 和 $x(n+2)$ 的波形图。

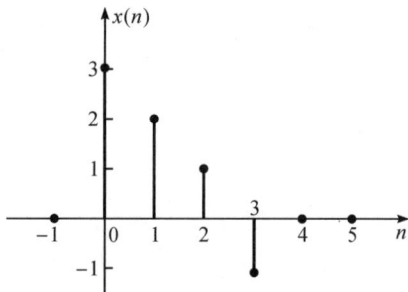

图 2-1 离散信号 $x(n)$ 的波形

解　根据图 2-1 可知

$$x(n) = (0,3,2,1,-1,0,0)$$

因此，$x(n-2)$ 和 $x(n+2)$ 的波形分别如图 2-2(a) 和图 2-2(b) 所示。

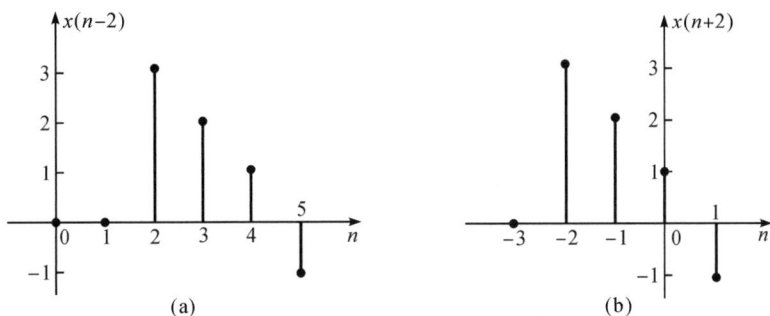

图 2-2　$x(n-2)$ 和 $x(n+2)$ 的波形

3）翻转

设 $x(n)$ 为离散信号，将 $x(n)$ 的波形沿纵轴翻转即可得到翻转信号，记为 $x(-n)$。

例 2-6　已知 $x(n)$ 的波形如图 2-1 所示，对 $x(n)$ 进行翻转，绘制翻转信号 $x(-n)$ 的波形图。

解　按照翻转信号的定义，将 $x(n)$ 的波形，以纵轴为对称轴进行翻转。将左边的波形移至右边，右边的波形移至左边。绘制出的翻转信号的波形如图 2-3 所示。

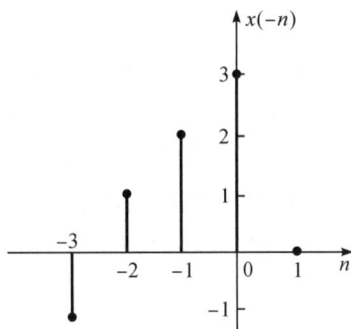

图 2-3　翻转信号 $x(-n)$ 的波形图

4）尺度变换

设 $x(n)$ 为离散信号，若 C 为正整数，$x(Cn)$ 是 $x(n)$ 每连续 C 点取一点形成的信号序列，这个过程称为提取；$x\left(\dfrac{1}{C}n\right)$ 表示在序列的两个相邻抽样值之间插入 $C-1$ 个零值，该过程称为零值插入。

例 2-7　已知 $x(n)$ 的波形如图 2-1 所示，画出 $x(2n)$ 及 $x\left(\dfrac{n}{2}\right)$ 的波形图。

解　根据离散信号尺度变换的定义，$x(2n)$ 是 $x(n)$ 每连续 2 点取一点形成的信号序列，$x\left(\dfrac{n}{2}\right)$ 是在序列 $x(n)$ 的两个相邻抽样值之间插入 1 个零值。绘制出的 $x(2n)$ 及

$x\left(\dfrac{n}{2}\right)$ 的波形分别如图 2-4(a) 和图 2-4(b) 所示。

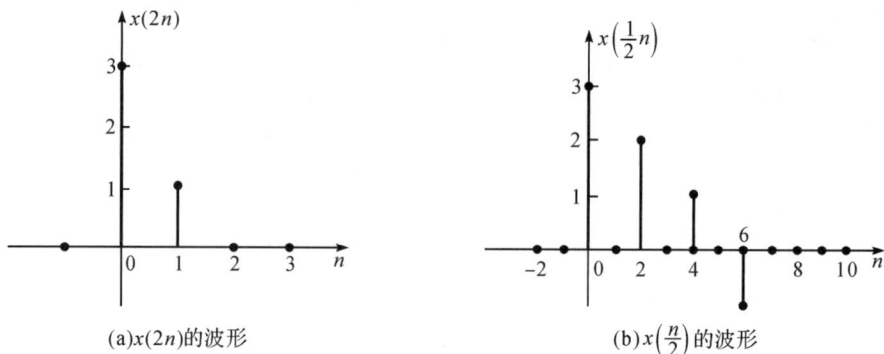

(a) $x(2n)$ 的波形 (b) $x\left(\dfrac{n}{2}\right)$ 的波形

图 2-4 尺度变换信号 $x(2n)$ 和 $x\left(\dfrac{n}{2}\right)$ 的波形

§2.2 正弦波的采样问题

离散信号 $x(n\Delta)$ 是从连续信号 $x(t)$ 上取出的一部分值,因此,离散信号 $x(n\Delta)$ 与连续信号 $x(t)$ 的关系,是局部与整体的关系。但是,这个局部能否反映整体呢? 即能否由 $x(n\Delta)$ 唯一确定或恢复出连续信号 $x(t)$ 呢? 一般来说是不行的,因为连接两个点 $x(n\Delta)$ 与 $x[(n+1)\Delta]$ 的曲线是非常多的,所以由 $x(n\Delta)$ 可以给出许许多多连续信号。但是,在一定条件下,离散信号 $x(n\Delta)$ 可以按一定的方式恢复出原来的连续信号 $x(t)$。接下来,首先以简谐波——正弦信号为例讨论这个问题。

由傅里叶分析知道,任何一个连续信号都可以表示为无限多个简谐波(或正弦波)的叠加,因此要讨论一般连续信号的抽样问题,我们可以先从简单的、特殊的正弦波的抽样问题谈起,由此给我们以启发,进而能解决复杂的、一般的连续信号的抽样问题。

正弦波连续信号的表达式为

$$x(t)=A\sin(2\pi ft+\varphi) \tag{2-4}$$

其中,A 是正弦波的振幅;f 是正弦波的频率;φ 是正弦波的初相位。

对应的正弦波离散信号为

$$x(n\Delta)=A\sin(2\pi fn\Delta+\varphi) \tag{2-5}$$

下面分三种情况讨论由离散信号 $x(n\Delta)$ 恢复连续信号 $x(t)$ 的问题[5]。

1. $\Delta=\dfrac{1}{2f}$

由 $x(n\Delta)=A\sin(2\pi fn\Delta+\varphi)$ 和 $\Delta=\dfrac{1}{2f}$,可得

$$x(n\Delta)=A\sin(n\pi+\varphi)=(-1)^{n}A\sin\varphi$$

假设 $$x(0)=A\sin\varphi$$

由于 $x(0)$ 与 A、φ 两个变量有关，所以可以找到两个变量的另外一组值 A_1、φ_1，使得

$$A_1 \sin\varphi_1 = x(0)$$

$$A_1 \sin\varphi_1 = A\sin\varphi$$

那么

$$x_1(t) = A_1 \sin(2\pi f t + \varphi_1)$$

$$x_1(n\Delta) = A_1 \sin(2\pi f n\Delta + \varphi_1) = A_1 \sin(n\pi + \varphi_1)$$

$$= (-1)^n A_1 \sin\varphi_1 = (-1)^n A\sin\varphi$$

$$= x(n\Delta)$$

因此，离散信号 $x(n\Delta)$ 可以恢复出两个不同的连续信号 $A\sin(n\pi + \varphi)$ 和 $A_1\sin(2\pi f n\Delta + \varphi_1)$，不能唯一恢复出连续信号 $A\sin(n\pi + \varphi)$。

2. $\Delta > \dfrac{1}{2f}$

当 $\Delta > \dfrac{1}{2f}$ 时，如果存在一个与频率 f 不同的频率 f_1，使得连续信号 $x_1(t) = A\sin(2\pi f_1 t + \varphi)$ 对应的离散信号 $x_1(n\Delta)$，与连续信号 $x(t) = A\sin(2\pi f t + \varphi)$ 对应的离散信号 $x(n\Delta)$ 相等，那么离散信号 $x(n\Delta)$ 就不能唯一地恢复出连续信号 $x(t)$，因为这种情况下该离散信号还可能恢复出另一个连续信号 $x_1(t)$。下面证明确实存在这样的频率 f_1，符合上面的推理。

由于 $f > \dfrac{1}{2\Delta}$，所以总可以找到 $m(m \geqslant 1)$，使得

$$\frac{-1}{2\Delta} + \frac{m}{\Delta} < f < \frac{1}{2\Delta} + \frac{m}{\Delta}$$

即

$$\frac{-1}{2\Delta} < f - \frac{m}{\Delta} < \frac{1}{2\Delta}$$

当 $f - \dfrac{m}{\Delta} < 0$ 时，存在 $f_1 = \dfrac{m}{\Delta} - f$，$\varphi_1 = \pi - \varphi$，使得

$$x_1(n\Delta) = A\sin(2\pi f_1 n\Delta + \varphi_1) = A\sin(2\pi nm - 2\pi f n\Delta + \pi - \varphi)$$

$$= A\sin(\pi - 2\pi f n\Delta - \varphi) = A\sin(2\pi f n\Delta + \varphi)$$

$$= x(n\Delta)$$

综上，当 $\Delta > \dfrac{1}{2f}$ 时，由 $x(n\Delta)$ 不能唯一确定 $x(t)$。

3. $\Delta < \dfrac{1}{2f}$

当 $\Delta < \dfrac{1}{2f}$ 时，$f < \dfrac{1}{2\Delta}$。因此，$0 < 2\pi f\Delta < \pi$。

离散信号 $x(n\Delta)$ 为

$$x(n\Delta) = A\sin(2\pi fn\Delta + \varphi)$$
$$= A\sin(2\pi fn\Delta) \cdot \cos\varphi + A\cos(2\pi fn\Delta) \cdot \sin\varphi$$
$$= A\sin(2\pi fn\Delta) \cdot \cos\varphi + x(0) \cdot \cos(2\pi fn\Delta)$$

当 $x(0) \neq 0$ 时,由于

$$x(-\Delta) + x(\Delta) = 2s(0)\cos(2\pi fn\Delta)$$

同时 $0 < 2\pi f\Delta < \pi$,因此,可以唯一确定 f。

另外,由于 $x(\Delta) - x(-\Delta) = 2A\sin(2\pi fn\Delta) \cdot \cos\varphi$,因此

$$\frac{x(\Delta) - x(-\Delta)}{2\sin(2\pi fn\Delta)} = A\Delta\cos\varphi$$

考虑到 $x(0) = A\sin\varphi$,所以可以唯一确定 A 和 φ。

综上,由 $x(\Delta)$、$x(0)$、$x(-\Delta)$ 三点上的值可以唯一确定 A、f 和 φ。

当 $x(0) = 0$ 时,有

$$\varphi = 0 \quad 或 \quad \varphi = \pi$$

考虑到 $x(\Delta) = A\sin(2\pi fn\Delta) \cdot \cos\varphi$,因此有:

若 $x(\Delta) > 0$,则 $\varphi = 0$;

若 $x(\Delta) < 0$,则 $\varphi = \pi$。

$$x(2\Delta) = A\sin(2 \cdot 2\mathrm{i}fn\Delta) \cdot \cos\varphi$$
$$= 2A\sin(2\pi fn\Delta) \cdot \cos(2\pi fn\Delta) \cdot \cos\varphi$$
$$= 2x(\Delta) \cdot \cos(2\pi fn\Delta)$$

由上式可以唯一确定 f。

φ 和 f 确定后,由 $x(\Delta) = A\sin(2\pi fn\Delta) \cdot \cos\varphi$ 可以唯一确定 A。

综上,当 $\Delta < \dfrac{1}{2f}$ 时,由离散信号 $x(n\Delta)$ 可唯一确定正弦波 $x(t)$。

综合以上三种情况,可得到**正弦波采样定理**如下:对正弦波 $x(t) = A\sin(2\pi ft + \varphi)$,$f > 0$,按采样间隔 Δ 得到离散信号 $x(n\Delta)$,那么,当 $\Delta < \dfrac{1}{2f}$ 时,由离散信号 $x(n\Delta)$ 可以唯一确定正弦波 $x(t)$;当 $\Delta \geqslant \dfrac{1}{2f}$ 时,由离散信号 $x(n\Delta)$ 不能唯一确定正弦波 $x(t)$,也就是不能确切地恢复原始正弦波 $x(t)$。

下面以 1Hz 正弦波为例,进一步说明这个问题。图 2-5 为 1Hz 的连续正弦波,图 2-6(a)是以 0.1s 采样间隔得到的离散信号,图 2-6(b)是该离散信号恢复的连续信号;图 2-7(a)是以 0.5s 采样间隔得到的离散信号,图 2-7(b)是该离散信号恢复的连续信号;图 2-8(a)是以 0.8s 采样间隔得到的离散信号,图 2-8(b)是该离散信号恢复的连续信号。该正弦波信号频率为 1Hz,所以 $\dfrac{1}{2f} = 0.5\mathrm{s}$。从图 2-6、图 2-7 和图 2-8 的对比可以看出,只有采样间隔 0.1s $\left(小于 \dfrac{1}{2f}\right)$ 对应的离散信号,才能完全唯一恢复出原来的正弦波连续

信号;而采样间隔 $0.5\mathrm{s}\left(\text{等于}\dfrac{1}{2f}\right)$ 和 $0.8\mathrm{s}\left(\text{大于}\dfrac{1}{2f}\right)$ 都不能唯一恢复出原来的正弦波连续信号。

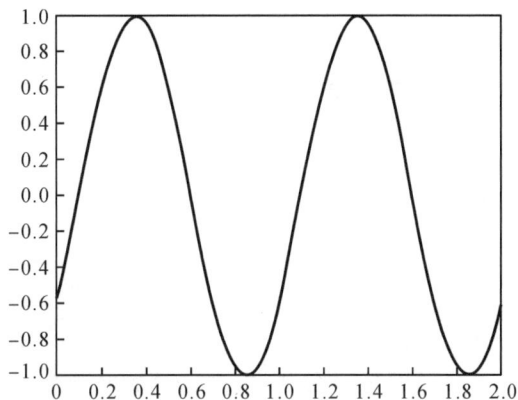

图 2-5　频率为 1Hz 的正弦波连续信号

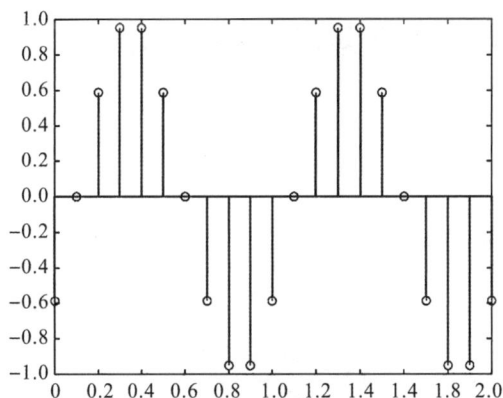

(a)正弦波离散信号

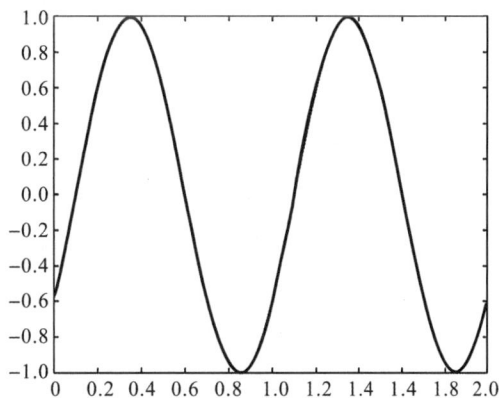

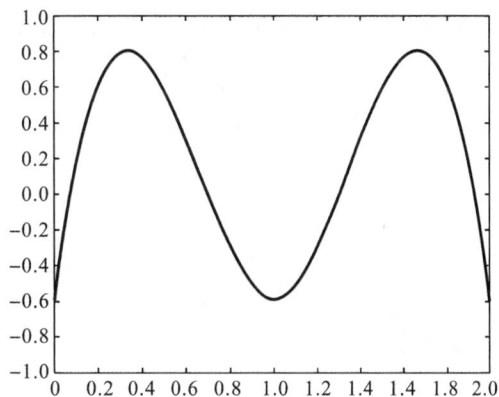

(b)恢复结果

图 2-6　以采样间隔 0.1s 得到的正弦波离散信号及其恢复结果

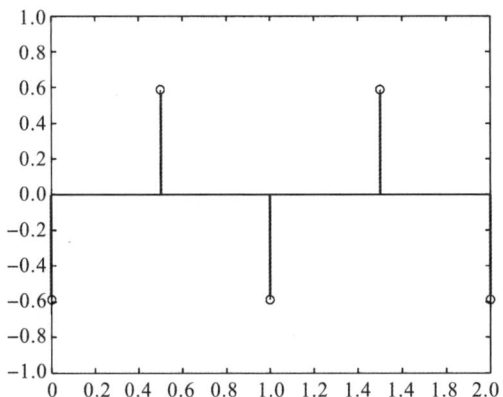

(a)正弦波离散信号

(b)恢复结果

图 2-7　以采样间隔 0.5s 得到的正弦波离散信号及其恢复结果

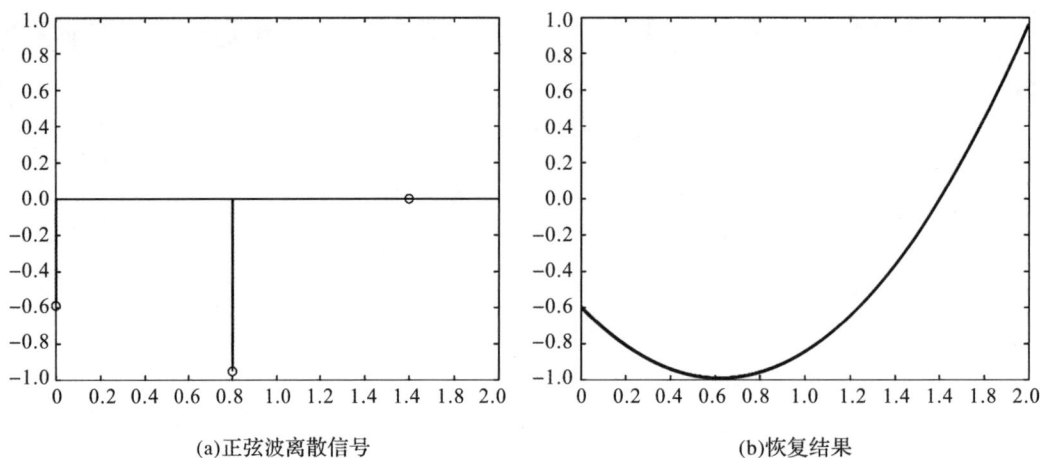

(a)正弦波离散信号   (b)恢复结果

图 2-8 以采样间隔 0.8s 得到的正弦波离散信号及其恢复结果

§2.3 实信号与奈奎斯特采样定理

2.3.1 带限信号的采样定理

设信号 $x(t)$ 的傅里叶变换为 $X(f)$，由傅里叶变换定义可知

$$\begin{cases} X(f) = \int_{-\infty}^{\infty} x(t)\exp(-\mathrm{i}2\pi ft)\mathrm{d}t \\ x(t) = \int_{-\infty}^{\infty} X(f)\exp(\mathrm{i}2\pi ft)\mathrm{d}f \end{cases} \tag{2-6}$$

若 $f < f_0$ 或 $f > f_0 + L$，频谱 $X(f)$ 恒为零，则称 $x(t)$ 为带限信号，也称为频限信号。其中，f_0 为一实数，L 为正数。

带限信号的采样定理如下：设信号 $x(t)$ 为带限信号，若以采样间隔 $\Delta = \dfrac{1}{L}$ 对该信号进行离散化，对应的离散信号为 $x(n\Delta)$，那么，由信号 $x(t)$ 离散值 $x(n\Delta)$ 可以恢复频谱 $X(f)$ 和信号 $x(t)$，恢复得到的频谱和连续信号分别为

$$X(f) = \Delta \sum_{-\infty}^{\infty} x(n\Delta)\exp(-\mathrm{i}2\pi n\Delta f), \quad f \in [f_0, f_0 + L]$$

$$x(t) = \Delta \sum_{-\infty}^{\infty} x(n\Delta) \frac{\exp(\mathrm{i}2\pi(t-n\Delta)f_0)[\exp(\mathrm{i}2\pi(t-n\Delta)L)-1]}{\mathrm{i}2\pi(t-n\Delta)}$$

对带限信号采样定理的证明如下：

根据带限信号的定义，当频率 $f < f_0$ 或 $f > f_0 + L$ 时，频谱 $X(f)$ 恒为零，所以式(2-6)可以被改写为

$$\begin{cases} X(f) = \displaystyle\int_{-\infty}^{\infty} x(t)\exp(-\,\mathrm{i}2\pi ft)\mathrm{d}t \\ x(t) = \displaystyle\int_{f_0}^{f_0+L} X(f)\exp(\mathrm{i}2\pi ft)\mathrm{d}f \end{cases}$$

由带限信号频谱的傅里叶级数(带限信号傅里叶级数展开定理)[5],有

$$\begin{cases} X(f) = \displaystyle\sum_{n=-\infty}^{\infty} d_n\exp\left(-\,\mathrm{i}2\pi\,\frac{n}{L}f\right) \\ d_n = \dfrac{1}{L}\displaystyle\int_{f_0}^{f_0+L} X(f)\exp\left(\mathrm{i}2\pi\,\frac{n}{L}f\right)\mathrm{d}f \end{cases}$$

考虑到 $x(t) = \displaystyle\int_{f_0}^{f_0+L} X(f)\exp(\mathrm{i}2\pi ft)\mathrm{d}f$ 和 $\Delta = \dfrac{1}{L}$,可知

$$d_n = \Delta x(n\Delta)$$

所以　　　　　$X(f) = \Delta\displaystyle\sum_{-\infty}^{\infty} x(n\Delta)\exp(-\,\mathrm{i}2\pi n\Delta f), \quad f_0\in[f_0, f_0+L]$

将上式代入 $x(t) = \displaystyle\int_{f_0}^{f_0+L} X(f)\exp(\mathrm{i}2\pi ft)\mathrm{d}f$,得

$$\begin{aligned} x(t) &= \int_{f_0}^{f_0+L} X(f)\exp(\mathrm{i}2\pi ft)\mathrm{d}f \\ &= \int_{f_0}^{f_0+L} \Delta\sum_{-\infty}^{\infty} x(n\Delta)\exp(-\,\mathrm{i}2\pi n\Delta f)\exp(\mathrm{i}2\pi ft)\mathrm{d}f \\ &= \int_{f_0}^{f_0+L} \Delta\sum_{-\infty}^{\infty} x(n\Delta)\exp(\mathrm{i}2\pi(t-n\Delta)f)\mathrm{d}f \\ &= \Delta\sum_{n=-\infty}^{\infty} x(n\Delta)\int_{f_0}^{f_0+L}\exp(\mathrm{i}2\pi(t-n\Delta)f)\Delta f \\ &= \Delta\sum_{-\infty}^{\infty} x(n\Delta)\,\frac{\exp(\mathrm{i}2\pi(t-n\Delta)f_0)\big[\exp(\mathrm{i}2\pi(t-n\Delta)L)-1\big]}{\mathrm{i}2\pi(t-n\Delta)} \end{aligned}$$

综上可得

$$\begin{cases} X(f) = \Delta\displaystyle\sum_{-\infty}^{\infty} x(n\Delta)\exp(-\,\mathrm{i}2\pi n\Delta f), \quad f\in[f_0, f_0+L] \\ x(t) = \Delta\displaystyle\sum_{-\infty}^{\infty} x(n\Delta)\,\dfrac{\exp(\mathrm{i}2\pi(t-n\Delta)f_0)\big[\exp(\mathrm{i}2\pi(t-n\Delta)L)-1\big]}{\mathrm{i}2\pi(t-n\Delta)} \end{cases} \tag{2-7}$$

2.3.2 实信号的奈奎斯特采样定理

设 $x(t)$ 为实的连续信号,它的傅里叶变换为 $X(f)$。由于 $x(t)$ 是实信号,所以 $X(f)$ 和 $X(-f)$ 满足实部相等、虚部互为相反数,原因如下:

$$\overline{X(-f)} = \overline{\int_{-\infty}^{\infty} x(t)\exp(\mathrm{i}2\pi ft)\mathrm{d}t} = \int_{-\infty}^{\infty} \overline{x(t)}\exp(-\,\mathrm{i}2\pi ft)\mathrm{d}t$$

$$= \int_{-\infty}^{\infty} x(t)\exp(-\,\mathrm{i}2\pi ft)\mathrm{d}t = X(f)$$

$X(f)$ 与 $\overline{X(-f)}$ 相等,表明两者实部相等、虚部互为相反数。

把频谱写成振幅谱和相位谱,可得

$$X(f) = |X(f)| \exp(\mathrm{i}\varphi(f))$$

由 $X(f)$ 和 $X(-f)$ 实部相等、虚部互为相反数,可知

$$|X(f)| = |X(-f)|$$

$$\varphi(-f) = -\varphi(f)$$

所以,振幅谱 $|X(f)|$ 是偶函数。也就是说,对应振幅谱非零的区域必是以 0 为中心的区间,即实信号也是带限信号。可将其频谱用截频 f_c 表示为

$$X(f) = 0, \quad |f| > f_\mathrm{c}$$

$$f_0 = -f_\mathrm{c}, \quad L = 2f_\mathrm{c}$$

若 $f_0 = -\dfrac{1}{2\Delta}$,$L = \dfrac{1}{\Delta}$,那么

$$X(f) = 0, \quad |f| > \frac{1}{2\Delta}$$

于是,由带限信号的采样定理就可以得到实信号的奈奎斯特采样定理。

实信号的奈奎斯特采样定理:设实连续信号 $x(t)$ 有截频 f_c,若取采样间隔 Δ 满足 $f_\mathrm{c} \leqslant \dfrac{1}{2\Delta}$,则由离散信号 $x(n\Delta)$ 可恢复频谱 $X(f)$ 和连续信号 $x(t)$,它们的表达式为

$$X(f) = \Delta \sum_{-\infty}^{\infty} x(n\Delta) \exp(-\mathrm{i}2\pi n\Delta f), \quad f \in \left[-\frac{1}{2\Delta}, \frac{1}{2\Delta}\right]$$

$$x(t) = \sum_{-\infty}^{\infty} x(n\Delta) \frac{\sin(t-n\Delta)\dfrac{\pi}{\Delta}}{(t-n\Delta)\dfrac{\pi}{\Delta}}$$

其中,$\dfrac{1}{\Delta}$ 为采样频率,称 $\dfrac{1}{2\Delta}$ 为奈奎斯特频率,即最小截频。

离散信号的奈奎斯特采样定理证明如下:

由带限信号的采样定理,有

$$X(f) = \Delta \sum_{-\infty}^{\infty} x(n\Delta) \exp(-\mathrm{i}2\pi n\Delta f), \quad f \in [f_0, f_0 + L]$$

$$x(t) = \Delta \sum_{-\infty}^{\infty} x(n\Delta) \frac{\exp(\mathrm{i}2\pi(t-n\Delta)f_0)[\exp(\mathrm{i}2\pi(t-n\Delta)L) - 1]}{\mathrm{i}2\pi(t-n\Delta)}$$

实信号也是带限信号,若令 $f_0 = -\dfrac{1}{2\Delta}$,$L = \dfrac{1}{\Delta}$,有

$$X(f) = \Delta \sum_{-\infty}^{\infty} x(n\Delta) \exp(-\mathrm{i}2\pi n\Delta f), \quad f \in \left[-\frac{1}{2\Delta}, \frac{1}{2\Delta}\right]$$

引入欧拉公式 $\exp(\mathrm{i}\theta) = \cos\theta + \mathrm{i}\sin\theta$,有

$$x(t) = \Delta \sum_{-\infty}^{\infty} x(n\Delta) \frac{\exp(\mathrm{i}2\pi(t-n\Delta)f_0)[\exp(\mathrm{i}2\pi(t-n\Delta)L) - 1]}{\mathrm{i}2\pi(t-n\Delta)}$$

$$= \Delta \sum_{-\infty}^{\infty} x(n\Delta) \frac{\exp\left(\mathrm{i}2\pi(t-n\Delta)\frac{1}{2\Delta}\right) - \exp\left(-\mathrm{i}2\pi(t-n\Delta)\frac{1}{2\Delta}\right)}{\mathrm{i}2\pi(t-n\Delta)}$$

$$= \Delta \sum_{-\infty}^{\infty} x(n\Delta) \frac{2\mathrm{i} \cdot \sin\left[2\pi(t-n\Delta)\frac{1}{2\Delta}\right]}{\mathrm{i}2\pi(t-n\Delta)}$$

$$= \sum_{-\infty}^{\infty} x(n\Delta) \frac{\sin(t-n\Delta)\frac{\pi}{\Delta}}{(t-n\Delta)\frac{\pi}{\Delta}}$$

综上可得

$$\begin{cases} X(f) = \Delta \sum_{-\infty}^{\infty} x(n\Delta)\exp(-\mathrm{i}2\pi n\Delta f), & f \in \left[-\frac{1}{2\Delta}, \frac{1}{2\Delta}\right] \\ x(t) = \sum_{-\infty}^{\infty} x(n\Delta) \frac{\sin(t-n\Delta)\frac{\pi}{\Delta}}{(t-n\Delta)\frac{\pi}{\Delta}} \end{cases} \tag{2-8}$$

下面,以一个数值算例对实信号的奈奎斯特采样定理进行说明。图 2-9 显示了一实信号及其振幅谱,可以看出,实信号对应的振幅谱是带限的,其截频等于 38Hz。根据奈奎斯特采样定理,可知 38Hz 截频对应的采样间隔为 0.013s,所以若采样间隔大于 0.013s,则对应的离散信号就不能恢复出原始的连续信号。图 2-10~图 2-12 是以不同采样间隔(0.01s、0.0125s、0.015s)离散化得到的离散信号和恢复的连续信号。从图 2-9、图 2-10、图 2-11 和图 2-12 的对比可以看出,采样间隔 0.01s 和 0.0125s 都小于 0.013s,对应的离散信号能够完全恢复出原始的连续信号;采样间隔 0.015s 大于0.013s,对应的离散信号恢复的连续信号与原始连续信号不一致。因此,当对实信号采用小于或等于奈奎斯特频率的采样间隔进行离散化后,能够恢复出原始的连续信号;当对实信号采用大于奈奎斯特频率的采样间隔进行离散化后,将无法恢复原始的连续信号。

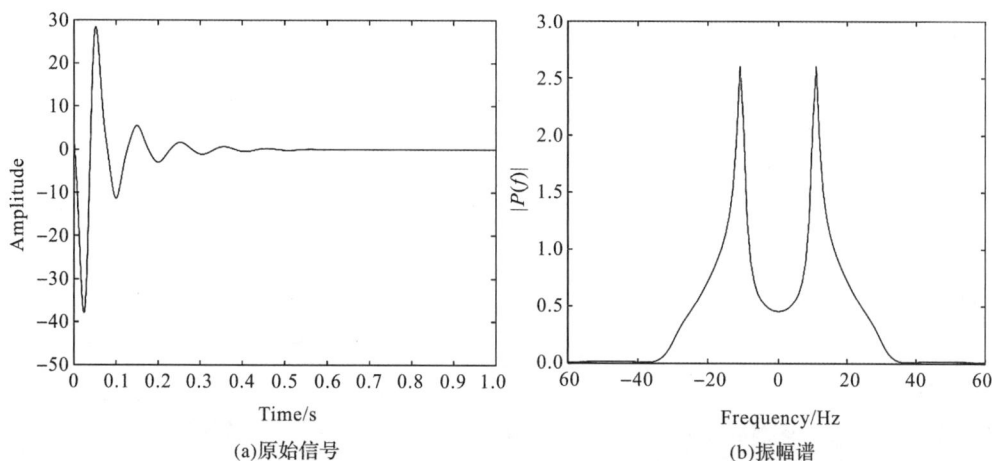

(a)原始信号　　　　　　　　　　　(b)振幅谱

图 2-9　数值算例给出的实信号及其振幅谱

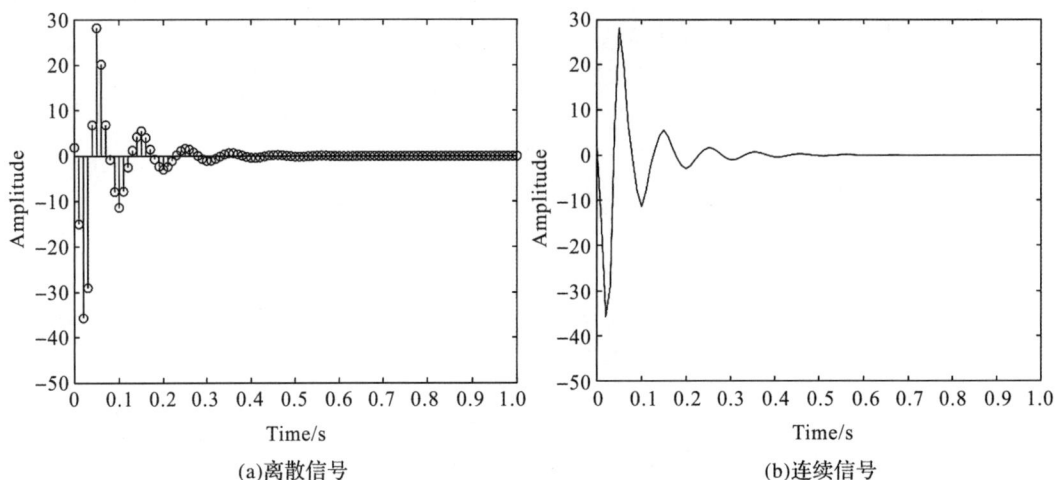

(a)离散信号   (b)连续信号

图 2-10   以 0.01s 采样间隔得到的离散信号及其恢复的连续信号

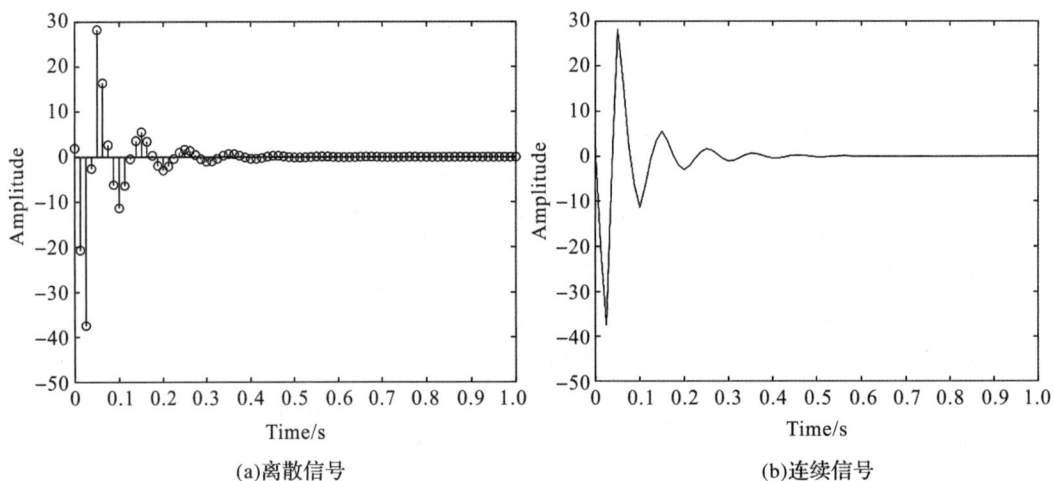

(a)离散信号   (b)连续信号

图 2-11   以 0.0125s 采样间隔得到的离散信号及其恢复的连续信号

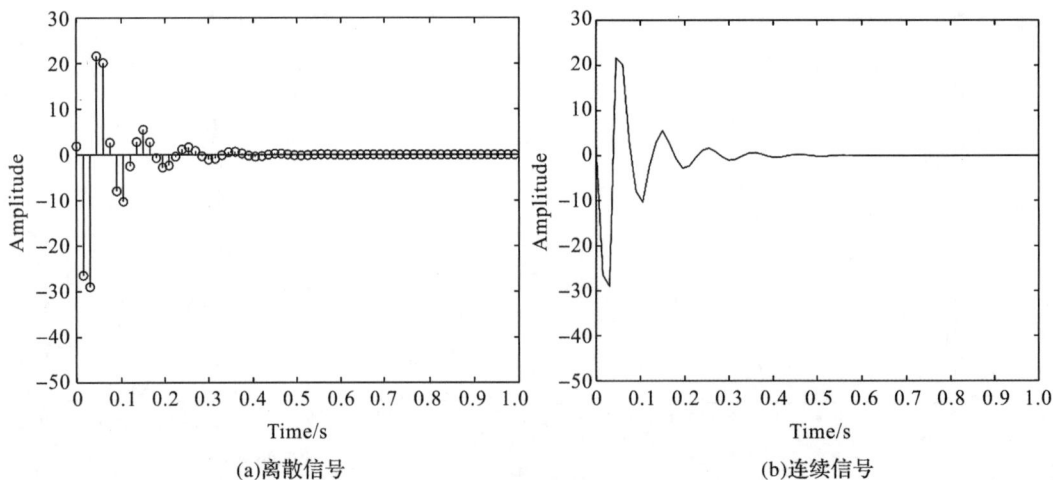

(a)离散信号   (b)连续信号

图 2-12   以 0.015s 采样间隔得到的离散信号及其恢复的连续信号

§2.4 离散信号的傅里叶变换

前面介绍了连续信号的傅里叶变换,但是,计算机只能对离散信号进行傅里叶变换,因此离散信号的傅里叶变换表达式才更具有实际意义。要对一个连续信号进行频谱分析,可以通过离散化将其变成离散信号,然后利用计算机分析离散信号的频谱。从前面正弦信号、带限信号和实信号的讨论可知,一个连续信号进行离散时,需要选择合适的采样间隔,然后得到的离散信号才能恢复出原来的连续信号,此时离散信号的频谱与原始连续信号的频谱才能一致。对于普通的连续信号,仍然可以采用类似离散化方法,对离散信号进行频谱分析,在采样间隔满足一定条件时,离散信号的频谱才能代表原始连续信号的频谱。但是,当采样间隔不满足该条件时,会出现什么问题以及如何解决呢? 本节和下一节将讨论以上这些问题。

2.4.1 离散傅里叶变换

首先介绍离散信号的傅里叶变换及其性质。设连续信号 $x(t)$ 离散化采样后得到的序列为

$$x(n\Delta), \quad n=0,\pm1,\pm2,\cdots$$

则称

$$X_\Delta(f) = \Delta \sum_{n=-\infty}^{\infty} x(n\Delta)\exp(-\mathrm{i}2\pi n\Delta f) \tag{2-9}$$

为 $x(n\Delta)$ 的**离散傅里叶变换**(DFT)。

由傅里叶系数的定义可知,式(2-9)中,$X_\Delta(f)$ 是以 $\Delta \cdot x(n\Delta)$ 为傅里叶系数的傅里叶级数。而且,根据周期信号的定义,可知 $X_\Delta(f)$ 的周期为 $\frac{1}{\Delta}$。

类似地,也可得到离散信号傅里叶逆变换(IDFT)表达式为

$$x(n\Delta) = \frac{1}{2\pi} \sum_{m=-\infty}^{\infty} X(2\pi m f_0)\exp(-\mathrm{i}2\pi mn\Delta f_0) \cdot 2\pi f_0, \quad n=0,\pm1,\pm2,\cdots \tag{2-10}$$

若用圆频率 ω 表达上式,有

$$x(n\Delta) = \frac{1}{2\pi} \sum_{m=-\infty}^{\infty} X(m\omega_0)\exp(-\mathrm{i}m\omega_0 n\Delta) \cdot \omega_0, \quad n=0,\pm1,\pm2,\cdots$$

因为利用计算机分析实际地学信号时,不仅要求信号是离散的,而且要求信号是有限长度的。如取 $x(n\Delta), n=0,\pm1,\pm2,\cdots,\pm N$,该信号有 $2N+1$ 个数据。这种情况下,离散信号的傅里叶变换和逆变换公式为

$$\begin{cases} X_\Delta(f) = \sum_{n=-N}^{N} x(n\Delta)\exp(-\mathrm{i}2\pi n\Delta f) \cdot \Delta \\ x(n\Delta) = \frac{1}{2\pi} \sum_{m=-N}^{N} X(2\pi m f_0)\exp(-\mathrm{i}2\pi mn\Delta f_0) \cdot 2\pi f_0 \end{cases} \quad n=0,\pm1,\pm2,\cdots,\pm N$$

为简便起见,对 $x(n\Delta)$ 取 N 个采样值,有

$$x(n\Delta), \quad n=0,1,2,\cdots,N-1$$

同样的,频谱 $X_\Delta(f)$ 也取 N 个采样值,有

$$X(2\pi m f_0), \quad m=0,1,2,\cdots,N-1$$

$$X(m\omega_0), \quad m=0,1,2,\cdots,N-1$$

其中,$\Delta\omega_0=\dfrac{2\pi}{N}$。所以,$\exp(-\mathrm{i}m\omega_0 n\Delta)=\exp\left(-\mathrm{i}\dfrac{mn}{N}2\pi\right)$。如果设 $W_N=\exp\left(-\mathrm{i}\dfrac{2\pi}{N}\right)$,那么 $\exp\left(-\mathrm{i}\dfrac{mn}{N}2\pi\right)=W_N^{mn}$。

更进一步地,将 $x(n\Delta)$ 写作 $x_n(n=0,1,2,\cdots,N-1)$,将 $X(m\omega_0)$ 写作 X_m,则称

$$X_m=\Delta\sum_{n=0}^{N-1}x_n W_N^{mn}, \quad m=0,1,2,\cdots,N-1$$

为序列 $x_n,n=0,1,2,\cdots,N-1$ 的离散傅里叶变换。

反过来,设 $X_m(m=0,1,2,\cdots,N-1)$ 为 $x_n(n=0,1,2,\cdots,N-1)$ 的傅里叶变换,则称

$$x_n=\frac{1}{N\Delta}\sum_{n=0}^{N-1}X_m W_N^{-mn}, \quad n=0,1,2,\cdots,N-1$$

为离散傅里叶逆变换。

2.4.2 离散傅里叶变换的性质

离散傅里叶变换与连续傅里叶变换具有相同的性质。下面列出几项进行简要说明。

1. 叠加性质(线性性质)

设离散信号 $x_1(n)$ 和 $x_2(n)$ 的离散傅里叶变换分别为 $X_1(m)$ 和 $X_2(m)$,那么对于任意常数 a 和 b,有

$$\mathrm{DFT}[ax_1(n)+bx_2(n)]=aX_1(m)+bX_2(m)$$

2. 时移性质

设离散信号 x_n 的离散傅里叶变换为 X_m,那么,时移信号 x_{n-k} 的离散傅里叶变换为

$$\mathrm{DFT}(x_{n-k})=X_m W_N^{nk}$$

3. 频移性质

设离散信号 x_n 的离散傅里叶变换为 X_m,那么,频谱 X_{m-k} 对应的信号为

$$\mathrm{IDFT}(X_{m-k})=x_n W_N^{-nk}$$

4. 卷积性质

设周期为 N 的离散信号 $x_1(n)$ 和 $x_2(n)$,这两个信号的卷积为

$$y(n)=\sum_{l=0}^{N-1}x_1(l)x_2(n-l)=\sum_{l=0}^{N-1}x_1(n-l)x_2(l)$$

记作 $x_1(n)*x_2(n)$。

若离散信号 $x_1(n)$ 和 $x_2(n)$ 的离散傅里叶变换分别为 $X_1(m)$ 和 $X_2(m)$,那么

$$Y_m = \mathrm{DFT}[x_1(n) * x_2(n)] = X_1(m) X_2(m)$$

反过来，若 $y(n) = x_1(n) \cdot x_2(n)$，则有

$$Y_m = \frac{1}{N} \sum_{l=0}^{N-1} X_1(l) X_2(m-l)$$

还可以写作

$$Y_m = \frac{1}{N} X_1(m) * X_2(m)$$

§2.5　离散信号的采样定理

2.5.1　采样定理

由前面的讨论可知，连续信号 $x(t)$ 完全确定了离散信号 $x(n\Delta)$，因此连续信号 $x(t)$ 的频谱 $X(f)$ 也完全确定了离散信号 $x(n\Delta)$ 的频谱 $X_\Delta(f)$。我们知道，当采样间隔满足 $X(f) = 0 (|f| \geqslant \frac{1}{2\Delta})$ 时，$X_\Delta(f)$ 与 $X(f)$ 是相等的，由离散信号能够完全恢复出原始连续信号。但是，当采样间隔不满足上式时，即 $X_\Delta(f)$ 与 $X(f)$ 是不相等的，那么用 $X(f)$ 如何表示 $X_\Delta(f)$ 呢？本节将介绍与之有关的离散信号的采样定理。

根据信号与频谱的关系，对于离散信号 $x(n\Delta)$，有

$$x(n\Delta) = \int_{-\infty}^{\infty} X(f) \exp(\mathrm{i}2\pi f n\Delta) \mathrm{d}f$$

引入整数变量 m，把区间 $(-\infty, \infty)$ 分解成可列个小区间

$$\left[\frac{m}{\Delta} - \frac{1}{2\Delta}, \frac{m}{\Delta} + \frac{1}{2\Delta}\right], \quad m = 0, \pm 1, \pm 2, \cdots$$

那么

$$
\begin{aligned}
x(n\Delta) &= \int_{-\infty}^{\infty} X(f) \exp(\mathrm{i}2\pi f n\Delta) \mathrm{d}f \\
&= \sum_{m=-\infty}^{\infty} \int_{\frac{m}{\Delta} - \frac{1}{2\Delta}}^{\frac{m}{\Delta} + \frac{1}{2\Delta}} X(f) \exp(\mathrm{i}2\pi f n\Delta) \mathrm{d}f \\
&= \sum_{m=-\infty}^{\infty} \int_{-\frac{1}{2\Delta}}^{\frac{1}{2\Delta}} X\left(f' + \frac{m}{\Delta}\right) \exp(\mathrm{i}2\pi f' n\Delta) \mathrm{d}f' \\
&= \int_{-\frac{1}{2\Delta}}^{\frac{1}{2\Delta}} \sum_{m=-\infty}^{\infty} X\left(f + \frac{m}{\Delta}\right) \exp(\mathrm{i}2\pi f n\Delta) \mathrm{d}f
\end{aligned}
$$

对于离散信号 $x(n\Delta)$，其频谱还可以写成

$$x(n\Delta) = \int_{-\frac{1}{2\Delta}}^{\frac{1}{2\Delta}} X_\Delta(f) \exp(\mathrm{i}2\pi f n\Delta) \mathrm{d}f$$

对比以上表达式，可得

$$X_\Delta(f) = \sum_{m=-\infty}^{\infty} X\left(f + \frac{m}{\Delta}\right)$$

综上,可以得到**离散信号的采样定理**如下:设连续信号 $x(t)$ 的频谱为 $X(f)$,离散信号 $x(n\Delta)$ 的频谱为 $X_\Delta(f)$,则 $X(f)$ 和 $X_\Delta(f)$ 的关系式为

$$X_\Delta(f) = \sum_{m=-\infty}^{\infty} X\left(f + \frac{m}{\Delta}\right) \tag{2-11}$$

离散信号采样定理的物理意义:由式(2-11)可以看出,离散信号 $x(n\Delta)$ 的频谱 $X_\Delta(f)$,可以采用以下方法,由连续信号 $x(t)$ 的频谱 $X(f)$ 得到。把 $X(f)$ 分成许多小段,以 $\left[-\frac{1}{2\Delta}, \frac{1}{2\Delta}\right]$ 为基础,每隔 $\frac{1}{\Delta}$ 取一段,然后将各段叠加起来,最后得到 $X_\Delta(f)$。

图 2-13 展示了由连续信号的频谱分段叠加得到离散信号的频谱的过程。以离散信号有效频带 $\left[-\frac{1}{2\Delta}, \frac{1}{2\Delta}\right]$ 为基础,将连续信号的频谱 $X(f)$ 每隔 $\frac{1}{\Delta}$ 取一段,然后都落在 $\left[-\frac{1}{2\Delta}, \frac{1}{2\Delta}\right]$,并且将其相加,即可得到离散信号的频谱 $X_\Delta(f)$。

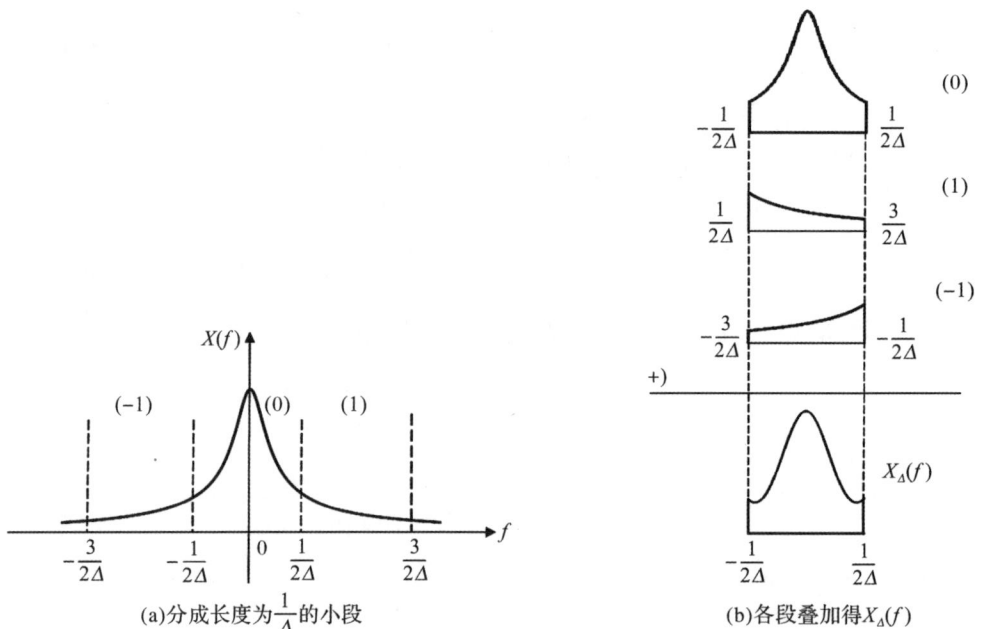

(a)分成长度为 $\frac{1}{\Delta}$ 的小段   (b)各段叠加得 $X_\Delta(f)$

图 2-13   由连续信号的频谱分段叠加得到离散信号的频谱过程

从上面的讨论可知,离散信号频谱 $X_\Delta(f)$ 的频率范围为 $\left[-\frac{1}{2\Delta}, \frac{1}{2\Delta}\right]$,而连续信号频谱的频率范围是 $[-\infty, \infty]$,所以当连续信号的频谱在 $\left[-\frac{1}{2\Delta}, \frac{1}{2\Delta}\right]$ 以外恒为零时,则两个频谱是完全相同的。但是,如果连续信号的频谱在 $\left[-\frac{1}{2\Delta}, \frac{1}{2\Delta}\right]$ 以外有不为零的值时,那么两者频谱是不同的。

2.5.2　重采样定理

离散信号的采样定理描述了如何由连续信号的频谱得到离散信号的频谱。那么，如何对离散信号，通过重新采样，获得一个新的离散信号呢？重采样前后的离散信号频谱有何关系呢？接下来讨论这个问题。

以采样间隔 Δ 抽样得到离散信号 $x(n\Delta)$，有时我们会觉得采样间隔太小，以至于离散信号的数据过大，这时就需要重采样，取采样间隔为 $\Delta_1 = m\Delta$，其中 m 为正整数。重采样后的离散信号为 $x(n\Delta_1) = x(nm\Delta)$，当 $m=2$ 时，离散信号的数据量就可减少一半。这种重采样是以新的采样间隔取原离散信号数据中的一部分，类似于离散信号尺度变换中的抽取，也称为稀疏采样。

重采样前的离散信号 $x(n\Delta)$ 的频谱 $X_\Delta(f)$ 和重抽样后的离散信号 $x(n\Delta_1)$ 的频谱 $X_{\Delta_1}(f)$ 有什么关系呢？

可以将上述重采样问题转化为对连续信号的采样问题。构造一个连续信号 $\tilde{x}(t)$，使得其频谱与重采样前离散信号 $x(n\Delta)$ 的频谱 $X_\Delta(f)$ 相同，即

$$\tilde{X}(f) = \begin{cases} X_\Delta(f), & -\dfrac{1}{2\Delta} \leqslant f \leqslant \dfrac{1}{2\Delta} \\ 0, & \text{其他} \end{cases}$$

$$\tilde{x}(t) = x(n\Delta)$$

对离散信号 $x(n\Delta)$ 重采样，就是以 $\Delta_1 = m\Delta$ 为采样间隔对 $\tilde{x}(t)$ 进行离散采样。

由以上讨论，可得到**重采样定理 1**：设原始离散信号 $x(n\Delta)$ 的频谱为 $X_\Delta(f)$，重采样后的离散信号 $x(n\Delta_1)$ 的频谱为 $X_{\Delta_1}(f)$，如果构造一个连续信号 $\tilde{x}(t)$，使得其频谱 $\tilde{X}(f)$ 与重采样前离散信号 $x(n\Delta)$ 的频谱 $X_\Delta(f)$ 相同，那么频谱 $X_{\Delta_1}(f)$ 和 $\tilde{X}(f)$ 有如下关系：

$$X_{\Delta_1}(f) = \sum_{n=-\infty}^{\infty} \tilde{X}\left(f + \frac{n}{\Delta_1}\right) \tag{2-12}$$

且

$$\tilde{X}(f) = \begin{cases} X_\Delta(f), & -\dfrac{1}{2\Delta} \leqslant f \leqslant \dfrac{1}{2\Delta} \\ 0, & \text{其他} \end{cases}$$

下面以一个例子对重采样定理 1 进行说明。

例 2-8　设离散信号 $x(n\Delta)$ 的频谱 $X_\Delta(f)$ 在 $\left[-\dfrac{1}{2\Delta}, \dfrac{1}{2\Delta}\right]$ 上的图形如图 2-14(a) 所示，取重采样间隔 $\Delta_1 = 2\Delta$，求重采样信号 $x(m\Delta_1)$ 的频谱 $X_{\Delta_1}(f)$。

解　在图 2-14(a) 中，把区间 $\left[-\dfrac{1}{2\Delta}, \dfrac{1}{2\Delta}\right]$ 以外变成 0，就得到 $\tilde{X}(f)$。以区间 $\left[-\dfrac{1}{2\Delta_1}, \dfrac{1}{2\Delta_1}\right]$ 为基础，将 $\tilde{X}(f)$ 以 $\dfrac{1}{\Delta_1}$ 长度分成三段，得到如图 2-14(b) 所示信号。再以区

间 $\left[-\dfrac{1}{2\Delta_1},\dfrac{1}{2\Delta_1}\right]$ 为基础,将三段相加就得到 $X_{\Delta_1}(f)$,如图 2-14(c)所示。

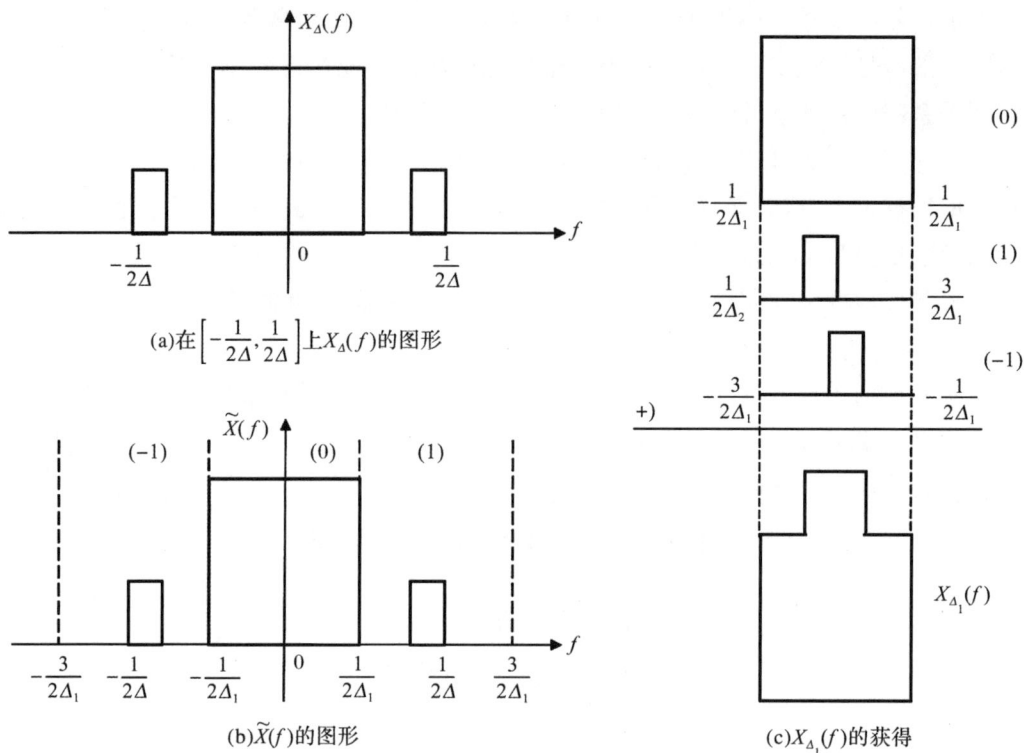

(a)在 $\left[-\dfrac{1}{2\Delta},\dfrac{1}{2\Delta}\right]$ 上 $X_\Delta(f)$ 的图形

(b) $\widetilde{X}(f)$ 的图形

(c) $X_{\Delta_1}(f)$ 的获得

图 2-14　离散信号的重采样频谱构造过程

在区间 $\left[-\dfrac{1}{2\Delta_1},\dfrac{1}{2\Delta_1}\right]$ 上把 $X_\Delta(f)$ 与 $X_{\Delta_1}(f)$ 比较,发现 $X_{\Delta_1}(f)$ 的图形上方多出一块。 $X_{\Delta_1}(f)$ 与 $X_\Delta(f)$ 的这种差异,是由重采样带来的。当原始离散信号的频谱 $X_\Delta(f)$ 在区间 $\left[-\dfrac{1}{2\Delta_1},\dfrac{1}{2\Delta_1}\right]$ 外不为 0 时,这种情形就发生了。

离散信号的**重采样定理 2**:设原始离散信号 $x(n\Delta)$ 的频谱为 $X_\Delta(f)$,重采样后的离散信号 $x(n\Delta_1)$ 的频谱为 $X_{\Delta_1}(f)$,其中 $\Delta_1=m\Delta$,则两个频谱有如下关系:

$$X_{\Delta_1}(f)=\sum_{l=0}^{m-1}X_\Delta\left(f+\frac{l}{m\Delta}\right)$$

对重采样定理 2 的证明如下:

设产生离散信号的原始连续信号为 $x(t)$,相应的频谱为 $X(f)$,或构造 $x(t)$,使其频谱 $X(f)$ 由下式确定:

$$X(f)=\begin{cases}X_\Delta(f), & -\dfrac{1}{2\Delta}\leqslant f\leqslant\dfrac{1}{2\Delta}\\[2mm]0, & 其他\end{cases}$$

根据采样定理,有

$$X_\Delta(f) = \Delta \sum_{n=-\infty}^{\infty} x(n\Delta) \exp(-\mathrm{i}2\pi n\Delta f) = \sum_{n=-\infty}^{\infty} X\left(f + \frac{n}{\Delta}\right)$$

$$X_{\Delta_1}(f) = \Delta_1 \sum_{n=-\infty}^{\infty} x(n\Delta_1) \exp(-\mathrm{i}2\pi n\Delta_1 f) = \sum_{n=-\infty}^{\infty} X\left(f + \frac{n}{m\Delta}\right)$$

把从 $-\infty$ 到 ∞ 的 n，分成长度为 m 的可列个小段，有

$$n = km + l, \quad l = 0,1,2,\cdots,m-1; k = 0,\pm 1,\pm 2,\cdots$$

那么

$$\sum_{n=-\infty}^{\infty} X\left(f + \frac{n}{m\Delta}\right) = \sum_{k=-\infty}^{\infty} \sum_{l=0}^{m-1} X\left(f + \frac{km+l}{m\Delta}\right)$$

$$= \sum_{l=0}^{m-1} \sum_{k=-\infty}^{\infty} X\left(f + \frac{l}{m\Delta} + \frac{k}{\Delta}\right)$$

结合

$$X_\Delta(f) = \sum_{n=-\infty}^{\infty} X\left(f + \frac{n}{\Delta}\right)$$

可得

$$\sum_{l=0}^{m-1} \sum_{k=-\infty}^{\infty} X\left(f + \frac{l}{m\Delta} + \frac{k}{\Delta}\right) = \sum_{l=0}^{m-1} X_\Delta\left(f + \frac{l}{m\Delta}\right)$$

综上可得

$$X_{\Delta_1}(f) = \sum_{l=0}^{m-1} X_\Delta\left(f + \frac{l}{m\Delta}\right) \tag{2-13}$$

以上讨论了离散信号稀疏采样的问题，给出了两个重采样定理，描述了稀疏采样后形成的新的离散信号的频谱，与原离散信号的频谱之间的关系。

有时我们会觉得采样间隔 Δ 太大，以至于离散信号 $x(n\Delta)$ 过于稀疏。这时需要把信号密度加大，把采样间隔变小，取采样间隔 $\Delta_1 = \dfrac{\Delta}{m}$，其中 m 为正整数。加密采样的离散信号为 $x(n\Delta_1) = x\left(\dfrac{n\Delta}{m}\right)$，当 $m = 2$ 时，离散信号的数据量可增加一倍。加密采样与离散信号尺度变换中的零值插入类似。

如何求加密采样信号 $x(n\Delta_1)$ 呢？请注意，我们的出发点是原始信号 $x(n\Delta)$。因此，我们可构造一个对应于 $x(n\Delta)$ 的连续信号 $y(t)$，它的频谱如下：

$$Y(f) = \begin{cases} X_\Delta(f), & -\dfrac{1}{2\Delta} \leqslant f \leqslant \dfrac{1}{2\Delta} \\ 0, & \text{其他} \end{cases}$$

按照奈奎斯特采样定理，可得到 **重采样定理 3**：设原始离散信号 $x(n\Delta)$ 的频谱为 $X_\Delta(f)$，加密采样后的离散信号 $x(n\Delta_1)$ 的频谱为 $X_{\Delta_1}(f)$，其中 $\Delta_1 = \dfrac{\Delta}{m}$，$m$ 为正整数，则 $X_{\Delta_1}(f)$ 和 $X_\Delta(f)$、$x(n\Delta_1)$ 和 $x(n\Delta)$ 的关系为

$$X_{\Delta_1}(f)=\begin{cases}X_\Delta(f), & -\dfrac{1}{2\Delta}\leqslant f\leqslant\dfrac{1}{2\Delta}\\[3mm]0, & \dfrac{1}{2\Delta}<|f|\leqslant\dfrac{1}{2\Delta_1}\end{cases}$$

$$x(n\Delta_1)=\sum_{k=-\infty}^{\infty}x(k\Delta)\frac{\sin(n\Delta_1-k\Delta)\dfrac{\pi}{\Delta}}{(n\Delta_1-k\Delta)\dfrac{\pi}{\Delta}}$$

对该定理的证明简要说明如下：

$X_{\Delta_1}(f)$ 的表达式，因为加密采样离散信号的采样间隔比原离散信号的采样间隔小，所以对应的奈奎斯特频率较原始离散信号的大。在原离散信号的有效频率范围内，加密采样的离散信号频谱与之相同。在原离散信号奈奎斯特频率至加密采样后离散信号的奈奎斯特频率范围内，频谱为零。

奈奎斯特采样定理中的连续信号表达式为

$$x(t)=\sum_{-\infty}^{\infty}x(n\Delta)\frac{\sin(t-n\Delta)\dfrac{\pi}{\Delta}}{(t-n\Delta)\dfrac{\pi}{\Delta}}$$

加密采样后的离散信号表达式，可以按照采样间隔 Δ_1 对该连续信号进行离散采样后得到。

从重采样定理3的分析来看，加密采样后的离散信号的频谱，与原离散信号的频谱是相等的。因为在进行频谱分析时，频率间隔一般等于采样点数与采样间隔乘积的倒数，所以加密采样后采样点数增加，则频率间隔减小，得到的频谱曲线将更加平滑。

§2.6　由离散信号恢复连续信号的问题

设离散信号 $x(n\Delta)$ 是连续信号 $x(t)$ 以采样间隔 Δ 离散化得到的，两者的频谱分别为 $X_\Delta(f)$ 和 $X(f)$，由离散信号的傅里叶变换，有

$$X_\Delta(f)=\Delta\sum_{n=-\infty}^{\infty}x(n\Delta)\exp(-\mathrm{i}2\pi n\Delta f)$$

将离散信号 $x(n\Delta)$ 恢复成连续信号 $y(t)$，若采用插值的方法，可以恢复出多个连续信号。但是，如果要求恢复的连续信号 $y(t)$ 的频谱 $Y(f)$，在 $\left[-\dfrac{1}{2\Delta},\dfrac{1}{2\Delta}\right]$ 频率范围内，与离散信号的频谱相等，在该范围以外为0，即

$$Y(f)=\begin{cases}X_\Delta(f), & -\dfrac{1}{2\Delta}\leqslant f\leqslant\dfrac{1}{2\Delta}\\[2mm]0, & \text{其他}\end{cases}$$

根据奈奎斯特采样定理，在 $\left[-\dfrac{1}{2\Delta},\dfrac{1}{2\Delta}\right]$ 频率范围，离散信号 $x(n\Delta)$ 可以恢复出确定

的连续信号 $y(t)$。由 $Y(f)$ 所得到的连续信号 $y(t)$ 为

$$y(t) = \int_{-\infty}^{\infty} Y(f)\exp(\mathrm{i}2\pi ft)\mathrm{d}f = \int_{-\frac{1}{2\Delta}}^{\frac{1}{2\Delta}} X_\Delta(f)\exp(\mathrm{i}2\pi ft)\mathrm{d}f$$

所以

$$y(n\Delta) = x(n\Delta)$$

上式表明 $y(t)$ 确实是 $x(n\Delta)$ 恢复出来的连续信号。

将 $X_\Delta(f) = \Delta\sum_{n=-\infty}^{\infty} x(n\Delta)\exp(-\mathrm{i}2\pi n\Delta f)$ 代入表达式 $y(t) = \int_{-\frac{1}{2\Delta}}^{\frac{1}{2\Delta}} X_\Delta(f)\exp(\mathrm{i}2\pi ft)\mathrm{d}f$，得

$$y(t) = \sum_{n=-\infty}^{\infty} x(n\Delta) \frac{\sin(t-n\Delta)\frac{\pi}{\Delta}}{(t-n\Delta)\frac{\pi}{\Delta}}$$

恢复的连续信号 $y(t)$ 和其频谱 $Y(f)$ 是一一对应的。如果连续信号 $x(t)$ 对应的频谱 $X(f)$，与频谱 $Y(f)$ 相同，那么，从离散信号就可以确定地恢复出连续信号 $x(t)$。这种情况只有满足一定的条件才能实现，即 $x(t)$ 对应的频谱 $X(f)$，在 $\left[-\frac{1}{2\Delta}, \frac{1}{2\Delta}\right]$ 范围以外等于 0。

将上面的讨论总结为**离散信号的连续化定理**：设离散信号 $x(n\Delta)$ 的频谱为 $X_\Delta(f)$，那么可以按照

$$y(t) = \sum_{n=-\infty}^{\infty} x(n\Delta) \frac{\sin(t-n\Delta)\frac{\pi}{\Delta}}{(t-n\Delta)\frac{\pi}{\Delta}} \tag{2-14}$$

由离散信号 $x(n\Delta)$ 恢复成连续信号 $y(t)$，$y(t)$ 的频谱 $Y(f)$ 为

$$Y(f) = \begin{cases} X_\Delta(f), & -\frac{1}{2\Delta} \leqslant f \leqslant \frac{1}{2\Delta} \\ 0, & \text{其他} \end{cases} \tag{2-15}$$

§2.7　假频现象与采样(重采样)方法

2.7.1　采样与假频

对连续信号 $x(t)$ 以间隔 Δ 进行采样，当 $x(t)$ 的频谱 $X(f)$ 有大于频率 $\frac{1}{2\Delta}$ 的高频成分时，采样后，这些高频成分就要加到频率范围 $\left[-\frac{1}{2\Delta}, \frac{1}{2\Delta}\right]$ 上去。因此，采样后离散信号的频谱 $X_\Delta(f)$ 在 $\left[-\frac{1}{2\Delta}, \frac{1}{2\Delta}\right]$ 上与原始频谱 $X(f)$ 就不一样了，得到的是假频谱 $X_\Delta(f)$。

这种现象称为假频现象,原始频谱 $X(f)$ 中大于频率 $\frac{1}{2\Delta}$ 的高频成分称为**假频**。假频现象正是由假频引起的。

同样的问题在重采样中也出现。当 $x(n\Delta)$ 的频谱 $X_\Delta(f)$ 有大于 $\frac{1}{2\Delta_1}$ 的高频成分时 $\left(\Delta_1\right.$ 为重采样间隔,$\frac{1}{2\Delta_1}$ 为重采样频率$\left.\right)$,重采样后,这些高频成分就要加到低的频率范围上去,致使重抽样后的频谱 $X_{\Delta_1}(f)$ 与原始频谱 $X_\Delta(f)$ 在 $\left[-\frac{1}{2\Delta_1},\frac{1}{2\Delta_1}\right]$ 上不一样。这种现象称为假频现象,原始频谱 $X_\Delta(f)$ 中大于重采样频率 $\frac{1}{2\Delta_1}$ 的高频成分称为**假频**。在采样中,如果发生假频现象,则采样后得到的离散信号就不能反映原始信号的性质,因而也就失去了由采样进行数字处理的意义。所以,在采样中,去假频是十分重要的。去假频可以通过低通滤波来实现。

2.7.2 采样或重采样的方法

设 $x(t)$ 为一连续信号,若要对其进行离散采样,可以按照以下方法进行。如果我们对 $x(t)$ 的性质一无所知,为了进行采样,可以选择几个比较小的采样间隔进行试验,如以 Δ_1、Δ_2 为采样间隔进行采样,分别对这两个离散信号进行傅里叶变换,得到频谱。假设 $\Delta_1 > \Delta_2$,在频率范围 $\left[-\frac{1}{2\Delta_1},\frac{1}{2\Delta_1}\right]$ 上比较这两个离散信号的频谱,如果差别不大,则可近似地认为截频 $f_c \leqslant \frac{1}{2\Delta_1}$(参考奈奎斯特采样定理)。如果在 $\left[-\frac{1}{2\Delta_1},\frac{1}{2\Delta_1}\right]$ 上两个离散信号的频谱差别比较大,再取第三个采样间隔 $\Delta_3(\Delta_3 < \Delta_2)$,采样后得到第三个离散信号,在频率范围 $\left[-\frac{1}{2\Delta_2},\frac{1}{2\Delta_2}\right]$ 上比较第二个和第三个离散信号的频谱,比较分析方法与上面所述相同,如果差别不大,则可近似地认为截频 $f_c \leqslant \frac{1}{2\Delta_2}$。否则,继续选择更小的采样间隔进行试验,采用同样的方法进行频谱对比,以选择出最优的采样间隔。

设 $x(n\Delta)$ 为一离散信号,若要对其进行重采样,假设重采样间隔为 $\Delta_1 = m\Delta$,m 为正整数。按照以下步骤,就可以实现离散信号 $x(n\Delta)$ 的重采样。首先,检查原始信号中有效信号的频率成分是否被包含在区间 $\left[-\frac{1}{2\Delta_1},\frac{1}{2\Delta_1}\right]$ 之内,若在,则进行下一步;若不在,则不能以 Δ_1 为间隔进行重采样。其次,检查原始信号是否有假频,即原始信号 $x(n\Delta)$ 是否有大于 $\frac{1}{2\Delta_1}$ 的高频成分,若没有,则进行下一步;若有,则要去假频,即把 $x(n\Delta)$ 中大于 $\frac{1}{2\Delta_1}$ 的高频成分变为 0(这可通过数字滤波实现),去假频后再进行下一步。最后,以采样间隔 Δ_1 对离散信号 $x(n\Delta)$ 进行重采样。以上离散信号的重采样问题,是稀疏采样时遇到的。

例 2-9　在地震数据处理过程中,地震记录是以采样间隔 $\Delta = 1\text{ms}$ 进行采集存储的,为了减少记录数据,提高处理速度,若以采样间隔 $\Delta_1 = 2\text{ms}$ 重采样,请问具体如何实现?

解　根据离散信号重采样的方法,可以按照以下步骤实现。

首先,检查以采样间隔 $\Delta_1 = 2\text{ms}$ 进行重采样是否合理。根据奈奎斯特采样定理,计算该采样间隔对应的截频为

$$\frac{1}{2\Delta_1} = 250\text{Hz}$$

由于地震波的有效频率成分一般是小于 250Hz 的[6-7],所以以采样间隔 $\Delta_1 = 2\text{ms}$ 进行重采样是可行的。

其次,需要检查地震记录的信号中是否有大于 250Hz 的频率成分。对于地面接收得到的地震信号,一般是包含大于 250Hz 频率成分的干扰的,比如高频环境噪声干扰等,因此需要对地震信号进行频谱分析,并将大于 250Hz 的频率成分去除,通过将这些高频干扰进行置零即可实现。

最后,以采样间隔 $\Delta_1 = 2\text{ms}$ 进行重采样。

习题

2-1　请写出离散信号 $x(n) = \exp(an)u(n)$ 的数学表达式,$u(n)$ 为单位阶跃信号,a 为正数。

2-2　请写出离散信号 $x(n) = u(n) - \delta(n)$ 的数学表达式,$\delta(n)$ 为单位冲激信号。

2-3　请判断以下信号是否为周期信号,若为周期信号,请给出其周期:

$(1) x(n) = \cos\left(\dfrac{5\pi n}{6}\right)$;　　　　　　　$(2) x(n) = \sin(0.7n + 0.1)$;

$(3) x(n) = \exp(\text{i}(0.3\pi n))$。

2-4　设离散信号 $x(n) = (3, 2, 1, -1, 0, 0)$,请写出翻转信号 $x(-n)$。

2-5　设离散信号 $x(n) = (3, 2, 1, -1, 0, 0)$,请写出尺度变换信号 $x(2n)$。

2-6　请写出有限长度离散信号的傅里叶变换和反变换表达式。

2-7　对某种时间信号,采样间隔 Δ 分别取为 0.5ms、2ms、8ms、10ms。若按照奈奎斯特采样定理,则该信号的截频 f_c 应分别在多少 Hz 以外?($1\text{Hz} = 1/\text{s}$,ms 为毫秒,$1\text{ms} = 0.001\text{s}$)。

2-8　请简述离散信号的连续化定理。

2-9　什么是假频?在采样中应注意哪些问题?

2-10　若地震数据是以采样间隔 $\Delta = 2\text{ms}$ 进行采集存储的,为了减少记录数据,提高处理速度,若以采样间隔 $\Delta_1 = 4\text{ms}$ 进行重采样,请问具体如何实现?

习题 2 参考答案

第3章

滤波与褶积

在离散信号数字处理中,滤波占有重要的地位。滤波的方法虽然是多种多样的,但是其基本的和重要的滤波概念与方法是直接建立在频谱分析基础之上的。对原始信号的频谱,我们想通过滤波改变为所需要的频谱,这种滤波可以通过设计一个频谱(所谓滤波器频谱)直接与原始信号频谱相乘来实现。在时间域,这种滤波表现为褶积关系。本章将讨论滤波与褶积的概念和关系、信号能谱、功率谱和与它们有关的等式、离散信号和频谱的简化表示等问题。主要内容包括:连续信号的滤波与褶积、离散信号的滤波与褶积、信号的能谱功率谱问题、离散信号与频谱的简化表示和 Z 变换。

§3.1　连续信号的滤波与褶积

3.1.1　滤波问题的提出

在地学数据中所接收到的信号 $x(t)$,一般都包含两个成分:一个是有效信号 $s(t)$,是我们所需要的,它使我们能够了解要研究的对象的性质;另一个是干扰信号 $n(t)$,是我们所不需要的,它对我们了解研究对象的性质起破坏作用。这两种成分合在一起就是我们实际得到的信号,可以用下式进行表示:

$$x(t) = s(t) + n(t). \tag{3-1}$$

对在地学数据中所接收到的信号进行处理的一个重要目的,就是削弱干扰信号 $n(t)$,增强或保持有效信号 $s(t)$。如何做到这一点呢?首先要了解有效信号 $s(t)$ 与干扰信号 $n(t)$ 的差异。根据实际资料的分析,我们发现在许多情况下,干扰信号 $n(t)$ 的频谱 $N(f)$ 与有效信号 $s(t)$ 的频谱 $S(f)$ 是不同的,一种特别的情况是干扰谱 $N(f)$ 与有效信号谱 $S(f)$ 是分离的,如图 3-1 所示。

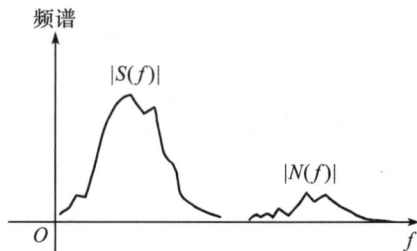

图 3-1　有效信号频谱 $S(f)$ 与干扰信号频谱 $N(f)$

对于如图 3-1 所示的情况,要去除干扰,保留有效信号,可以通过设计一个滤波器对该信号进行滤波来实现。从图 3-1 可以看出,当 $S(f) \neq 0$ 时,$N(f)=0$,在这种情况下,我们可以设计一个频率函数为 $H(f)$ 的滤波器,表达式如下:

$$H(f)=\begin{cases} 1, & S(f) \neq 0 \\ 0, & S(f)=0 \end{cases} \tag{3-2}$$

将该滤波器频谱 $H(f)$ 与信号的频谱 $X(f)$ 相乘,就可以实现去除干扰的目的。具体表达式如下:

$$\begin{aligned} & Y(f)=X(f)H(f) \\ & S(f)H(f)=S(f), \quad N(f)H(f)=0 \\ & Y(f)=S(f) \end{aligned} \tag{3-3}$$

对于许多实际信号,它的干扰成分频谱 $N(f)$ 与有效成分频谱 $S(f)$ 并不是完全分离的,但可以近似看作是分离的,根据干扰信号谱 $N(f)$ 与有效信号谱 $S(f)$ 的不同特点,设计不同的频率函数 $H(f)$,也可以起到削弱干扰、增强信号的作用。

用一个频率函数 $H(f)$ 与信号 $x(t)$ 的频谱 $X(f)$ 相乘得到 $Y(f)=X(f)H(f)$,这个过程就称为**滤波**。所谓滤波,就是对原始信号进行过滤,改变其频率成分,以达到削弱干扰、突出有效信号的目的。

3.1.2 连续信号的滤波与褶积

设原始信号 $x(t)$ 的频谱为 $X(f)$,用来滤波的频谱 $H(f)$ 所对应的时间函数为 $h(t)$,滤波后的频谱 $Y(f)=X(f)H(f)$ 所对应的时间函数为 $y(t)$。现在我们要问:作为滤波后的信号 $y(t)$,它与原始信号 $x(t)$ 和用于滤波的时间函数 $h(t)$ 有什么关系呢? 下面利用傅里叶变换及其性质来解决这个问题。

由傅里叶反变换公式,有

$$y(t)=\int_{-\infty}^{+\infty} Y(f) \exp(\mathrm{i}2\pi ft)\mathrm{d}f \tag{3-4}$$

将式(3-3)中的滤波表达式代入式(3-4),有

$$y(t)=\int_{-\infty}^{+\infty} X(f)H(f) \exp(\mathrm{i}2\pi ft)\mathrm{d}f$$

由傅里叶变换公式,有

$$\begin{aligned} y(t) &= \int_{-\infty}^{+\infty} X(f)\left[\int_{-\infty}^{+\infty} h(\tau)\exp(-\mathrm{i}2\pi f\tau)\mathrm{d}\tau\right]\exp(\mathrm{i}2\pi ft)\mathrm{d}f \\ &= \int_{-\infty}^{+\infty} h(\tau)\left[\int_{-\infty}^{+\infty} X(f)\exp(\mathrm{i}2\pi f(t-\tau))\mathrm{d}f\right]\mathrm{d}\tau \\ &= \int_{-\infty}^{+\infty} h(\tau)x(t-\tau)\mathrm{d}\tau \end{aligned}$$

所以

$$y(t)=\int_{-\infty}^{+\infty} h(\tau)x(t-\tau)\mathrm{d}\tau \tag{3-5}$$

原始信号 $x(t)$ 和滤波器时间函数 $h(t)$ 通过式(3-5)形式的积分得到 $y(t)$。两个函数这种形式的积分,在滤波问题中起着重要作用。为此给予专门的名称,我们把由式(3-5)表示的 $y(t)$ 称为 $x(t)$ 与 $h(t)$ 的**褶积**,记为

$$y(t) = x(t) * h(t) \tag{3-6}$$

综上,可得滤波和褶积的基本公式如下:

$$\begin{cases} Y(f) = X(f)H(f) \\ y(t) = x(t) * h(t) \end{cases} \tag{3-7}$$

其中,$x(t) * h(t) = \int_{-\infty}^{+\infty} h(\tau)x(t-\tau)\mathrm{d}\tau$。

从数学角度看,两个频谱相乘得到新的频谱,其时间函数就是相应的两个时间函数进行褶积;反之,两个时间函数褶积得到新的信号,其频谱就是相应的两个频谱相乘。从物理角度看,滤波可通过两种方式来实现:一是在频率域实现,将频谱 $H(f)$ 与 $X(f)$ 相乘得到 $Y(f)$,再由 $Y(f)$ 作傅里叶反变换得到 $y(t)$;二是在时间域实现,将时间函数 $h(t)$ 与 $x(t)$ 褶积得到 $y(t)$。

连续信号滤波和褶积的原理如图 3-2 所示。

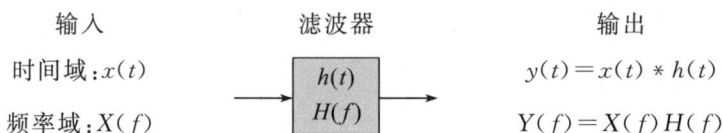

图 3-2 连续信号滤波原理

图 3-2 中,称 $x(t)$ 为输入信号,$y(t)$ 为输出信号,$h(t)$ 为滤波因子(或滤波器时间函数,或脉冲响应函数);$X(f)$ 为输入信号的频谱,$Y(f)$ 为输出信号的频谱,$H(f)$ 为滤波器频谱(或滤波器频率响应函数)。这种滤波具有线性和时不变的性质。

褶积具有交换性质,证明如下:

根据乘法交换律,有

$$Y(f) = X(f)H(f) \tag{3-8}$$

$$Y(f) = H(f)X(f) \tag{3-9}$$

由式(3-8)可以推导出式(3-5),即

$$y(t) = x(t) * h(t) = \int_{-\infty}^{+\infty} h(\tau)x(t-\tau)\mathrm{d}\tau$$

同理,由式(3-9)推导可得

$$y(t) = h(t) * x(t) = \int_{-\infty}^{+\infty} x(\tau)h(t-\tau)\mathrm{d}\tau$$

所以

$$x(t) * h(t) = h(t) * x(t) \tag{3-10}$$

例 3-1 设输入信号 $x(t)$ 的频谱为 $X(f)$,滤波器为低通滤波器,即滤波器频谱为

$$H(f) = \begin{cases} 1, & |f| < f_0 \\ 0, & |f| \geqslant f_0 \end{cases}$$

求滤波器时间函数 $h(t)$、输出信号 $y(t)$ 和相应的频谱 $Y(f)$。

解　滤波器时间函数 $h(t)$ 为

$$h(t) = \int_{-\infty}^{+\infty} H(f) \exp(\mathrm{i}2\pi f t) \mathrm{d}f = \int_{-f_0}^{f_0} \exp(\mathrm{i}2\pi f t) \mathrm{d}f = \frac{\sin 2\pi f_0 t}{\pi t}$$

输出信号 $y(t)$ 为

$$y(t) = h(t) * x(t) = \int_{-\infty}^{+\infty} x(\tau) \frac{\sin 2\pi f_0 (t - \tau)}{\pi (t - \tau)} \mathrm{d}\tau$$

输出信号的频谱 $Y(f)$ 为

$$Y(f) = H(f) X(f) = \begin{cases} X(f), & |f| < f_0 \\ 0, & |f| \geqslant f_0 \end{cases}$$

§3.2　离散信号的滤波与褶积

3.2.1　离散信号的滤波与褶积

前面我们讨论了连续信号的滤波与褶积。对连续信号 $x(t)$ 用连续滤波因子 $h(t)$ 滤波得到 $y(t)$，相应的频谱关系为 $Y(f) = X(f) H(f)$，当连续信号 $x(t)$ 和连续滤波因子 $h(t)$ 的频谱 $X(f)$，$H(f)$ 都有截频 f_c（意即当 $|f| > f_c$ 时 $X(f) = H(f) = 0$），并且抽样间隔不大于 $\dfrac{1}{2f_c}$ 时，对连续信号的滤波完全可以通过对离散信号的滤波来实现。

由于 $Y(f) = X(f) H(f)$，所以 $Y(f)$ 的截频也为 f_c。对连续时间函数 $x(t)$、$h(t)$、$y(t)$，按 Δ 间隔抽样得离散序列为 $x(n\Delta)$、$h(n\Delta)$、$y(n\Delta)$，这些离散序列的频谱分别为 $X_\Delta(f)$、$H_\Delta(f)$、$Y_\Delta(f)$。按照奈奎斯特抽样定理，当频率在 $\left[-\dfrac{1}{2\Delta}, \dfrac{1}{2\Delta} \right]$ 范围内时，有

$$X_\Delta(f) = X(f)$$
$$H_\Delta(f) = H(f)$$
$$Y_\Delta(f) = Y(f)$$

因此，在 $\left[-\dfrac{1}{2\Delta}, \dfrac{1}{2\Delta} \right]$ 范围内有

$$Y_\Delta(f) = X_\Delta(f) H_\Delta(f) \tag{3-11}$$

该式就是离散信号的频率域滤波公式。由 $Y_\Delta(f)$ 可确定 $y(n\Delta)$，由 $y(n\Delta)$ 按抽样定理可恢复出连续信号 $y(t)$，这说明，对连续信号的滤波可以通过对离散信号的滤波来实现。

设离散序列 $x(n\Delta)$、$h(n\Delta)$、$y(n\Delta)$ 的频谱分别为 $X_\Delta(f)$、$H_\Delta(f)$、$Y_\Delta(f)$，且满足关系

$$Y_\Delta(f) = X_\Delta(f) H_\Delta(f)$$

现在我们要直接找出 $y(n\Delta)$ 与 $x(n\Delta)$、$h(n\Delta)$ 的关系,具体推导如下:

$$
\begin{aligned}
y(n\Delta) &= \int_{-1/(2\Delta)}^{1/(2\Delta)} X_\Delta(f) H_\Delta(f) \exp(\mathrm{i}2\pi n\Delta f)\mathrm{d}f \\
&= \int_{-1/(2\Delta)}^{1/(2\Delta)} X_\Delta(f) \Big[\Delta \sum_{\tau=-\infty}^{+\infty} h(\tau\Delta)\exp(-\mathrm{i}2\pi n\Delta f)\Big]\exp(\mathrm{i}2\pi n\Delta f)\mathrm{d}f \\
&= \Delta \sum_{\tau=-\infty}^{+\infty} h(\tau\Delta)\int_{-1/(2\Delta)}^{1/(2\Delta)} X_\Delta(f)\exp(\mathrm{i}2\pi(n-\tau)\Delta f)\mathrm{d}f \\
&= \Delta \sum_{\tau=-\infty}^{+\infty} h(\tau\Delta)x[(n-\tau)\Delta]
\end{aligned}
$$

所以

$$
y(n\Delta) = \Delta \sum_{\tau=-\infty}^{+\infty} h(\tau\Delta)x[(n-\tau)\Delta] \tag{3-12}
$$

式(3-12)中,称 $y(n\Delta)$ 为 $x(n\Delta)$ 与 $h(n\Delta)$ 的褶积,记为

$$
y(n\Delta) = x(n\Delta) * h(n\Delta) \tag{3-13}
$$

综上,离散信号的滤波和褶积公式如下:

$$
\begin{cases}
Y_\Delta(f) = X_\Delta(f) H_\Delta(f) \\
y(n\Delta) = x(n\Delta) * h(n\Delta)
\end{cases} \tag{3-14}
$$

其中,$y(n\Delta) = x(n\Delta) * h(n\Delta) = \Delta \sum_{\tau=-\infty}^{+\infty} h(\tau\Delta)x[(n-\tau)\Delta]$。

离散信号滤波原理如图 3-3 所示。

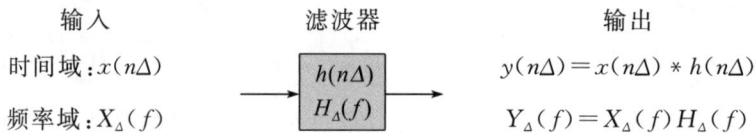

图 3-3　离散信号滤波原理

图 3-3 中,$x(n\Delta)$ 为输入的离散信号,$y(n\Delta)$ 为输出的离散信号,$h(n\Delta)$ 为滤波因子,或滤波器时间函数;$X_\Delta(f)$ 为输入离散信号的频谱,$Y_\Delta(f)$ 为输出离散信号的频谱,$H_\Delta(f)$ 为滤波器频谱。

3.2.2　褶积的直观意义

下面举例说明褶积的实现过程与意义。

例 3-2　设 $\Delta=1$,离散序列 $x(n\Delta)$ 和 $h(n\Delta)$ 分别为

$$
x(n\Delta) = x(n) = \begin{cases} 1, & n=0,1 \\ 0, & 其他 \end{cases}
$$

$$
h(n\Delta) = h(n) = \begin{cases} 1, & n=0 \\ 1/2, & n=1 \\ 1/4, & n=2 \\ 0, & 其他 \end{cases}
$$

求 $y(n\Delta) = x(n\Delta) * h(n\Delta)$。

解　令 $\lambda = -\tau$,于是有

$$y(n\Delta) = x(n\Delta) * h(n\Delta) = \Delta \sum_{\lambda=-\infty}^{+\infty} h(-\lambda\Delta) x[(n+\lambda)\Delta] \tag{3-15}$$

式(3-15)的实现步骤如下:首先,把 $h(\lambda)$ 变成 $h(-\lambda)$,这实际上是褶的过程,以 h 轴为对称轴,把 h 轴右边的图形褶到左边去,把 h 轴左边的图形褶到右边去,于是得到 $h(-\lambda)$。褶的过程把 $h(\lambda)$ 变为 $h(-\lambda)$,如图 3-4(a)、(b)所示。其次,为了得到 $y(1)$,这时 $n=1$,把 $h(-\lambda)$ 与 $x(\lambda+1)$ 按褶积公式作运算,这个过程如图 3-4(c)、(d)、(e)所示,把 $h(-\lambda)$ 图上的 h 轴对准 $x(\lambda+1)$[表示 $x(\lambda)$ 延迟 1 个单位的信号]图上的点,见图 3-4(c)、(d),然后将上下两个图形对应的点两两相乘,之后再加在一起就得到 $y(1)=3/2$,见图 3-4(e)。这种先作乘积然后相加的过程,我们称为积的过程,因为相加是积累,也可看作是积。因此,褶积过程包括褶和积的过程。最后,取 $n=0,\pm1,\pm2,\cdots$,重复上述过程,就得到 $y(n)$,见图 3-4(f)。

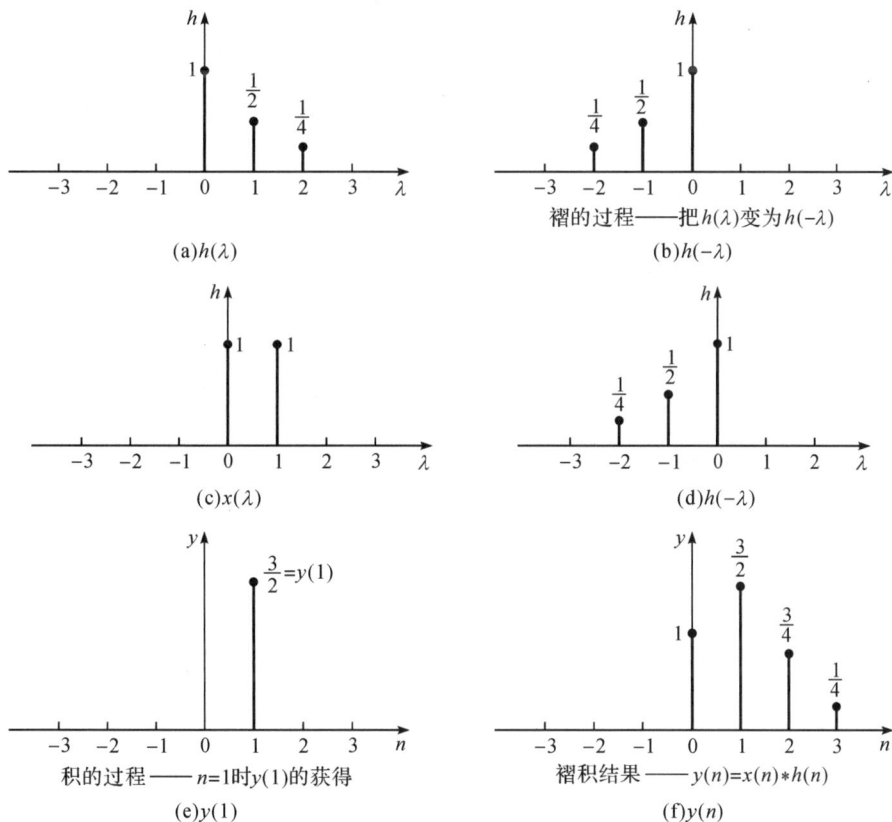

(a)$h(\lambda)$　　　　　褶的过程——把$h(\lambda)$变为$h(-\lambda)$　　(b)$h(-\lambda)$

(c)$x(\lambda)$　　　　　　　　　　(d)$h(-\lambda)$

积的过程——$n=1$时$y(1)$的获得　　　褶积结果——$y(n)=x(n)*h(n)$

(e)$y(1)$　　　　　　　　　　　(f)$y(n)$

图 3-4　褶积实现过程

从上面褶积例子的实现过程可以看出,两个信号的褶积,就是把其中一个信号先进行"褶"的操作,然后再与另一个信号的时移信号进行对应相乘和相加运算,最后获得两个信号褶积的结果。褶积也可以在频率域实现,把两个信号分别作傅里叶变换,获得对应的频谱,然后将两个频谱进行相乘,获得新的频谱,最后对该频谱进行傅里叶反变换,即可得到两个信号褶积运算的结果。

§3.3 信号的能谱与功率谱

3.3.1 连续信号的能谱与能量等式

由电学知识我们知道功率 $P=U^2/R$，其中 U 表示电压，R 表示电阻。如果我们用实信号 $x(t)$ 表示电压，假定电阻为 1，则瞬时功率为 $x^2(t)$，总的能量就为

$$\int_{-\infty}^{+\infty} x^2(t)\mathrm{d}t \tag{3-16}$$

以后我们就称式(3-16)为信号的能量表达式。

那么，信号 $x(t)$ 的能量与频谱 $X(f)$ 存在什么关系呢？下面我们利用傅里叶变换理论进行说明。

设 $x(t)$ 和 $y(t)$ 为两个信号，由傅里叶反变换可知信号与频谱的关系为

$$y(t)=\int_{-\infty}^{+\infty} Y(f)\exp(\mathrm{i}2\pi ft)\mathrm{d}f$$

因此

$$
\begin{aligned}
\int_{-\infty}^{+\infty} x(t)y(t)\mathrm{d}t &= \int_{-\infty}^{+\infty} x(t)\left[\int_{-\infty}^{+\infty} Y(f)\exp(\mathrm{i}2\pi ft)\mathrm{d}f\right]\mathrm{d}t \\
&= \int_{-\infty}^{+\infty}\left[\int_{-\infty}^{+\infty} x(t)\exp(\mathrm{i}2\pi ft)\mathrm{d}t\right]Y(f)\mathrm{d}f \\
&= \int_{-\infty}^{+\infty} X(-f)Y(f)\mathrm{d}f
\end{aligned}
$$

上式可写为

$$\int_{-\infty}^{+\infty} x(t)y(t)\mathrm{d}t = \int_{-\infty}^{+\infty} X(-f)Y(f)\mathrm{d}f = \int_{-\infty}^{+\infty} X(f)Y(-f)\mathrm{d}f$$

那么

$$
\begin{aligned}
\int_{-\infty}^{+\infty} x(t)\overline{y(t)}\mathrm{d}t &= \int_{-\infty}^{+\infty} x(t)\left[\int_{-\infty}^{+\infty} \overline{Y(f)}\exp(-\mathrm{i}2\pi ft)\mathrm{d}f\right]\mathrm{d}t \\
&= \int_{-\infty}^{+\infty}\left[\int_{-\infty}^{+\infty} x(t)\exp(-\mathrm{i}2\pi ft)\mathrm{d}t\right]\overline{Y(f)}\mathrm{d}f \\
&= \int_{-\infty}^{+\infty} X(f)\overline{Y(f)}\mathrm{d}f
\end{aligned}
$$

所以

$$\int_{-\infty}^{+\infty} x(t)\overline{y(t)}\mathrm{d}t = \int_{-\infty}^{+\infty} X(f)\overline{Y(f)}\mathrm{d}f$$

取 $y(t)=x(t)$，即得

$$\int_{-\infty}^{+\infty} |x(t)|^2\mathrm{d}t = \int_{-\infty}^{+\infty} |X(f)|^2\mathrm{d}f \tag{3-17}$$

上式称为**能量等式**，也称为帕塞瓦尔等式。该式表明，$x(t)$ 的能量可通过 $|X(f)|^2$ 表示出来，因此，$|X(f)|^2$ 也称为 $x(t)$ 的**能谱**。

3.3.2　连续信号的功率谱与平均功率等式

由功率的定义知，$x(t)$在区间$[T_1, T_2]$上的平均功率为

$$\frac{1}{T_2 - T_1} \int_{T_1}^{T_2} | x(t) |^2 \mathrm{d}t$$

假设

$$x_{[T_1, T_2]}(t) = \begin{cases} x(t), & T_1 \leqslant t \leqslant T_2 \\ 0, & \text{其他} \end{cases}$$

它的频谱为

$$X_{[T_1, T_2]}(f) = \int_{-\infty}^{+\infty} x_{[T_1, T_2]}(t) \exp(-\mathrm{i}2\pi ft) \mathrm{d}t = \int_{T_1}^{T_2} x(t) \exp(-\mathrm{i}2\pi ft) \mathrm{d}t$$

按照能量等式，$x_{[T_1, T_2]}(t)$的能量和能谱有如下关系：

$$\int_{-\infty}^{+\infty} | x_{[T_1, T_2]}(t) |^2 \mathrm{d}t = \int_{-\infty}^{+\infty} | X_{[T_1, T_2]}(f) |^2 \mathrm{d}f$$

结合下列两式：

$$\int_{-\infty}^{+\infty} | x(t) |^2 \mathrm{d}t = \int_{-\infty}^{+\infty} | X(f) |^2 \mathrm{d}f$$

$$x_{[T_1, T_2]}(t) = \begin{cases} x(t), & T_1 \leqslant t \leqslant T_2 \\ 0, & \text{其他} \end{cases}$$

可得

$$\frac{1}{T_2 - T_1} \int_{T_1}^{T_2} | x(t) |^2 \mathrm{d}t = \int_{-\infty}^{+\infty} \frac{1}{T_2 - T_1} \left| \int_{T_1}^{T_2} x(t) \exp(-\mathrm{i}2\pi ft) \mathrm{d}t \right|^2 \mathrm{d}f \tag{3-18}$$

上式等号左边为$x(t)$在区间$[T_1, T_2]$上的平均功率，它可以通过下式来表示：

$$\frac{1}{T_2 - T_1} \left| \int_{T_1}^{T_2} x(t) \exp(-\mathrm{i}2\pi ft) \mathrm{d}t \right|^2 \tag{3-19}$$

式(3-19)被称为$x(t)$在区间$[T_1, T_2]$上的**功率谱**。

通常，我们把在整个时间轴$(-\infty, +\infty)$上的平均功率称为实信号$x(t)$的平均功率，表达式如下：

$$P = \lim_{T \to +\infty} \frac{1}{2T} \int_{-T}^{T} | x(t) |^2 \mathrm{d}t$$

用下式表示$x(t)$的功率谱：

$$G(f) = \lim_{T \to +\infty} \frac{1}{2T} \left| \int_{-T}^{T} x(t) \exp(-\mathrm{i}2\pi ft) \mathrm{d}t \right|^2$$

结合式(3-18)，可得

$$P = \int_{-\infty}^{+\infty} G(f) \mathrm{d}f$$

$$\lim_{T \to +\infty} \frac{1}{2T} \int_{-T}^{T} | x(t) |^2 \mathrm{d}t = \int_{-\infty}^{+\infty} \lim_{T \to +\infty} \frac{1}{2T} \left| \int_{-T}^{T} x(t) \exp(-\mathrm{i}2\pi ft) \mathrm{d}t \right|^2 \mathrm{d}f \tag{3-20}$$

式(3-20)即被称为**平均功率等式**。

3.3.3 离散信号的能谱与能量等式

类似于连续实信号 $x(t)$ 的能量等式,我们用下式表示离散信号 $x(n\Delta)$ 的能量:

$$\Delta \sum_{n=-\infty}^{+\infty} |x(n\Delta)|^2$$

下面利用傅里叶变换理论,推导 $x(n\Delta)$ 的能量与它的频谱 $X_\Delta(f)$ 之间的关系。

设 $x(n\Delta)$ 和 $y(n\Delta)$ 为两个信号,按照信号和频谱的关系,$y(n\Delta)$ 和它的频谱 $Y_\Delta(f)$ 有如下关系:

$$Y_\Delta(f) = \Delta \sum_{n=-\infty}^{+\infty} y(n\Delta) \exp(-i2\pi n\Delta f)$$

$$y(n\Delta) = \int_{-1/(2\Delta)}^{1/(2\Delta)} Y_\Delta(f) \exp(i2\pi n\Delta f) df$$

因此

$$\Delta \sum_{n=-\infty}^{+\infty} x(n\Delta) y(n\Delta) = \Delta \sum_{n=-\infty}^{+\infty} x(n\Delta) \int_{-1/(2\Delta)}^{1/(2\Delta)} Y_\Delta(f) \exp(i2\pi n\Delta f) df$$

$$= \int_{-1/(2\Delta)}^{1/(2\Delta)} Y_\Delta(f) X_\Delta(-f) df$$

$$\Delta \sum_{n=-\infty}^{+\infty} x(n\Delta) \overline{y(n\Delta)} = \Delta \sum_{n=-\infty}^{+\infty} x(n\Delta) \int_{-1/(2\Delta)}^{1/(2\Delta)} \overline{Y_\Delta(f)} \exp(i2\pi n\Delta f) df$$

$$= \int_{-1/(2\Delta)}^{1/(2\Delta)} X_\Delta(f) \overline{Y_\Delta(f)} df$$

令 $y(n\Delta) = x(n\Delta)$,得

$$\sum_{n=-\infty}^{\infty} |x(n\Delta)|^2 = \int_{-1/(2\Delta)}^{1/(2\Delta)} |X_\Delta(f)|^2 df$$

称上式为离散信号 $x(n\Delta)$ 的**能量等式**,称 $|X_\Delta(f)|^2$ 为**离散信号的能谱**。

3.3.4 离散信号的功率谱与平均功率等式

定义 $x(n\Delta)$ 在 $[-N, N]$ 范围内的平均功率为

$$\Delta \frac{1}{2N+1} \sum_{n=-N}^{N} |x(n\Delta)|^2$$

假设

$$x_N(n\Delta) = \begin{cases} x(n\Delta), & -N \leqslant n \leqslant N \\ 0, & 其他 \end{cases}$$

它的频谱为

$$X_{N\Delta}(f) = \Delta \sum_{n=-\infty}^{+\infty} x_N(n\Delta) \exp(-i2\pi n\Delta f) = \Delta \sum_{n=-N}^{N} x(n\Delta) \exp(-i2\pi n\Delta f)$$

根据离散信号的能量等式,有

$$\Delta \sum_{n=-\infty}^{+\infty} |x_N(n\Delta)|^2 = \int_{-1/(2\Delta)}^{1/(2\Delta)} |X_{N\Delta}(f)|^2 df$$

结合下列两式：

$$x_N(n\Delta) = \begin{cases} x(n\Delta), & -N \leqslant n \leqslant N \\ 0, & \text{其他} \end{cases}$$

$$X_{N\Delta}(f) = \Delta \sum_{n=-\infty}^{+\infty} x_N(n\Delta) \exp(-i2\pi n\Delta f) = \Delta \sum_{n=-N}^{N} x(n\Delta) \exp(-i2\pi n\Delta f)$$

可得

$$\frac{1}{2N+1} \sum_{n=-N}^{N} |x(n\Delta)|^2 = \int_{-1/(2\Delta)}^{1/(2\Delta)} \frac{1}{(2N+1)\Delta} \left| \Delta \sum_{n=-N}^{N} x(n\Delta) \exp(-i2\pi\Delta f) \right|^2 df \quad (3\text{-}21)$$

把上式等号右边的被积函数称为 $x(n\Delta)$ 在 $[-N, N]$ 范围内的**功率谱**，即

$$\frac{1}{(2N+1)\Delta} \left| \Delta \sum_{n=-N}^{N} x(n\Delta) \exp(-i2\pi\Delta f) \right|^2$$

$x(n\Delta)$ 的平均功率为

$$\lim_{N \to +\infty} \frac{1}{2N+1} \sum_{n=-N}^{N} |x(n\Delta)|^2$$

$x(n\Delta)$ 的功率谱为

$$\lim_{N \to +\infty} \frac{1}{(2N+1)\Delta} \left| \Delta \sum_{n=-N}^{N} x(n\Delta) \exp(-i2\pi n\Delta f) \right|^2$$

离散信号 $x(n\Delta)$ 的**平均功率等式**为

$$\lim_{N \to +\infty} \frac{1}{2N+1} \sum_{n=-N}^{N} |x(n\Delta)|^2 = \int_{-1/(2\Delta)}^{1/(2\Delta)} \lim_{N \to +\infty} \frac{1}{(2N+1)\Delta} \left| \Delta \sum_{n=-N}^{N} x(n\Delta) \exp(-i2\pi n\Delta f) \right|^2 df$$

$$(3\text{-}22)$$

下面用一个实例说明离散信号的能量等式、功率谱和平均功率问题。

假设离散信号 $x(n\Delta)$ 如图 3-5 所示，采样间隔为 1。离散信号 $x(n\Delta)$ 的频谱 $X_\Delta(f)$ 为

$$X_\Delta(f) = \Delta \sum_{n=-\infty}^{+\infty} x(n\Delta) \exp(-i2\pi n\Delta f)$$

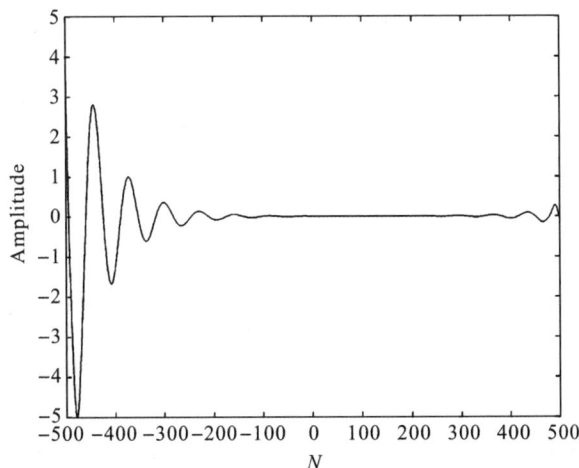

图 3-5　离散信号 $x(n\Delta)$ 波形图

其频谱图如图 3-6 所示。

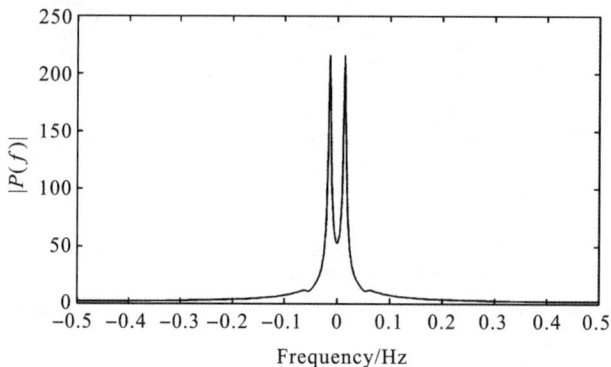

图 3-6　图 3-5 所示离散信号 $x(n\Delta)$ 的频谱图

利用离散信号能量计算公式,得到离散 $x(n\Delta)$ 信号能量为

$$E = \Delta \sum_{n=-\infty}^{+\infty} \mid x(n\Delta) \mid^2 = 663.6$$

根据能量等式,可以计算得到该离散信号的能量为

$$E = \Delta \int_{-1/(2\Delta)}^{1/(2\Delta)} \mid X_\Delta(f) \mid^2 \mathrm{d}f = 663.6$$

因此,两者计算得到的能量是相等的,离散信号的频谱可以用来计算其能量。

根据离散信号能谱的定义,计算并绘制的该离散信号的能谱图如图3-7所示。对比图 3-6 和图 3-7,可以发现该离散信号的能谱为频谱的平方。

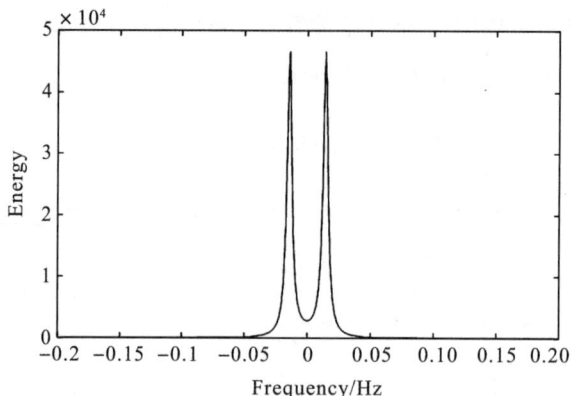

图 3-7　图 3-5 所示离散信号 $x(n\Delta)$ 的能谱图

利用离散信号平均功率公式,计算该信号的平均功率如下:

$$P = \Delta \frac{1}{2N+1} \sum_{n=-N}^{N} \mid x(n\Delta) \mid^2 = 0.6636$$

根据离散信号的功率谱公式 $\dfrac{1}{(2N+1)\Delta} \left| \Delta \displaystyle\sum_{n=-N}^{N} x(n\Delta) \exp(-\mathrm{i}2\pi\Delta f) \right|^2$,计算其功率谱,绘制的功率谱图如图 3-8 所示。

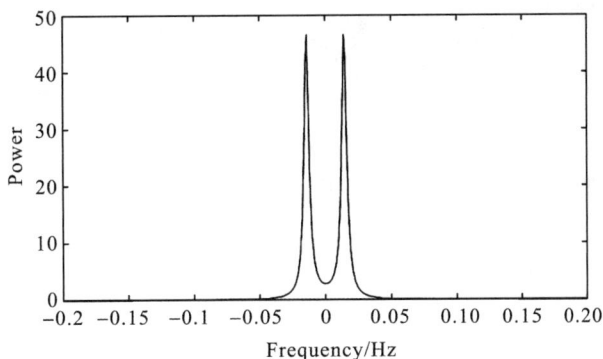

图 3-8 图 3-5 所示离散信号 $x(n\Delta)$ 的功率谱图

§3.4 离散信号与频谱的简化表示

3.4.1 离散信号与频谱的简化表示

以后讨论的主要是离散信号,为了方便,我们对离散信号、频谱及褶积采用一些简化表示。

离散信号 $x(n\Delta)$ 的频谱为

$$X_\Delta(f) = \Delta \sum_{n=-\infty}^{+\infty} x(n\Delta)\exp(-\mathrm{i}2\pi n\Delta f)$$

由于在实际处理中,抽样间隔 Δ 事先已确定好,它是已知常数,因此我们可用 $x(n)$ 表示 $x(n\Delta)$,则离散信号的频谱为

$$X(f) = \sum_{n=-\infty}^{+\infty} x(n)\exp(-\mathrm{i}2\pi n\Delta f) \tag{3-23}$$

注意:过去用 $X(f)$ 表示连续信号 $x(t)$ 的频谱,由于现在讨论的是离散信号 $x(n)$,所以这里的 $X(f)$ 表示的是离散信号 $x(n)$ 的频谱,注意到这点,符号的意义就不会混淆。

若令 $\omega = 2\pi\Delta f$,则有

$$X(\omega) = \sum_{n=-\infty}^{+\infty} x(n)\exp(-\mathrm{i}n\omega) \tag{3-24}$$

我们也称 $X(\omega)$ 为离散信号 $x(n)$ 的频谱。

下面列出离散信号 $x(n)$ 与以上介绍的三种频谱之间的一一对应关系:

$$\begin{cases} X_\Delta(f) = \Delta \sum_{n=-\infty}^{+\infty} x(n)\exp(-\mathrm{i}2\pi n\Delta f) \\ x(n) = \int_{-1/(2\Delta)}^{1/(2\Delta)} X_\Delta(f)\exp(\mathrm{i}2\pi n\Delta f)\mathrm{d}f \end{cases} \tag{3-25}$$

$$\begin{cases} X(f) = \sum_{n=-\infty}^{+\infty} x(n)\exp(-\mathrm{i}2\pi n\Delta f) \\ x(n) = \Delta\int_{-1/(2\Delta)}^{1/(2\Delta)} X(f)\exp(\mathrm{i}2\pi n\Delta f)\mathrm{d}f \end{cases} \tag{3-26}$$

$$\begin{cases} X(\omega) = \displaystyle\sum_{n=-\infty}^{+\infty} x(n)\exp(-in\omega) \\ x(n) = \dfrac{1}{2\pi}\displaystyle\int_{-\pi}^{\pi} X(\omega)\exp(in\omega)\,d\omega \end{cases} \tag{3-27}$$

离散信号 $x(n)$ 的三种频谱 $X_\Delta(f)$、$X(f)$、$X(\omega)$ 之间的关系为

$$\begin{cases} X_\Delta(f) = \Delta X(f) \\ X(f) = X(\omega)|_{\omega=2\pi\Delta f} \\ X(\omega) = X(f)|_{f=\omega/(2\pi\Delta)} \end{cases} \tag{3-28}$$

离散信号 $x(n)$ 的能量与各种谱频的关系为

$$\begin{cases} \displaystyle\sum_{n=-\infty}^{+\infty} |x(n)|^2 = \dfrac{1}{\Delta}\displaystyle\int_{-1/(2\Delta)}^{1/(2\Delta)} |X_\Delta(f)|^2\,df \\ \displaystyle\sum_{n=-\infty}^{+\infty} |x(n)|^2 = \Delta\displaystyle\int_{-1/(2\Delta)}^{1/(2\Delta)} |X(f)|^2\,df \\ \displaystyle\sum_{n=-\infty}^{+\infty} |x(n)|^2 = \dfrac{1}{2\pi}\displaystyle\int_{-\pi}^{\pi} |X(\omega)|^2\,d\omega \end{cases} \tag{3-29}$$

需要说明的是,离散信号的简化表示,并未改变信号及其频谱,只是形式上的简化而已。

3.4.2　离散信号褶积的简化表示

离散信号 $x(n\Delta)$ 与 $h(n\Delta)$ 的褶积和频谱关系为

$$\begin{cases} y(n\Delta) = x(n\Delta) * h(n\Delta) = \Delta\displaystyle\sum_{\tau=-\infty}^{+\infty} h(\tau\Delta)x[(n-\tau)\Delta] \\ Y_\Delta(f) = X_\Delta(f)H_\Delta(f) \end{cases} \tag{3-30}$$

在褶积公式的和号前面,有一常数 Δ,在褶积的简化表示中,这个 Δ 被去掉了。离散序列 $x(n)$ 与 $h(n)$ 的褶积简化表示为

$$g(n) = x(n) * h(n) = \sum_{\tau=-\infty}^{+\infty} h(\tau\Delta)x[(n-\tau)\Delta] \tag{3-31}$$

又由于

$$\begin{cases} y(n\Delta) = x(n\Delta) * h(n\Delta) = \Delta\displaystyle\sum_{\tau=-\infty}^{+\infty} h(\tau\Delta)x[(n-\tau)\Delta] \\ Y_\Delta(f) = X_\Delta(f)H_\Delta(f) \end{cases}$$

所以

$$y(n\Delta) = \Delta g(n)$$

$$Y_\Delta(f) = \Delta G_\Delta(f)$$

$$\Delta G_\Delta(f) = X_\Delta(f)H_\Delta(f)$$

由前面的分析可知,离散信号的频谱关系式为

$$\begin{cases} X_\Delta(f) = \Delta X(f) \\ X(f) = X(\omega)\big|_{\omega = 2\pi\Delta f} \\ X(\omega) = X(f)\big|_{f = \omega/(2\pi\Delta)} \end{cases}$$

因此

$$G_\Delta(-f) = \Delta G(-f)$$

$$X_\Delta(-f) = \Delta X(-f)$$

$$H_\Delta(-f) = \Delta H(-f)$$

又因为

$$\Delta G_\Delta(f) = X_\Delta(f) H_\Delta(f)$$

因此

$$G(f) = X(f) H(f)$$

$$G(\omega) = X(\omega) H(\omega)$$

由以上讨论可知,对于时域的褶积形式,相应的频谱关系式为

$$\begin{cases} g(n) = x(n) * h(n) = \displaystyle\sum_{\tau=-\infty}^{+\infty} h(\tau) x(n-\tau) \\ G(f) = X(f) H(f) \end{cases}$$

$$\begin{cases} g(n) = x(n) * h(n) = \displaystyle\sum_{\tau=-\infty}^{+\infty} h(\tau) x(n-\tau) \\ G(\omega) = X(\omega) H(\omega) \end{cases}$$

综上,离散信号的褶积及其简化表示如下:

$$\begin{cases} y(n\Delta) = x(n\Delta) * h(n\Delta) = \Delta \displaystyle\sum_{\tau=-\infty}^{+\infty} h(\tau\Delta) x[(n-\tau)\Delta] \\ Y_\Delta(f) = X_\Delta(f) H_\Delta(f) \end{cases} \tag{3-32}$$

$$\begin{cases} g(n) = x(n) * h(n) = \displaystyle\sum_{\tau=-\infty}^{+\infty} h(\tau) x(n-\tau) \\ G(f) = X(f) H(f) \end{cases} \tag{3-33}$$

$$\begin{cases} g(n) = x(n) * h(n) = \displaystyle\sum_{\tau=-\infty}^{+\infty} h(\tau) x(n-\tau) \\ G(\omega) = X(\omega) H(\omega) \end{cases} \tag{3-34}$$

§3.5　Z 变换

Z 变换形式简单,在应用中比较方便。由于信号数字处理的基本原理是建立在频谱和频谱分析基础之上的,因此,我们把离散信号的 Z 变换作为离散信号频谱的一种简化表示来讨论,这样讨论既简单直观又反映了问题的实质。

3.5.1　离散序列的频谱与 Z 变换

设 x_n 为离散序列，x_n 的频谱为

$$X(f) = \sum_{n=-\infty}^{+\infty} x_n \exp(-\mathrm{i}2\pi n\Delta f)$$

如果已知频谱 $X(f)$，则可知 x_n 为

$$x_n = \Delta \int_{-1/(2\Delta)}^{1/(2\Delta)} X(f) \exp(\mathrm{i}2\pi n\Delta f)\mathrm{d}f$$

$\exp(-\mathrm{i}2\pi n\Delta f)$ 可表示为 $[\exp(-\mathrm{i}2\pi \Delta f)]^n$，令

$$Z = \exp(-\mathrm{i}2\pi \Delta f)$$

那么

$$X(f) = \sum_{n=-\infty}^{+\infty} x_n Z^n \Big|_{Z=\exp(-\mathrm{i}2\pi\Delta f)}$$

定义 x_n 的 Z 变换为

$$X(Z) = \sum_{n=-\infty}^{+\infty} x_n Z^n$$

我们把 Z 变换记为 $X(Z)$，如同符号 $X(f)$、$X(\omega)$ 一般，用符号 Z、f、ω 来区别，这样做是不至于引起混淆的。Z 变换与频谱的关系是：把频谱 $X(f)$ 中的 $\exp(-\mathrm{i}2\pi\Delta f)$ 换成 Z 就得到 $X(Z)$；反之，把 $X(Z)$ 中的 Z 换成 $\exp(-\mathrm{i}2\pi\Delta f)$ 就得到频谱 $X(f)$。由于频谱与 Z 变换之间只是一种符号的代换，其实质并未改变，因此，由频谱的性质就可立即得出 Z 变换相应的性质。

3.5.2　褶积的 Z 变换

离散序列 x_n 与 h_n 的褶积为

$$y_n = h_n * x_n = \sum_{\tau=-\infty}^{+\infty} h_\tau x_{n-\tau}$$

相应的频谱关系为

$$Y(f) = H(f)X(f)$$

$$\sum_{n=-\infty}^{+\infty} y_n \exp(-\mathrm{i}2\pi n\Delta f) = \sum_{n=-\infty}^{+\infty} h_n \exp(-\mathrm{i}2\pi n\Delta f) \sum_{n=-\infty}^{+\infty} x_n \exp(-\mathrm{i}2\pi n\Delta f)$$

在上面的关系式中，用 Z 代换 $\exp(-\mathrm{i}2\pi\Delta f)$，就得到

$$Y(Z) = H(Z)X(Z)$$

上式说明：两个信号褶积的 Z 变换，等于两个信号 Z 变换的乘积。

3.5.3　翻转信号的 Z 变换

设 y_n 为离散序列，我们称 $g_n = y_{-n}$ 为 y_n 的翻转信号，翻转信号的频谱

$$G(f) = \sum_{n=-\infty}^{+\infty} g_n \exp(-\mathrm{i}2\pi n\Delta f) = \sum_{n=-\infty}^{+\infty} y_n \exp(\mathrm{i}2\pi n\Delta f) = \sum_{n=-\infty}^{+\infty} y_n \left[\frac{1}{\exp(-\mathrm{i}2\pi\Delta f)}\right]^n$$

由于 $Z = \exp(-\mathrm{i}2\pi\Delta f)$，可得

$$G(Z) = \sum_{n=-\infty}^{+\infty} y_n \left(\frac{1}{Z}\right)^n$$

而 y_n 的 Z 变换为

$$Y(Z) = \sum_{n=-\infty}^{+\infty} y_n Z^n$$

所以，翻转信号与原信号的 Z 变换关系为

$$G(Z) = Y\left(\frac{1}{Z}\right)$$

3.5.4　相关的 Z 变换

实离散序列 x_n 与 y_n 的相关序列 $r_{xy}(n)$，实际上也是一种褶积，$r_{xy}(n) = x_n * y_{-n}$，即把信号 y_n 翻转后，再与信号 x_n 进行褶积运算。按照褶积和翻转信号的 Z 变换性质，可得相关序列 $r_{xy}(n)$ 的 Z 变换为

$$R_{xy}(Z) = X(Z)Y\left(\frac{1}{Z}\right)$$

特别地，自相关序列 $r_{xx}(n) = x_n * x_{-n}$ 的 Z 变换为

$$R_{xx}(Z) = X(Z)X\left(\frac{1}{Z}\right)$$

例 3-3　设离散信号为

$$g_n = \begin{cases} 1, & n=0 \\ q_1, & n=\alpha, \alpha \text{ 为一正整数} \\ 0, & \text{其他} \end{cases}$$

求 g_n 及其自相关函数的 Z 变换。

解　根据 Z 变换的定义式，可得 g_n 的 Z 变换为

$$G(Z) = \sum_{n=-\infty}^{+\infty} g_n Z^n = 1 + q_1 Z^\alpha$$

其自相关函数的 Z 变换为

$$R_{gg}(Z) = G(Z)G\left(\frac{1}{Z}\right) = (1 + q_1 Z^\alpha)\left(1 + q_1 \frac{1}{Z^\alpha}\right) = (1 + q_1^2) + q_1 Z^{-\alpha} + q_1 Z^\alpha$$

3.5.5　频谱与 Z 变换展开式的唯一性

设离散序列 x_n 的频谱为 $X(f)$，Z 变换为 $X(Z)$，则 x_n 的频谱展开式和 Z 变换分别为

$$X(f) = \sum_{n=-\infty}^{+\infty} x_n \exp(-\mathrm{i}2\pi n\Delta f)$$

$$X(Z) = \sum_{n=-\infty}^{+\infty} x_n Z^n$$

频谱和 Z 变换展开式有一个重要的性质,即频谱和 Z 变换展开式的唯一性:设离散序列 x_n 的频谱为 $X(f)$,Z 变换为 $X(Z)$,若 $X(f)$,$X(Z)$ 有展开式

$$X(f) = \sum_{n=-\infty}^{+\infty} c_n \exp(-i2\pi n \Delta f)$$

$$X(Z) = \sum_{n=-\infty}^{+\infty} c_n Z^n$$

则离散序列 x_n 和 c_n 相等,即 $x_n = c_n$,或者可以说,在展开式中,$e^{-i2\pi n \Delta f}$ 或 Z_n 前的系数就是 x_n。

利用唯一性,我们可以从频谱或 Z 变换的展开式中直接求得相应的离散序列。

例 3-4 已知 x_n 的 Z 变换为

$$X(Z) = 7 + 3Z + 8Z^2$$

求 x_n。

解 在展开式 $7 + 3Z^2 + 8Z^2$ 中,常数项 7 是 Z 的 0 次方即 Z^0 前的系数,所以 $x_0 = 7$;3 是 Z 的 1 次方即 Z^1 前的系数,所以 $x_1 = 3$;8 是 Z 的 2 次方即 Z^2 前的系数,所以 $x_2 = 8$。在展开式中 Z 的其他次方皆不出现,表示它们前面的系数为 0,也即相应的 x_n 为 0。综上所述有

$$x_n = \begin{cases} 7, & n=0 \\ 3, & n=1 \\ 8, & n=2 \\ 0, & \text{其他} \end{cases}$$

3.5.6 离散序列的时移与滤波

离散序列 x_n,其中 n 表示时间,x_n 反映的是离散信号。延迟时间 τ 发出这个信号,便得到 $x_{n-\tau}$。我们称 $x_{n-\tau}$ 为 x_n 的时移信号。时移信号的频谱和 Z 变换与原始信号的关系如下:设 x_n 的频谱为 $X(f)$,Z 变换为 $X(Z)$,则时移信号 $x_{n-\tau}$ 的频谱为 $\exp(-i2\pi\tau\Delta f)X(f)$,Z 变换为 $Z^\tau X(Z)$;反之,$\exp(-i2\pi\tau\Delta f)X(f)$ 或 $Z^\tau X(Z)$ 所对应的信号是 $x_{n-\tau}$。

例 3-5 求 $Z^3 Y(Z)$、$Y(Z) + 6ZY(Z) + 7Z^5 Y(Z)$ 所对应的信号。

解 按时移定理,$Z^3 Y(Z)$ 所对应的信号为 y_{n-3}。

$Y(Z)$、$6ZY(Z)$、$7Z^5 Y(Z)$ 所对应的信号分别为 y_n、$6y_{n-1}$、$7y_{n-5}$,所以 $Y(Z) + 6ZY(Z) + 7Z^5 Y(Z)$ 所对应的信号为 $y_n + 6y_{n-1} + 7y_{n-5}$。

下面从时移信号角度分析一下离散信号的滤波。

离散信号 x_n 经过滤波因子 h_n 滤波后得到 y_n,y_n 实际上就是 h_n 与 x_n 褶积的结果:

$$y_n = \sum_{\tau=-\infty}^{+\infty} h_\tau x_{n-\tau}$$

在上式和号中，$h_\tau x_{n-\tau}$ 为时移信号 $x_{n-\tau}$ 乘上一个系数 h_τ。因此，从上式可看出，对 x_n 滤波就是把 x_n 的不同时移信号 $x_{n-\tau}$ 乘上系数 h_τ 然后叠加起来，反过来，把 x_n 的不同时移信号 $x_{n-\tau}$ 乘上一定的系数叠加起来，这就是滤波，而且 $x_{n-\tau}$ 前的系数就是 h_τ。

例 3-6　设 x_n 和 y_n 为离散信号，$y_n = 3x_{n+4} + 2x_{n-1} + 5x_{n-5}$，$y_n$ 是 x_n 的不同时移信号乘上一定系数的叠加，因此 y_n 是 x_n 经滤波后的结果。求滤波因子 h_τ。

解　由于 $x_{n-\tau}$ 前的系数就是 h_τ，所以 $x_{n+4} = x_{n-(-4)}$ 前的系数为 $h_{-4} = 3$，x_{n-1} 前的系数为 $h_1 = 2$，x_{n-5} 前的系数为 $h_5 = 5$，对于其他的 τ，在 y_n 的表示式中不出现 $x_{n-\tau}$，这表明 $h_\tau = 0$。综上所述，滤波因子 h_τ 为

$$h_\tau = \begin{cases} 3, & \tau = -4 \\ 2, & \tau = 1 \\ 5, & \tau = 5 \\ 0, & \text{其他} \end{cases}$$

● 习题 ●

3-1　滤波和褶积之间的关系是什么？

3-2　设离散序列 $x(n\Delta)$ 和 $h(n\Delta)$ 分别为

$$x(n\Delta) = x(n) = \begin{cases} 3, & n = 0,1 \\ 0, & \text{其他} \end{cases}$$

$$h(n\Delta) = h(n) = \begin{cases} 1, & n = 0 \\ 1/3, & n = 1 \\ 1/4, & n = 2 \\ 0, & \text{其他} \end{cases}$$

求 $y(n\Delta) = x(n\Delta) * h(n\Delta)$。

3-3　简述离散信号的能量等式。

3-4　利用能量等式，计算 $\displaystyle\int_{-\infty}^{+\infty} \left(\frac{\sin 2\pi f_1 t}{\pi t} \right)^2 \mathrm{d}t$。

3-5　简述时移信号的 Z 变换与原信号的 Z 变换的关系。

3-6　求 $Z^2 Y(Z)$、$3ZY(Z) + 5Z^3 Y(Z)$ 所对应的信号。

习题 3 参考答案

第4章

▶▶▶▶▶▶

有限离散傅里叶变换

傅里叶变换,或称为傅氏变换、傅氏分析、频谱分析,是信号分析的理论基础。有限离散傅氏变换是信号处理理论与实践之间的桥梁。而这个桥梁,乃属理论性的,因为它需要通过计算来实现,而计算效率影响了其实际应用。正因为如此,1965 年,Cooley 和 Tukey 提出了快速傅氏变换算法(FFT)之后,极大地促进了信号处理的发展,促成了信号处理成为一门理论与实际相结合的学科,使其广泛应用于地学数字信号处理中。本章介绍有限离散傅里叶变换和快速傅里叶变换的相关基础问题。主要内容包括:有限离散傅里叶变换、快速傅里叶变换、有限离散傅里叶变换的循环褶积、应用快速傅里叶变换进行频谱分析和理想滤波器。

§4.1　有限离散傅里叶变换

4.1.1　有限离散信号及其频谱

对于一个离散信号 $x(n\Delta)$,其中 Δ 为抽样间隔,若在有限范围之外全为 0,即 $x(n\Delta)$ 满足

$$x(n\Delta) = \begin{cases} 0, & n < N_1 \\ x(n\Delta), & N_1 \leqslant n \leqslant N_2 \\ 0, & n > N_2 \end{cases} \tag{4-1}$$

其中,N_1、N_2 为整数,且 $N_1 < N_2$,我们就称 $x(n\Delta)$ 为有限离散信号。

有限离散信号可以简单地记为

$$x(n\Delta) = [x(N_1\Delta), x((N_1+1)\Delta), \cdots, x(N_2\Delta)]$$

称 $N_2 - N_1 + 1$ 为有限离散信号 $x(n\Delta)$ 的长度。

对有限离散信号 $x(n\Delta)$,它的频谱为

$$X(f) = \sum_{n=N_1}^{N_2} x(n\Delta) \exp(-\mathrm{i}2\pi n\Delta f) \tag{4-2}$$

这是以 $1/\Delta$ 为周期的函数。

对有限离散信号 $x(n\Delta)$,我们只要把它延迟 $N_1\Delta$ 得到

$$y(n\Delta)=x[(n-N_1)\Delta]$$

则有

$$y(n\Delta)=\begin{cases} 0, & n<0 \\ x[(n+N_1)\Delta], & 0\leqslant n\leqslant N_2-N_1 \\ 0, & n>N_2-N_1 \end{cases}$$

$y(n\Delta)$ 只在 $[0,N_2-N_1]$ 内取值,在这个范围外为 0。以后为了讨论方便,我们可以假定有限离散信号只在 $[0,N-1]$ 内取值,这时有限离散信号的长度就为 N。

4.1.2　有限离散傅里叶变换

设有限离散信号 $x(n\Delta)$ 为

$$x(n\Delta)=[x(0\cdot\Delta),x(\Delta),x(2\Delta),\cdots,x(N-1)\Delta]$$

它的频谱为

$$X(f)=\sum_{n=0}^{N-1}x(n\Delta)\exp(-\mathrm{i}2\pi n\Delta f)$$

频谱 $X(f)$ 是以 $1/\Delta$ 为周期的函数,在物理上有意义的频率范围是 $\left[-\dfrac{1}{2\Delta},\dfrac{1}{2\Delta}\right]$,因为按照抽样定理,只有在这个范围内离散信号的频谱与连续信号的频谱才是一致的。现在,为了数学上讨论方便,我们在范围 $\left[0,\dfrac{1}{\Delta}\right]$ 内研究频谱,若想要了解频谱在 $\left[-\dfrac{1}{2\Delta},0\right]$ 内的变化,只要了解频谱在范围 $\left[\dfrac{1}{2\Delta},\dfrac{1}{\Delta}\right]$ 内的变化就行了,因为按照周期,频谱在这两个范围内的变化是完全一样的。

现在我们要计算频谱 $X(f)$,虽然频谱 $X(f)$ 在范围 $\left[0,\dfrac{1}{\Delta}\right]$ 内的点有无穷多个,但实际上只能计算有限个点上的值。在哪些点上计算呢? 简单而直观的取法是,把区间 $\left[0,\dfrac{1}{\Delta}\right]$ 分成 N 等份,每份的间隔是

$$\frac{1/\Delta}{N}=\frac{1}{N\Delta}$$

我们取前 N 个点,即取 f_m 为

$$f_m=\frac{m}{N\Delta}=md$$

其中,$d=\dfrac{1}{N\Delta}$,$m=0,1,\cdots,N-1$。

频谱 $X(f)$ 在 f_m 上的值为

$$X(f_m) = \sum_{n=0}^{N-1} x(n\Delta) \exp\left(-\mathrm{i}nm\frac{2\pi}{N}\right), \quad m = 0, 1, \cdots, N-1 \qquad (4\text{-}3)$$

我们称 $X(f_m)$ 为离散信号 $x(n\Delta)$ 的有限离散傅里叶变换或有限离散频谱，称 $d = \dfrac{1}{N\Delta}$ 为基频。

从以上推导可知，由有限离散信号 $x(n\Delta)$ 可以确定有限离散频谱 $X(f_m)$。反之，能否由 $X(f_m)$ 来确定信号 $x(n\Delta)$ 呢？

我们先证明下面的等式：

$$\sum_{m=0}^{N-1} \exp\left(\mathrm{i}(n-l)m\frac{2\pi}{N}\right) = \begin{cases} N, & n-l = kN \\ 0, & n-l \neq kN \end{cases} \quad k \text{ 为整数}$$

证明　当 $n-l=kN$ 时，上式左端显然等于 N。当 $n-l\neq kN$ 时，按等比级数有

$$\sum_{m=0}^{N-1} \exp\left(\mathrm{i}(n-l)m\frac{2\pi}{N}\right) = \frac{1-\left[\exp\left(i(n-l)\frac{2\pi}{N}\right)\right]^N}{1-\exp\left(i(n-l)\frac{2\pi}{N}\right)} = 0$$

因此上式亦成立。

下面我们计算 $\sum\limits_{m=0}^{N-1} X(f_m)\exp\left(\mathrm{i}nm\frac{2\pi}{N}\right)$，即

$$\sum_{m=0}^{N-1} X(f_m)\exp\left(\mathrm{i}nm\frac{2\pi}{N}\right) = \sum_{m=0}^{N-1}\left[\sum_{l=0}^{N-1} x(l\Delta)\exp\left(-\mathrm{i}lm\frac{2\pi}{N}\right)\right]\exp\left(\mathrm{i}nm\frac{2\pi}{N}\right)$$

$$= \sum_{l=0}^{N-1} x(l\Delta)\left[\sum_{m=0}^{N-1} \exp\left(\mathrm{i}(n-l)m\frac{2\pi}{N}\right)\right]$$

根据前面的等式可得

$$\sum_{m=0}^{N-1} X(f_m)\exp\left(\mathrm{i}nm\frac{2\pi}{N}\right) = Nx(n\Delta)$$

综上可得

$$\begin{cases} X(f_m) = \sum\limits_{n=0}^{N-1} x(n\Delta)\exp\left(-\mathrm{i}nm\dfrac{2\pi}{N}\right) \\ x(n\Delta) = \dfrac{1}{N}\sum\limits_{m=0}^{N-1} X(f_m)\exp\left(\mathrm{i}nm\dfrac{2\pi}{N}\right) \end{cases} \qquad (4\text{-}4)$$

其中，$f_m = \dfrac{m}{N\Delta}$，$m, n = 0, 1, \cdots, N-1$。

式(4-4)称为有限离散傅氏变换。它表示了有限离散信号 $x(n\Delta)$ 和有限离散频谱 $X(f_m)$ 的一一对应关系。第一个式子称为正变换，第二个式子称为反变换。

为了公式表示简化起见，我们令

$$x_n = x(n\Delta), \quad X_m = X(f_m)$$

则有限离散傅氏变换式就变为

$$\begin{cases} X_m = \sum_{n=0}^{N-1} x_n \exp\left(-\mathrm{i}nm\,\dfrac{2\pi}{N}\right) \\ x_n = \dfrac{1}{N}\sum_{m=0}^{N-1} X_m \exp\left(\mathrm{i}nm\,\dfrac{2\pi}{N}\right) \end{cases} \qquad m,n = 0,1,\cdots,N-1 \qquad (4\text{-}5)$$

以后我们讨论问题时经常用到式(4-5)，此时一定要注意，X_m 表示的是在频率点上的频谱值，它是有明确的物理意义的。

由于 x_n 和 X_m 是一一对应的，所以，x_n 和 X_m 的表达式是唯一的。以 x_n 为例，若 x_n 能表示成

$$x_n = \sum_{m=0}^{N-1} a_m \exp\left(\mathrm{i}nm\,\frac{2\pi}{N}\right)$$

则有

$$a_m = \frac{1}{N}X_m$$

即

$$X_m = Na_m$$

例 4-1　设

$$x_n = \cos nk_0\,\frac{2\pi}{N}, \quad 0 \leqslant n \leqslant N-1$$

其中 $0 < k_0 < N, N \neq 2k_0$，求 x_n 的 N 点离散傅氏变换。

解　由于

$$x_n = \cos nk_0\,\frac{2\pi}{N} = \frac{1}{2}\exp\left(\mathrm{i}nk_0\,\frac{2\pi}{N}\right) + \frac{1}{2}\exp\left(-\mathrm{i}nk_0\,\frac{2\pi}{N}\right)$$

$$= \frac{1}{2}\exp\left(\mathrm{i}nk_0\,\frac{2\pi}{N}\right) + \frac{1}{2}\exp\left(\mathrm{i}n(N-k_0)\,\frac{2\pi}{N}\right)$$

根据信号唯一性，$x_n = \sum_{m=0}^{N-1} a_m \exp\left(\mathrm{i}nm\,\frac{2\pi}{N}\right)$，则 x_n 的 N 点离散傅氏变换 X_m 为

$$X_m = \begin{cases} \dfrac{1}{2}N, & m=k_0 \text{ 或 } m=N-k_0 \\ 0, & \text{其他} \end{cases}$$

4.1.3　有限离散频谱所引起的假信号问题

设离散信号为

$$x(n\Delta), \quad -\infty < n < +\infty$$

$x(n\Delta)$ 的频谱为

$$X(f) = \sum_{n=-\infty}^{+\infty} x(n\Delta)\exp(-\mathrm{i}2\pi n\Delta f)$$

若

$$f_m = \frac{m}{N\Delta} = md, \quad d = \frac{1}{N\Delta}, \quad m = 0, 1, \cdots, N-1$$

可得对应的有限离散频谱

$$X(f_m), \quad f_m = md, \quad d = 1/(N\Delta), \quad m = 0, 1, \cdots, N-1$$

由 $X(f_m)$ 可得到一个有限离散信号

$$x_d(n\Delta) = \frac{1}{N} \sum_{m=0}^{N-1} X(f_m) \exp\left(\mathrm{i}nm\frac{2\pi}{N}\right), \quad n = 0, 1, \cdots, N-1$$

$x_d(n\Delta)$ 和 $x(n\Delta)$ 究竟有什么关系呢？下面的定理回答了这个问题。

有限离散频谱定理 1　设离散信号 $x(n\Delta)$ 及其频谱 $X(f)$ 由下列式子确定：

$$x(n\Delta), \quad -\infty < n < +\infty$$

$$X(f) = \sum_{n=-\infty}^{+\infty} x(n\Delta) \exp(-\mathrm{i}2\pi n\Delta f)$$

有限离散频谱为

$$X(f_m), \quad f_m = md, \quad d = 1/(N\Delta), \quad m = 0, 1, \cdots, N-1$$

$x_d(n\Delta)$ 是由 $X(f_m)$ 按照下式所得到的有限离散信号：

$$x_d(n\Delta) = \frac{1}{N} \sum_{m=0}^{N-1} X(f_m) \exp\left(\mathrm{i}nm\frac{2\pi}{N}\right), \quad n = 0, 1, \cdots, N-1$$

则 $x_d(n\Delta)$ 与 $x(n\Delta)$ 的关系为

$$x_d(n\Delta) = \sum_{k=-\infty}^{+\infty} x[(n+kN)\Delta]$$

证明　离散信号的傅里叶变换为

$$X(f) = \sum_{n=-\infty}^{+\infty} x(n\Delta) \exp(-\mathrm{i}2\pi n\Delta f)$$

又因为

$$X(f_m), \quad f_m = md, \quad d = 1/(N\Delta), \quad m = 0, 1, \cdots, N-1$$

$$X(f_m) = \sum_{l=-\infty}^{+\infty} x(l\Delta) \exp\left(-\mathrm{i}lm\frac{2\pi}{N}\right)$$

把此式代入 $x_d(n\Delta) = \dfrac{1}{N} \sum\limits_{m=0}^{N-1} X(f_m) \exp\left(\mathrm{i}nm\dfrac{2\pi}{N}\right), n = 0, 1, \cdots, N-1$，有

$$x_d(n\Delta) = \frac{1}{N} \sum_{m=0}^{N-1} \left[\sum_{l=-\infty}^{+\infty} x(l\Delta) \exp\left(-\mathrm{i}lm\frac{2\pi}{N}\right) \right] \exp\left(\mathrm{i}nm\frac{2\pi}{N}\right)$$

$$= \sum_{l=-\infty}^{+\infty} x(l\Delta) \left[\frac{1}{N} \sum_{m=0}^{N-1} \exp\left(\mathrm{i}(n-l)m\frac{2\pi}{N}\right) \right]$$

又因为

$$\sum_{m=0}^{N-1} \exp\left(\mathrm{i}(n-l)m\frac{2\pi}{N}\right) = \begin{cases} N, & n-l = kN \\ 0, & n-l \neq kN \end{cases} \quad k \text{ 为整数}$$

综上所述，可得

$$x_d(n\Delta) = \sum_{k=-\infty}^{+\infty} x[(n+kN)\Delta], \quad l = n \pm kN \tag{4-6}$$

由上式知，$x_d(n\Delta)$ 与 $x(n\Delta)$（$0 \leqslant n \leqslant N-1$）一般是不相等的。在 $x_d(n\Delta)$ 中，除了包含 $x(n\Delta)$ 以外，还增加了时间范围 $[0, N-1]$ 之外 $x(n\Delta)$ 的成分。在 $x_d(n\Delta)$ 中的这些信号成分我们称为假信号。正是这些信号成分的影响，使得 $x_d(n\Delta) \neq x(n\Delta)$（$0 \leqslant n \leqslant N-1$），由上式可以看出，$x_d(n\Delta)$ 是由 $x(n\Delta)$ 以 N 为周期折叠在一起得到的。因此，我们称 N 为折叠周期。

§4.2　快速傅里叶变换

有限离散傅氏变换式在实际应用中很重要，利用它可计算信号的频谱、功率谱以及解决其他方面的问题。但是，其直接计算工作量太大（特别是当 N 比较大时），以至于在实践中无法得到广泛应用。1965 年，Cooley 和 Tukey[8] 提出了快速傅氏变换算法，简记 FFT（是英文 Fast Fourier Transform 的缩写），大大减少了计算量，使具体计算有限离散傅氏变换成为可能。此后，FFT 引起广泛重视，现已成为信号数字处理的一个强有力的工具。

4.2.1　FFT 的原理和算法之一：时域分解 FFT 算法

设 $N = 2^k$，有限离散信号 $x_n = (x_0, x_1, \cdots, x_{N-1})$，按照有限离散傅氏变换式，它的有限离散频谱为

$$X_m = \sum_{n=0}^{N-1} x_n \exp\left(-imn\frac{2\pi}{N}\right), \quad 0 \leqslant m \leqslant N-1$$

令 $W_N = \exp\left(-i\frac{2\pi}{N}\right)$，则有

$$X_m = \sum_{n=0}^{N-1} x_n W_N^{nm}, \quad 0 \leqslant m \leqslant N-1$$

直接从上式计算一个 X_m，需要进行 N 次复数乘法和加法，计算 N 个 X_m，则需要进行 N^2 次复数乘法和加法。当 N 很大时，这个计算量是极大的。但是利用下面指数函数的特点，可以减少计算量：

$$W_N^{nm} = \exp\left(-inm\frac{2\pi}{N}\right)$$

为了减少计算量，一个简单而直观的想法是，把计算有 N 个点信号的频谱问题转化成计算两个只有 $N/2$ 个点信号的频谱问题，下面具体讨论。

把信号 $x_n = (x_0, x_1, \cdots, x_{N-1})$ 按下标偶数项和奇数项分成两部分，即令

$$\begin{cases} g_l = x_{2l}, \\ h_l = x_{2l+1}, \end{cases} \quad l = 0, 1, \cdots, \frac{N}{2}-1$$

它们的有限离散频谱分别为

$$\begin{cases} G_m = \sum_{l=0}^{N/2-1} g_l \; (W_N^2) lm = \sum_{l=0}^{N/2-1} x_{2l} W_N^{2lm} \\ H_m = \sum_{l=0}^{N/2-1} h_l \; (W_N^2) lm = \sum_{l=0}^{N/2-1} x_{2l+1} W_N^{2lm} \end{cases} \tag{4-7}$$

由上式可知，G_m 和 H_m 是以 $N/2$ 为周期的函数，这是因为

$$(W_N^2)^{l(m+N/2)} = (W_N^2)^{lm} \cdot W_N^{lN} = (W_N^2)^{lm} \exp(-\mathrm{i}l2\pi) = (W_N^2)^{lm}$$

X_m 还可以写为

$$X_m = \sum_{l=0}^{N/2-1} x_{2l} W_N^{2lm} + \sum_{l=0}^{N/2-1} x_{2l+1} W_N^{2lm} \cdot W_N^m$$

又因为

$$\begin{cases} G_m = \sum_{l=0}^{N/2-1} g_l \; (W_N^2) lm = \sum_{l=0}^{N/2-1} x_{2l} W_N^{2lm} \\ H_m = \sum_{l=0}^{N/2-1} h_l \; (W_N^2) lm = \sum_{l=0}^{N/2-1} x_{2l+1} W_N^{2lm} \end{cases}$$

因此

$$X_m = G_m + W_N^m H_m$$

因为 G_m 和 H_m 是以 $\dfrac{N}{2}$ 为周期的函数，我们只需要计算 $m = 0, 1, \cdots, \dfrac{N}{2} - 1$ 这些点的值。对于 X_m，因为它是以 N 为周期的函数，需计算 X_m 在 $m = 0, 1, \cdots, N-1$ 时的值。为了用 G_m、H_m 在 $m = 0, 1, \cdots, \dfrac{N}{2} - 1$ 时的值来表示 X_m，我们把上式改写为

$$X_m = \begin{cases} G_m + W_N^m H_m, & 0 \leqslant m \leqslant \dfrac{N}{2} - 1 \\ G_{m-N/2} + W_N^m H_{m-\frac{N}{2}}, & \dfrac{N}{2} \leqslant m \leqslant N-1 \end{cases} \tag{4-8}$$

在式(4-8)的下面一个式子中，若令 $l = m - \dfrac{N}{2}$，则有

$$m = l + N/2, \quad W_N^m = W_N^l \cdot W_N^{\frac{N}{2}} = W_N^l \mathrm{e}^{-\mathrm{i}\pi} = -W_N^l$$

于是，式(4-8)还可改写为

$$\begin{cases} X_l = G_l + W_N^l H_l, & 0 \leqslant l \leqslant \dfrac{N}{2} - 1 \\ X_{N/2+l} = G_l - W_N^l H_l, & \end{cases} \tag{4-9}$$

式(4-9)告诉我们，计算有 N 项的有限离散频谱问题可以化为计算有 $N/2$ 项的有限离散频谱问题，两者的关系式为式(4-8)。同样，$N/2$ 项的计算又可化为 $(N/2)/2 = N/2^2$ 项的计算，一直下去，最后化到 $N/2^k = 2^k/2^k = 1$ 项的计算。由有限离散频谱的定义可知，1 项信号的离散频谱就是它本身。这样，由 1 项频谱根据递推关系式就可计算出所需的频谱。

下面我们来看 1 项信号(或 1 项频谱)是怎样获得的。我们以 $k = 3$ 即 $N = 2^k = 8$ 为例来说明，这时信号为 $(x_0, x_1, x_2, x_3, x_4, x_5, x_6, x_7)$。为了把它化为 $N/2 = 2^{k-1} = 2^2$ 项

的问题,根据偶数项和奇数项离散频谱式,重新按偶奇序号排列为$(x_0,x_2,x_4,x_6|x_1,x_3,$
$x_5,x_7)$,其中前半部分表示 g 项,后半部分表示 h 项。对于 4 项信号(x_0,x_2,x_4,x_6)和
(x_1,x_3,x_5,x_7),再按偶奇序号排序为$(x_0,x_4|x_2,x_6)$和$(x_1,x_5|x_3,x_7)$。这样就把 8 项
信号分解为 4 个 2 项信号,对于 2 项信号,按偶奇序号排序还是它本身,因此,最后所得
1 项信号或 1 项频谱的排列次序为$(x_0,x_4,x_2,x_6,x_1,x_5,x_3,x_7)$。对于一般的 k,如何求
得$(x_0,x_1,\cdots,x_{N-1})$的 1 项频谱排列$(\tilde{x}_0,\tilde{x}_1,\cdots,\tilde{x}_{N-1})$呢? 方法如下:

用二进制来表示序号 j,由于 $0\leqslant j\leqslant N-1=2^k-1$,所以 j 可表示为二进制 $j=$
$j_{k-1}j_{k-2}\cdots j_0$,其中 $j_{k-1},j_{k-2},\cdots,j_0$ 取 0 或 1,则$\tilde{x}_j$ 为

$$\tilde{x}_j=\tilde{x}_{(j_{k-1}j_{k-2}\cdots j_0)}=x_{(j_0 j_1\cdots j_{k-1})}$$

1 项频谱排列$(\tilde{x}_0,\tilde{x}_1,\cdots,\tilde{x}_{N-1})$称为$(x_0,x_1,\cdots,x_{N-1})$的二进制逆序排列,这在计算
机上是容易实现的。

以 $k=3$ 即 $N=2^k=8$ 为例,1 项频谱排列求取方法如表 4-1 所示。

表 4-1　$N=8$ 时 1 项频谱排列的求取方法表

原序信号	x_0	x_1	x_2	x_3	x_4	x_5	x_6	x_7
二进序号	(000)	(001)	(010)	(011)	(100)	(101)	(110)	(111)
二进逆序号	(000)	(100)	(010)	(110)	(001)	(101)	(011)	(111)
逆序信号	x_0	x_4	x_2	x_6	x_1	x_5	x_3	x_7

下面以 8 项信号为例,说明快速傅里叶变换的时域分解算法。

首先将 8 项信号$(x_0,x_1,x_2,x_3,x_5,x_6,x_7,x_8)$按照下标进行偶奇排列,结果为

$$(x_0,x_2,x_4,x_6|x_1,x_3,x_5,x_7)$$

将前半部分 4 项信号的频谱记为 G_l,后半部分 4 项信号的频谱记为 H_l,那么 X_m 可
以表示为

$$X_m \rightarrow \begin{cases} X_l=G_l+W_N^l H_l, \\ X_{\frac{N}{2}+l}=G_l-W_N^l H_l, \end{cases} \quad 0\leqslant l\leqslant\frac{N}{2}-1$$

将求取 8 项信号变成求取 4 项信号傅里叶变换的算法流程如图 4-1 所示,此类图形
称为蝶形图。

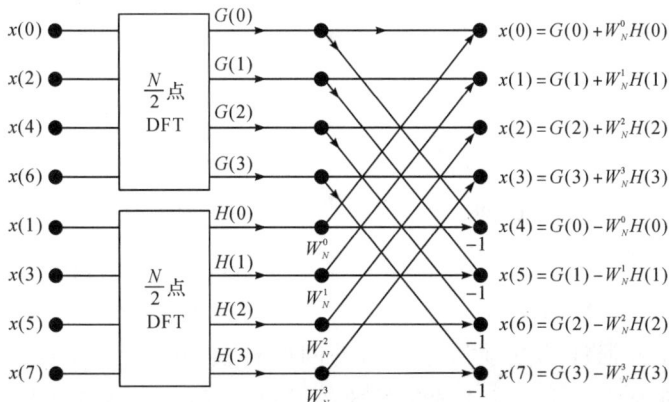

图 4-1　8 项信号分解成两个 4 项信号的傅里叶变换时域算法流程

图 4-1 中对应的计算方式如图 4-2 所示。

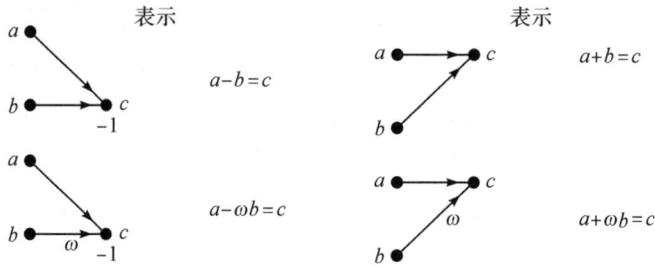

图 4-2 蝶形图 4-1 中对应的计算方式

现在来看前 4 项 (x_0, x_2, x_4, x_6)，可以继续重新排列为 $(x_0, x_4 | x_2, x_6)$，计算频谱 G_l 的问题可以转化为分别计算 2 项信号频谱的问题。具体计算方法如下。

$$
\begin{aligned}
G_l, \to G(k) &= \sum_{r=0}^{\frac{N}{2}-1} g(r) W_{N/2}^{rk} \\
&= \sum_{l=0}^{\frac{N}{4}-1} g(2l) W_{N/2}^{2lk} + \sum_{l=0}^{\frac{N}{4}-1} g(2l+1) W_{N/2}^{(2l+1)k}, \quad 0 \leqslant l \leqslant \frac{N}{2}-1 \\
&= \sum_{l=0}^{\frac{N}{4}-1} g(2l) W_{N/4}^{\frac{N}{4}-1} + W_N^{2k} \sum_{l=0}^{\frac{N}{4}-1} g(2l+1) W_{N/4}^{N/4} \\
&= M(k) + W_N^{2k} N(k)
\end{aligned}
$$

$$
\begin{aligned}
G\left(k+\frac{N}{4}\right) &= \sum_{l=0}^{\frac{N}{4}-1} g(2l) W_{N/4}^{l(k+\frac{N}{4})} + W_N^{2(k+\frac{N}{4})} \cdot \sum_{l=0}^{\frac{N}{4}-1} g(2l+1) W_{N/4}^{l(k+\frac{N}{4})} \\
&= \sum_{l=0}^{\frac{N}{4}-1} g(2l) W_{N/4}^{k} - W_N^{2k} \sum_{l=0}^{\frac{N}{4}-1} g(2l+1) W_{N/4}^{lk} \\
&= M(k) - W_N^{2k} N(k), \quad k = 0, 1, \cdots, \frac{N}{4}-1
\end{aligned}
$$

即

$$G(k) = M(k) + W_N^{2k} N(k)$$

$$G\left(k+\frac{N}{\lambda}\right) = M(k) - W_N^{2k} N(k), \quad k = 0, 1, \cdots, \frac{N}{4}-1$$

那么，利用蝶形图 4-3 可表示出将 4 项信号分解成两个 2 项信号的傅里叶变换时域算法。

同理，可以通过将 4 项信号 (x_1, x_3, x_5, x_7) 进行重排，通过计算两个 2 项信号的频谱来求取 H_l。

2 项信号按照下标偶奇重排成两

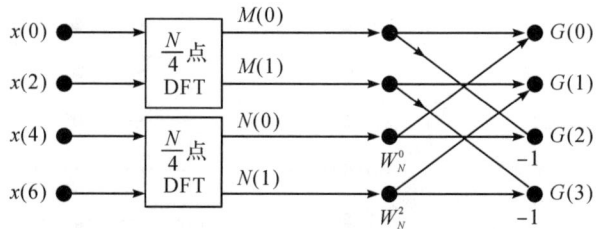

图 4-3 4 项信号分解成两个 2 项信号的傅里叶变换时域算法流程

个 1 项信号，这样就把计算 8 项信号频谱的问题转换成了计算 1 项信号频谱的问题。1 项信号的频谱就是它本身。从 1 项信号的频谱出发，按照如图 4-4 所示的流程即可计算出 8 项信号的频谱。

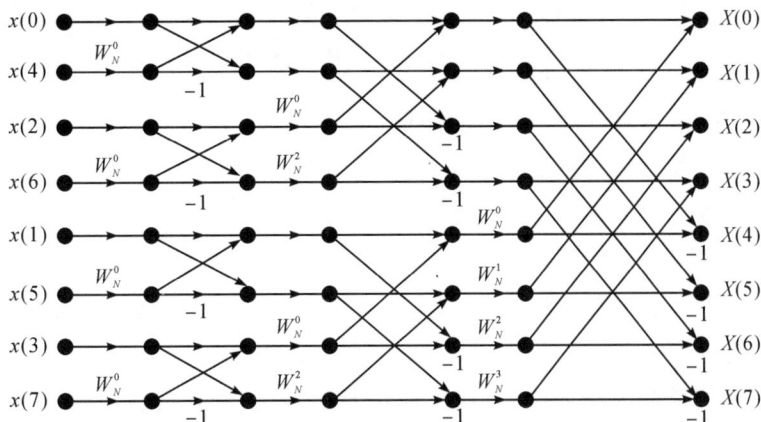

图 4-4 时域分解快速傅里叶变换算法流程($N=2^3=8$)

4.2.2 FFT 的原理和算法之二:频域分解 FFT 算法

对有 $N=2^k$ 项的有限离散信号 $x_n=(x_0,x_1,\cdots,x_{N-1})$,在前面,我们已经介绍了一种快速计算其频谱 X_m 的算法,它的原理是:在时间域,把一个有 N 项的离散信号按偶奇序号分解为两个有 $N/2$ 项的离散信号。我们再讨论一种快速算法,它的基本原理是:先把时间信号分为前后两个部分;再在频率域,把一个有 N 项的离散频谱按偶奇序号分解为两个部分。

我们首先把 X_m 的计算公式改变一下形式,将式中的和号拆成两半,然后再合并,即

$$X_m = \sum_{n=0}^{N-1} x_n W_N^{nm} = \sum_{n=0}^{\frac{N}{2}-1} x_n W_N^{nm} + \sum_{n=N/2}^{N-1} x_n W_N^{nm}$$

在后一个和号中令 $l = n - N/2$,有

$$X_m = \sum_{n=0}^{\frac{N}{2}-1} x_n W_N^{nm} + \sum_{l=0}^{\frac{N}{2}-1} x_{l+N/2} W_N^{mN/2} W_N^{lm}$$

用 n 来表示 l,有

$$X_m = \sum_{n=0}^{\frac{N}{2}-1} (x_n + x_{n+N/2} W_N^{mN/2}) W_N^{nm}$$

注意,按式 $W_N = \mathrm{e}^{-\mathrm{i}\frac{2\pi}{N}}$,有

$$W_N^{2lN/2} = W_N^{lN} = 1, \quad W_N^{(2l+1)N/2} = W_N^{N/2} = -1, \quad W_N^{2lm} = W_{N/2}^{lm}$$

把 X_m 按偶奇序号分成两部分,则频谱式可写为

$$\begin{cases} X_{2l} = \sum_{n=0}^{\frac{N}{2}-1} (x_n + x_{n+N/2}) W_{N/2}^{nl} \\ \\ X_{2l+1} = \sum_{n=0}^{\frac{N}{2}-1} [(x_n - x_{n+N/2}) W_N^n] W_{N/2}^{nl} \end{cases} \qquad l = 0,1,\cdots,\frac{N}{2}-1 \qquad (4\text{-}10)$$

再令

$$\begin{cases} g_n = x_n + x_{n+N/2} \\ h_n = (x_n - x_{n+N/2})W_N^n \end{cases} \quad n = 0, 1, \cdots, \frac{N}{2} - 1$$

可以看出，X_{2l} 是 $N/2$ 项信号 g_n 的频谱，X_{2l+1} 是 $N/2$ 项信号 h_n 的频谱。这样，就把计算 N 项离散频谱的问题转化为计算 $N/2$ 项离散频谱的问题。转化的公式是通过把离散频谱 X_m 按偶奇序号排列得到的，但具体计算公式还是通过信号分解来实现，即把 N 项信号分解为两个 $N/2$ 项信号。同样，每个 $N/2$ 项信号又可分解为两个 $(N/2)/2 = N/2^2$ 项信号，依此下去，当分解进行 k 次时，就得到 $N/2^k = 1$ 项信号，而 1 项信号的离散频谱就是它本身。

首先将 8 项信号分为前后两部分，然后按照式(4-8)计算偶数项频谱和奇数项频谱，具体流程如图 4-5 所示。

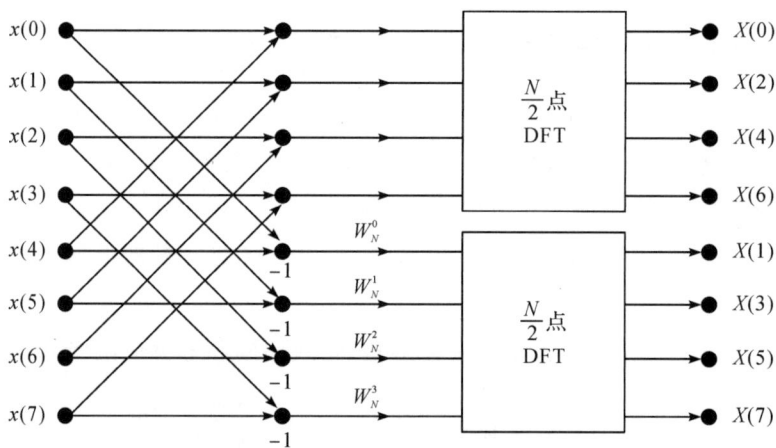

图 4-5 8 项信号分解成两个 4 项信号频谱的频率域快速傅里叶变换算法流程

然后，将 g_n 分成前后两组，得到

$$G(k) = \sum_{n=0}^{\frac{N}{4}-1} g(n)W_{N/2}^{nk} + \sum_{n=N/4}^{\frac{N}{2}-1} g(n)W_{N/2}^{nk}$$

$$= \sum_{n=0}^{\frac{N}{4}-1} g(n)W_{N/2}^{nk} + W_{N/2}^{\frac{N}{4}k} \cdot \sum_{n=0}^{\frac{N}{4}-1} g\left(n + \frac{N}{4}\right)W_{N/2}^{nk}$$

因为 $W_{N/2}^{Nk/4} = (-1)^k$，所以

$$G(k) = \sum_{n=0}^{\frac{N}{4}-1} \left[g(n) + (-1)^k g\left(n + \frac{N}{4}\right) \right]W_{N/2}^{nk}$$

对频率再进行偶奇分解，则得频率的偶数项为

$$G(2r) = \sum_{n=0}^{\frac{N}{4}-1} \left[g(n) + g\left(n + \frac{N}{4}\right) \right]W_{N/4}^{nr}, \quad r = 0, 1, \cdots, \frac{N}{4} - 1$$

频率的奇数项为

$$G(2r+1) = \sum_{n=0}^{\frac{N}{4}-1} \left[g(n) - g\left(n+\frac{N}{4}\right) \right] W_N^{2n} \cdot W_{N/4}^m , \quad r = 0,1,\cdots,\frac{N}{4}-1$$

通过类似的推导可得

$$H(2r) = \sum_{n=0}^{\frac{N}{4}-1} \left[h(n) W_N^n + h\left(n+\frac{N}{4}\right) \cdot W_N^{n+\frac{N}{4}} \right] \cdot W_{N/4}^m , \quad r = 0,1,\cdots,\frac{N}{4}-1$$

$$H(2r+1) = \sum_{n=0}^{\frac{N}{4}-1} \left[h(n) W_N^n - h\left(n+\frac{N}{4}\right) W_N^{n+\frac{N}{4}} \right] W_N^{2n} \cdot W_{N/4}^m , \quad r = 0,1,\cdots,\frac{N}{4}-1$$

与时域快速傅里叶变换一样,从 1 项信号出发,可以计算得到 8 项信号的频谱。具体流程如图 4-6 所示。

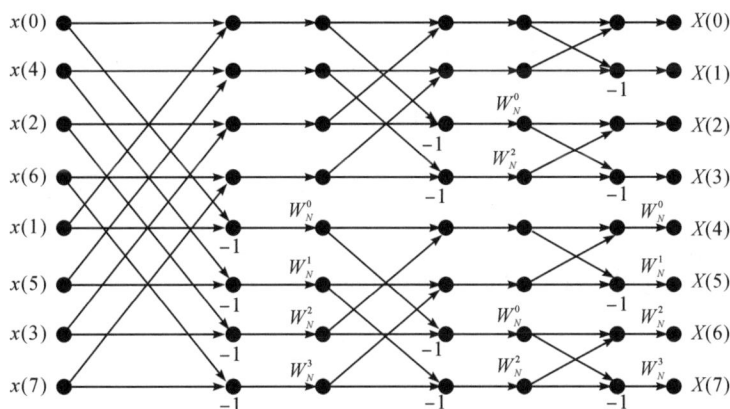

图 4-6　频域分解快速傅里叶变换算法流程($N=2^3=8$)

§4.3　有限离散傅里叶变换的循环褶积

我们已经知道,两个离散信号的频谱相乘,对应的信号是原来两个离散信号的褶积,这就是离散信号滤波理论的基本关系式。为了利用 FFT 在频率域实现数字滤波,我们需要分析两个有限离散频谱相乘所对应的信号究竟是什么? 这个问题,就是本节所要讨论的。

4.3.1　有限离散傅里叶变换的循环褶积——循环褶积定理 1

设有两个离散信号 $x_n = (x_0, x_1, \cdots, x_{N-1})$, $y_n = (y_0, y_1, \cdots, y_{N-1})$,它们的长度都是一样的。按照有限离散傅里叶变换公式,x_n 和 y_n 与它们有限离散频谱 X_m 和 Y_m 的关系为

$$\begin{cases} X_m = \sum_{n=0}^{N-1} x_n \exp\left(-\mathrm{i}nm\,\frac{2\pi}{N}\right) \\ x_n = \frac{1}{N}\sum_{m=0}^{N-1} X_m \exp\left(\mathrm{i}nm\,\frac{2\pi}{N}\right) \end{cases} \tag{4-11}$$

$$\begin{cases} Y_m = \sum_{n=0}^{N-1} y_n \exp\left(-\mathrm{i}nm\,\frac{2\pi}{N}\right) \\ y_n = \frac{1}{N}\sum_{m=0}^{N-1} Y_m \exp\left(\mathrm{i}nm\,\frac{2\pi}{N}\right) \end{cases} \tag{4-12}$$

虽然在实际上，要求 $m,n=0,1,\cdots,N-1$，但是在理论上，从上式右边的和式可看出，m、n 的变化范围可扩充，m、n 可以为任意整数，这样，X_m、Y_m、x_n、y_n 就被扩充为以 N 为周期的函数(如 $X_{m+N}=X_m$)。把两个有限离散频谱 X_m 和 Y_m 相乘，即令

$$Z_m = X_m Y_m$$

Z_m 也是一个有限离散频谱。按照有限离散傅里叶反变换公式，相应 Z_m 的有限离散信号为

$$z_n = \frac{1}{N}\sum_{m=0}^{N-1} Z_m \exp\left(\mathrm{i}nm\,\frac{2\pi}{N}\right), \quad 0 \leqslant n \leqslant N-1$$

z_n 和 x_n、y_n 有什么关系呢？下面进行说明。

$$z_n = \frac{1}{N}\sum_{m=0}^{N-1} X_m Y_m \exp\left(\mathrm{i}nm\,\frac{2\pi}{N}\right) = \frac{1}{N}\sum_{m=0}^{N-1} X_m \left[\sum_{l=0}^{N-1} y_l \exp\left(-\mathrm{i}lm\,\frac{2\pi}{N}\right)\right]\exp\left(\mathrm{i}nm\,\frac{2\pi}{N}\right)$$

$$= \sum_{l=0}^{N-1} y_l \frac{1}{N}\sum_{m=0}^{N-1} X_m \exp\left(\mathrm{i}(n-l)m\,\frac{2\pi}{N}\right) = \sum_{l=0}^{N-1} y_l x_{n-l}$$

即

$$z_n = \sum_{l=0}^{N-1} y_l x_{n-l}$$

其中，x_n、y_n 都是以 N 为周期的函数。

称 z_n 为 x_n 和 y_n 的循环褶积或周期褶积，简记为

$$z_n = x_n * y_n[N]$$

即

$$z_n = x_n * y_n[N] = \sum_{l=0}^{N-1} y_l x_{n-l} = \sum_{l=0}^{N-1} x_l y_{n-l} \tag{4-13}$$

z_n 也是以 N 为周期的函数。根据有限离散信号与有限离散频谱一一对应关系，$Z_m = X_m Y_m$ 与 $z_n = x_n * y_n[N]$ 是一一对应的。

循环褶积定理 1 设 x_n、y_n 是长度为 N 的有限离散信号，它们的有限离散频谱为 X_m 和 Y_m。x_n 与 X_m、y_n 与 Y_m 的关系由式(4-11)和式(4-12)确定。

根据分析知，X_m、Y_m、x_n、y_n 可被扩充为以 N 为周期的函数。则有限离散频谱 $Z_m = X_m Y_m$，所对应的有限离散信号 z_n 是 x_n 和 y_n 的循环褶积或周期褶积 $z_n = x_n * y_n[N]$，即

$$z_n = x_n * y_n[N] = \sum_{l=0}^{N-1} y_l x_{n-l} = \sum_{l=0}^{N-1} x_l y_{n-l}$$

循环褶积的计算过程如图 4-7 所示。两个信号可以用两个同心圆来表示，在图中，按图上位置把对应的数两两相乘并把它们加起来，就得到 z_0。将外圆按顺时针方向转动一格

[见图4-7(b)]，做两两相乘最后再相加，就得到 Z_1。依此下去，就可得到 $z_n (0 \leqslant n \leqslant N-1)$。

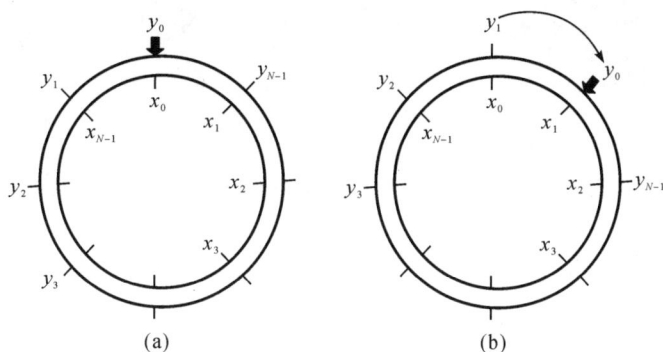

图 4-7　循环褶积的计算过程

例 4-2　设 x_n 和 y_n 分别是长度为 4 和 3 的信号，$x_n = (x_0, x_1, x_2, x_3) = (1,2,3,2)$，$y_n = (y_0, y_1, y_2) = (1,1,1)$。把 y_n 扩充为长度是 4 的信号 $y_n = (y_0, y_1, y_2, y_3) = (1,1,1,0)$，求 x_n 和 y_n 的循环褶积 $z_n = x_n * y_n$[4]。

解　根据同心圆循环褶积计算过程图所示的方法，可求得循环褶积结果为

$$z_0 = 6, \quad z_1 = 5, \quad z_2 = 6, \quad z_3 = 7$$

即

$$z_n = x_n * y_n = (6,5,6,7)$$

4.3.2　循环褶积与普通褶积的关系——循环褶积定理 2

设离散信号 x_n 和 y_n 为

$$x_n = \begin{cases} x_n, & 0 \leqslant n \leqslant M-1 \\ 0, & \text{其他} \end{cases}$$

$$y_n = \begin{cases} y_n, & 0 \leqslant n \leqslant L-1 \\ 0, & \text{其他} \end{cases}$$

显然，x_n 是长度为 M 的有限离散信号，y_n 是长度为 L 的有限离散信号。

x_n 与 y_n 的褶积 z_n 为

$$z_n = \sum_{l=-\infty}^{+\infty} y_l x_{n-l}$$

在上式的和号中，由于当 $l < 0$ 时，$y_l = 0$，当 $n - l < 0$ 即 $n < l$ 时，$x_{n-l} = 0$，所以上式可写为

$$z_n = \sum_{l=0}^{n} y_l x_{n-l}$$

当 $n < 0$ 时，$x_{n-1} = 0$，因而 $z_n = 0$；当 $n > M + L - 2$ 时，$x_{n-l} = 0$（因为当 $0 \leqslant l \leqslant L-1$ 时，$n - l > M + L - 2 - l \geqslant M - 1 + L - 1 - (L-1) = M-1$），因而 $z_n = 0$，所以 z_n 可表示为

$$z_n = x_n * y_n = \begin{cases} z_n, & 0 \leqslant n \leqslant M+L-2 \\ 0, & \text{其他} \end{cases}$$

这表明，在以下条件之下，x_n 与 y_n 的褶积 z_n 是长度为 $M + L - 1$ 的有限离散信号。

设 $\tilde{x}_n$、$\tilde{y}_n$ 是以 N 为周期的周期信号,并且与 x_n、y_n 的关系为

$$\tilde{x}_n = x_n, \quad \tilde{y}_n = y_n, \quad 0 \leqslant n \leqslant N-1$$

则 $\tilde{x}_n$、$\tilde{y}_n$ 的循环褶积为

$$\tilde{z}_n = \tilde{x}_n * \tilde{y}_n [N] = \sum_{l=0}^{N-1} \tilde{y}_l \tilde{x}_{n-l}$$

现在我们要讨论,在条件 $0 \leqslant n \leqslant N-1$ 之下循环褶积与褶积的关系,即在什么时候有

$$\tilde{z}_n = z_n$$

由于

$$\tilde{z}_n = \tilde{x}_n * \tilde{y}_n [N] = \sum_{l=0}^{N-1} \tilde{y}_l \tilde{x}_{n-l}$$

$$\tilde{x}_n = x_n, \quad \tilde{y}_n = y_n, \quad 0 \leqslant n \leqslant N-1$$

可得

$$\tilde{z}_n = \sum_{l=0}^{n} \tilde{y}_l \tilde{x}_{n-l} + \sum_{l=n+1}^{N-1} \tilde{y}_l \tilde{x}_{n-l} = \sum_{l=0}^{n} y_l x_{n-l} + \sum_{l=n+1}^{N-1} y_l x_{N+n-l}$$

将 $z_n = \sum_{l=0}^{n} y_l x_{n-l}$ 代入,可得

$$\tilde{z}_n = z_n + \sum_{l=n+1}^{N-1} y_l x_{N+n-l}, \quad 0 \leqslant n \leqslant N-1$$

若要让两者相等,则需要上式中等号右端的后一项为 0。为使其为 0,我们要求和号中每一项 $y_l x_{N+n-l} = 0$,因为

$$x_n = \begin{cases} x_n, & 0 \leqslant n \leqslant M-1 \\ 0, & \text{其他} \end{cases}$$

$$y_n = \begin{cases} y_n, & 0 \leqslant n \leqslant L-1 \\ 0, & \text{其他} \end{cases}$$

所以为了使每一项中的 y_l 或 x_{N+n-l} 为 0,我们分析如下:

当 $l > L-1$ 时,$y_l = 0$;当 $l \leqslant L-1$ 时,x_{N+n-l} 何时为 0? 这就要求 $N+n-l \geqslant M$,即 $n \geqslant M-N+l$,又 $l \leqslant L-1$,所以要求 $n \geqslant M+L-1-N$。在以上条件下,褶积与循环褶积相等。

循环褶积定理 2 设 x_n 和 y_n 是长度分别为 M 和 L 的有限离散信号,$\tilde{x}_n$ 和 $\tilde{y}_n$ 是以 N 为周期的周期信号,两者和 x_n、y_n 的关系式:$\tilde{x}_n = x_n$,$\tilde{y}_n = y_n (0 \leqslant n \leqslant N-1)$,则当 n 满足

$$\begin{cases} 0 \leqslant n \leqslant N-1, \\ n \geqslant M+L-1-N \end{cases}$$

时,褶积与循环褶积相等,即

$$\sum_{l=0}^{n} y_l x_{n-l} = \sum_{l=0}^{N-1} \tilde{y}_l \tilde{x}_{n-l}$$

例 4-3　设 x_n 和 y_n 分别是长度为 $M=4$ 和 $M=3$ 的有限离散信号 $x_n=(x_0,x_1,x_2,x_3)=(1,2,3,2),y_n=(y_0,y_1,y_2)=(1,1,1)$。那么 x_n 和 y_n 的普通褶积为 $z_n=x_n * y_n=(z_0,z_1,\cdots,z_5)=(1,3,6,7,5,2)$。现在考虑 x_n,y_n 的以 $N=4$ 为周期的信号，$\tilde{x}_n=(\tilde{x}_0,\tilde{x}_1,\tilde{x}_2,\tilde{x}_3)=(1,2,3,2),\tilde{y}_n=(\tilde{y}_0,\tilde{y}_1,\tilde{y}_2,\tilde{y}_3)=(1,1,1,0)$，两者的循环褶积在例 4-2 中已经计算，为 $\tilde{z}_n=\tilde{x}_n * \tilde{y}_n[4]=(\tilde{z}_0,\tilde{z}_1,\tilde{z}_2,\tilde{z}_3)=(6,5,6,7)$，试比较普通褶积和循环褶积。

解　按照循环褶积定理 2（在这个例中，$M=4,L=3,N=4$），当 $0\leqslant n\leqslant 3,n\geqslant 2$ 即 $2\leqslant n\leqslant 3$ 时，褶积与循环褶积相等。

§4.4　应用快速傅里叶变换进行频谱分析

为了了解信号的特点，频谱分析是一项十分重要的工作。所谓信号的频谱分析，就是要计算信号的频谱，并由此计算出振幅谱、能谱（或功率谱）、相位谱。为了更好地分析振幅谱或能谱，有时还要计算出最大值频率点和中间值频率点。下面，我们讨论应用 FFT 如何进行频谱分析。

4.4.1　频谱分析的步骤

设连续信号为 $x(t)$，其中 $t\geqslant 0$。以间隔 Δ 抽样得到离散信号 $x(n\Delta),x(n\Delta)$ 可能为无限长离散信号 $x(n\Delta),n=0,1,2,\cdots$，也可能为有限长度离散信号 $x(n\Delta),n=0,1,2,\cdots,N_0-1$。进行频谱分析的步骤如下：

（1）数据准备。一般作 FFT，要求离散信号的长度为 $N=2^k$，其中 k 为正整数。对有限长度离散信号，我们取 k，使 $2^k-1<N_0\leqslant 2^k$，这时令 $N=2^k$，并把其信号表达方式改写为

$$x_n=\begin{cases}x(n\Delta), & 0\leqslant n\leqslant N_0-1 \\ 0, & N_0\leqslant n\leqslant N-1\end{cases}$$

对无限长离散信号，或有限离散信号（N_0 非常大），我们只能截取 $N=2^k$ 项进行分析，截取的信号记为

$$\tilde{x}_n=x(n\Delta), \quad n=0,1,\cdots,N-1$$

（2）用 FFT 计算频谱。$X_m=\sum_{n=0}^{N-1}x_n\exp(-\mathrm{i}2\pi mn/N)(0\leqslant m\leqslant N-1)$，当 $m=0,1,\cdots,N/2$ 时，X_m 表示对应于频率 $m/(N\Delta)$ 的频谱值。频谱 X_m 是由实部 U_m 和虚部 V_m 组成的复数，即

$$X_m=U_m+\mathrm{i}V_m, \quad m=0,1,\cdots,N/2$$

（3）由频谱求振幅谱、相位谱、功率谱。由上式可求出振幅谱 A_m、相位谱 Φ_m、能谱 G_m，它们分别为

$$\begin{cases}A_m=|X_m|=\sqrt{U_m^2+V_m^2}, \\ \Phi_m=\arctan\dfrac{V_m}{U_m}, & m=0,1,\cdots,N/2 \\ G_m=|X_m|^2=A_m^2=U_m^2+V_m^2,\end{cases}$$

（4）对振幅谱或能谱进行平滑处理。由于信号中往往含有干扰成分,使振幅谱或能谱极不平滑,因此常要作平滑处理。平滑因子 P_m 通常取 3 个点或 5 个点,如 $P_m = (P_{-1}, P_0, P_1) = \left(\frac{1}{4}, \frac{1}{2}, \frac{1}{4}\right)$,或 $P_m = (P_{-2}, P_{-1}, P_0, P_1, P_1) = \left(\frac{1}{9}, \frac{2}{9}, \frac{3}{9}, \frac{2}{9}, \frac{1}{9}\right)$。关于平滑公式,以 5 点平滑因子 P_m 和振幅谱 A_m 为例,平滑后的振幅谱为 $\widetilde{A}_m = P_m * A_m = \sum_{j=-2}^{z} P_j A_{m-j}$。把上式中的 A_m 换成功率谱 G_m,就得到平滑后的功率谱。

（5）求振幅谱或能谱的最大值频率点 f_M 和中间值频率点 f_V。现以振幅谱 $\widetilde{A}_m (0 \leqslant m \leqslant N/2)$ 来说明如何求 f_M 和 f_V。令 $f_M = \frac{m_M}{N\Delta} (0 \leqslant m_M \leqslant N/2)$,其中 m_M 使 $\widetilde{A}_{m_M} = \max\{\widetilde{A}_m, m = 0, 1, \cdots, N/2\}$,这时我们称 f_M 为最大值频率点。由计算机是容易求出 m_M 来的,因而可求出 f_M;若存在 m_M 使下式成立,$\sum_{m=0}^{m_V} \widetilde{A}_m = \sum_{m=m_V}^{N/2} \widetilde{A}_m$,这时我们称 f_V 为中间值频率点。它的直观意义是:在频率范围 $\left[0, \frac{1}{2\Delta}\right]$ 之内,以 f_V 为中间分界点,在 f_V 的两边振幅谱 A_m 所占的比重是一样的。

4.4.2 频谱分析中参数的选择

对连续信号 $x(t) (t \geqslant 0)$ 进行频谱分析,实际上是对长度为 $N = 2^k$ 的离散信号 $x(n\Delta), n = 0, 1, \cdots, N-1$ 进行频谱分析。因此,频谱分析中参数 Δ 和 N 的选取很重要。

对连续信号 $x(t)$,我们用两个参数来刻画其频谱的特点:

f_c-$x(t)$ 的截频或 $x(t)$ 最高可能达到的频率(单位为 Hz);

f_δ-$x(t)$ 的频率分辨间隔(单位为 Hz)。它的意思是:对 $x(t)$ 的振幅谱 $|X(f)|$ 取离散值观测时,离散值的间隔不能大于 f_δ,故当两个频率之差大于 f_δ 时,对 $x(t)$ 所包含的这两个频率成分我们就可以分辨开。当 $x(t)$ 的振幅谱 $|X(f)|$ 曲线摆动比较大时,f_δ 就要取得小些,当 $|X(f)|$ 曲线较平滑时,f_δ 就可取得大些。

根据抽样定理,要求抽样间隔 Δ 满足 $\frac{1}{2\Delta} \geqslant f_c$ 或 $\Delta \leqslant \frac{1}{2f_c}$。为了用长度为 N 的离散信号 $x(n\Delta) (0 \leqslant n \leqslant N-1)$ 近似代替信号 $x(n\Delta) (n \geqslant 0)$,就要求 $x(n\Delta)$ 在 $n \geqslant N$ 部分的能量很小,即要求

$$\frac{\sum_{n=N}^{+\infty} x^2(n\Delta)}{\sum_{n=0}^{+\infty} x^2(n\Delta)} \approx 0$$

对信号 $x(n\Delta) (0 \leqslant n \leqslant N-1)$,由有限离散傅氏变换知,有限离散频谱的频率间隔为 $\frac{1}{N\Delta}$。因此,要求 N 还要满足 $\frac{1}{N\Delta} \leqslant f_\delta$ 或 $N \geqslant \frac{1}{\Delta f_\delta}$。

综上可得

$$N > \frac{2f_c}{f_\delta}$$

$N\Delta$ 表示进行频谱分析的信号记录长度,信号记录长度 $N\Delta$ 必须大于或等于 $1/f_\delta$。因此,我们称 $T_{\min} = 1/f_\delta$ 为最小单位长度。

例 4-4　已知某信号的截频 $f_c = 125\,\mathrm{Hz}$,频率分辨间隔 $f_\delta = 2\,\mathrm{Hz}$。现要对该信号作频谱分析,问:

(1)要求最小记录长度 $T_{\min}$ 等于多少?

(2)抽样间隔 Δ 应满足什么条件?

(3)抽样点数 N 应满足什么条件?

解　(1) $T_{\min} = \dfrac{1}{f_\delta} = \dfrac{1}{2} = 0.5(\mathrm{s})$;

(2) $\Delta \leqslant \dfrac{1}{2f_c} = \dfrac{1}{250} = 4 \times 10^{-3}(\mathrm{s})$;

(3) $N > \dfrac{2f_c}{f_\delta} = \dfrac{250}{2} = 125$,若要求 N 为 2^k 形式,则可取 $N = 2^7 = 128$。

§4.5　理想滤波器

4.5.1　理想滤波器

理想滤波器是一种简单、特殊的滤波器,在大多数情况下它不能起到完全消除干扰、保留有效信号的作用,但是它可以起到消弱干扰、突出有效信号的作用。所以,不论是在理论上还是在实践上,对理想滤波器的研究仍然有着十分重要的意义。当离散信号的抽样间隔 Δ 确定之后,只要在频率范围 $\left[-\dfrac{1}{2\Delta}, \dfrac{1}{2\Delta}\right]$ 内讨论问题就行了,设计滤波器,也只要在 $\left[-\dfrac{1}{2\Delta}, \dfrac{1}{2\Delta}\right]$ 内给出滤波器的频谱就行了。理想滤波器是在频率范围 $\left[-\dfrac{1}{2\Delta}, \dfrac{1}{2\Delta}\right]$ 内设计的滤波器。理想滤波器主要包括低通、带通、高通和带阻滤波器。

假设理想低通滤波器的频谱为 $H_1(f)$,那么,其表达式为

$$H_1(f) = \begin{cases} 1, & |f| \leqslant f_1 \\ 0, & f_1 < |f| \leqslant \dfrac{1}{2\Delta} \end{cases}$$

其中,f_1 称为高通频率。

理想低通滤波器的频谱如图 4-8 所示。

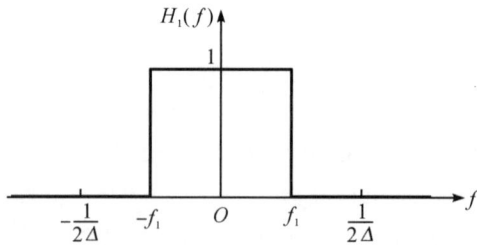

图 4-8　理想低通滤波器的频谱图

假设理想带通滤波器的频谱为 $H_2(f)$，那么，其表达式为

$$H_2(f)=\begin{cases}1, & f_1\leqslant|f|\leqslant f_2 \\ 0, & \text{其他}\end{cases} \quad |f|\leqslant\frac{1}{2\Delta}$$

其中，f_1 为低通频率；f_2 为高通频率。

理想带通滤波器的频谱如图 4-9 所示。

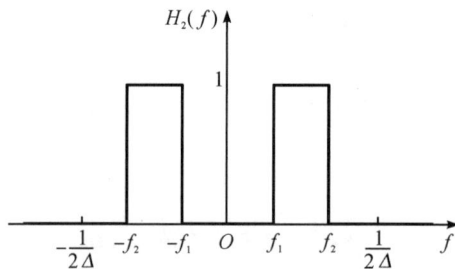

图 4-9　理想带通滤波器的频谱图

假设理想高通滤波器的频谱为 $H_3(f)$，那么，其表达式为

$$H_3(f)=\begin{cases}1, & |f|\leqslant f_1 \\ 0, & f_1<|f|\leqslant\frac{1}{2\Delta}\end{cases}$$

其中，f_1 为高截频率。

理想高通滤波器的频谱如图 4-10 所示。

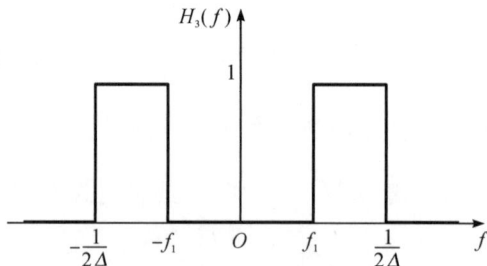

图 4-10　理想高通滤波器的频谱图

假设理想带阻滤波器的频谱为 $H_4(f)$，那么，其表达式为

$$H_4(f)=\begin{cases}1, & f_1\leqslant|f|\leqslant f_1 \\ 0, & \text{其他}\end{cases} \quad |f|\leqslant\frac{1}{2\Delta}$$

其中，f_1 为低截频率；f_2 为高截频率。

理想带阻滤波器的频谱如图 4-11 所示。

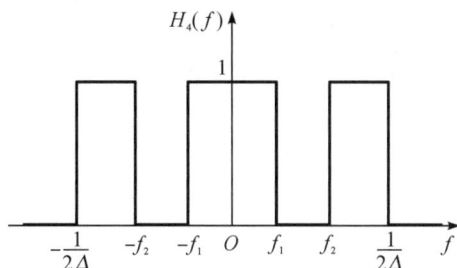

图 4-11　理想带阻滤波器的频谱图

上述各种滤波器的频谱又称为滤波器的频率响应，滤波器的时间函数又称为滤波器的脉冲响应或滤波因子。对实际上出现的各种信号（如地震记录、无线电信号等），当其中的有效信号成分和干扰信号成分的频谱完全分离时，设计上述类型的滤波器，通过滤波可以完全消除干扰，保留有效信号。

4.5.2　理想滤波器存在的问题

理想滤波器的时间函数 $h(n)$，它的长度是无限的，即 n 从 $-\infty$ 变化到 $+\infty$。对应这无限长度的时间函数 $h(n)$，它的频谱才是理想滤波器频谱。图 4-12 为理想带通滤波器的时间域波形图，对应的理想带通滤波器的频谱图见图 4-9。从图 4-12 可以看出，理想带通滤波器对应时间域的波形图长度是无限的。

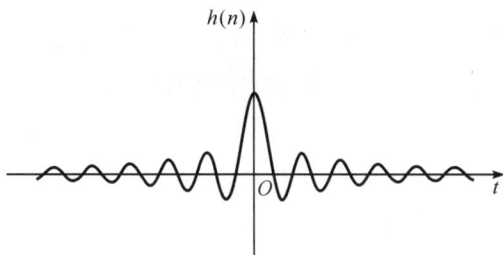

图 4-12　理想带通滤波器的时间域波形图

然而在实际滤波中，我们只能取 $h(n)$ 的有限部分。由于 $h(n)$ 是偶函数，我们就取 n 在 $-N$ 到 N 之间的部分，而把 $|n| > N$ 的部分截掉，即取 $h(n)$ 的截尾函数 $h_N(n)$，其表达式为

$$h_N(n) = \begin{cases} h(n), & -N \leqslant n \leqslant N \\ 0, & 其他 \end{cases}$$

$h_N(n)$ 的图形如图 4-13(a) 所示。对应于时间函数 $h_N(n)$ 的频谱为 $H_N(f)$，它的图形如图 4-13(b) 所示。从图 4-13(b) 可以看出，在点 f_1、f_2、$-f_1$、$-f_2$ 左右，曲线产生了较为严重的振动现象，这种现象称为**吉布斯现象**。

(a)时间域波形图　　　　　　　　　(b)频谱图

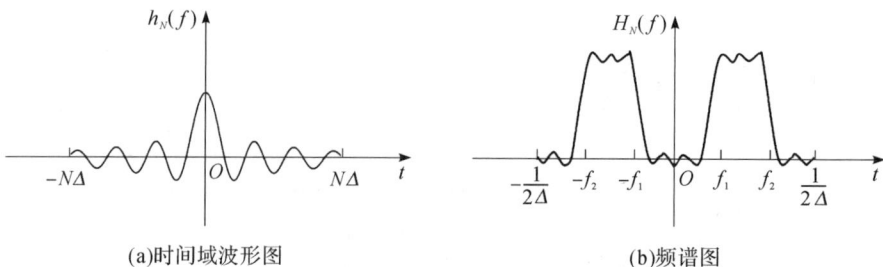

图 4-13　理想带通滤波器截短后,对应的时间域波形图及其频谱图

吉布斯现象的表现形式为,$h(n)$ 的频谱 $H(f)$ 在点 f_1、f_2、$-f_1$、$-f_2$ 处产生突跳。其产生的原因是把无限长时间函数 $h(n)$ 截尾成有限长度时间函数 $h_N(n)$。

滤波器产生吉布斯现象,造成滤波效果不好,它不仅不能有效地压制干扰、突出有效信号,而且还可能使有效信号的频谱产生畸变。为了克服吉布斯现象,可以从两方面入手:一是在频率域,为避免在理想滤波器频谱中出现突跳现象,可把它改造成为一条连续甚至光滑的曲线,所采用的方法就是镶边法;二是在时间域,对截尾函数 $h_N(n)$ 进行改造,所采用的方法就是时窗函数法。

● ● ● 习题 ● ● ●

4-1　普通褶积与循环褶积有何不同?

4-2　设 $x_n=(x_0,x_1,x_2)=(1,2,1)$,$y_n=(y_0,y_1,y_2)=(1,1,1)$,计算:

(1)普通褶积 $z_n=x_n*y_n$;

(2)$N=5$ 时的循环褶积 $\tilde{z}_n=\tilde{x}_n*\tilde{y}_n[5]$,并比较 $\tilde{z}_n$ 与 Z_n 是否相等。

4-3　已知某信号的截频 $f_c=150\text{Hz}$,频率分辨间隔 $f_\delta=1\text{Hz}$。现要对该信号作频谱分析,问:

(1)要求最小记录长度 $T_{\min}$ 等于多少?

(2)抽样间隔 Δ 应满足什么条件?

(3)抽样点数 N 应满足什么条件?

4-4　请详细阐述快速傅里叶变换的时域分解算法(以 8 项信号为例)。

4-5　什么是吉布斯现象?产生吉布斯效应的原因是什么?如何减小吉布斯效应影响呢?

习题 4 参考答案

第 5 章

▶▶▶▶▶▶

傅里叶变换的应用

傅里叶变换在地学数字信号处理和分析中具有广泛应用。比如,对地学信号进行傅里叶变换,可以将时间域或空间域信号变换到频率域,对信号的频谱特征进行分析。此外,还可以在傅里叶变换的基础上对地学信号进行褶积、反褶积以及各种滤波处理等,提高信号的分辨率,或者压制各种干扰等。本章以地震和探地雷达信号为例,说明傅里叶变换在高分辨信号处理领域中的一些应用,主要内容包括:检波器耦合数字匹配滤波、近地表吸收衰减补偿反滤波和探地雷达信号的稀疏脉冲反褶积三个应用案例。

§5.1　检波器耦合数字匹配滤波

地震信号是通过检波器接收到的,将检波器埋置在地表,检波器感应大地振动信号并记录下来。在这个过程中,检波器与地表的耦合系统起到了重要作用。为了提高检波器与地表耦合的效果,董世学等[9]研制出了地震波检测系统(Seismic Wave Detect System,SWDS),也称特殊耦合检波器。通过多次试验和实际应用,表明特殊耦合检波器较常规耦合检波器确实展宽了地震信号的优势信噪比频带宽度,增加了信号中的高频成分,提高了信号的保真度,很大程度上解决了检波器与地表耦合系统对地震波接收的不利影响。但是由于 SWDS 对埋置要求高,广泛使用成本较大、效率较低。为了充分发挥 SWDS 的优势,同时克服其不足,可以采用检波器耦合数字匹配滤波的方法,利用匹配滤波器处理常规耦合数据,以降低由于检波器耦合对所接收到的地震信号造成的不利影响,提高地震数据的分辨率,使得处理后的数据基本达到特殊耦合检波器采集地震数据的水平。

5.1.1　常规耦合与特殊耦合

在常规地震数据采集中,起耦合作用的尾椎均由铁质材料制作,长 5～7cm 或 12cm 左右,尾椎上部直径大约为 2cm,表面光滑。使用时必须垂直(沿 Z 方向)插入表土,接收反射的 P 波,构成检波器与地表耦合系统,被认为是常规耦合方式,如图 5-1(a)所示。

检波器采集地震信号的品质,涉及尾椎顶部中心位置位移的响应特性,也涉及与之实行刚体连接的检波器与检波器总体的转换特性。这里主要讨论检波器与地表耦合系统,研究该耦合系统相互作用对记录大地运动的影响,其目的是开发一种新的耦合装置,使其在上行波到达接收点时能精确地跟随表土真实运动,而且在预测的频率范围内(该范围应超过地震波所含的频率范围)具有良好的响应。图 5-1(b)所示是特殊耦合模型。M_D 是单个或多个检波器芯体组合的总质量,通常条件下 M_D 是受限的。M_C 是全部或部分埋入表土中的耦合装置的质量。一般情况下,$M_C > M_D$。此装置是有质量的刚性的接收装置,在计算时 M_C 是不可忽略的。另外,应确保检波器芯体与装置顶面中心处实现刚性连接,装置的底面应与表土保持水平接触。也像其周围边界耦合带一样与表土呈现良好的固结状态,防止滑动、闪缝脱耦。这种耦合称为特殊耦合方式。

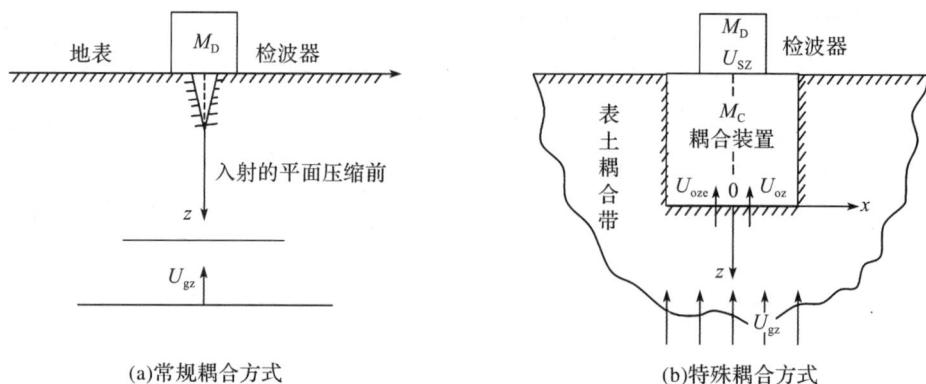

图 5-1 检波器与地表两种耦合模型[9]

对特殊耦合和常规耦合的传递函数(脉冲响应)进行傅里叶变换,得到的幅频特性曲线如图 5-2 所示。两种系统的特性曲线差异较大,特殊耦合较常规耦合而言其传递函数在 0~200Hz 呈线性,拓宽了接收系统的频带宽度。其相频特性在 0~85Hz 附近几乎是 0 相移,在 110~200Hz 之内相位特性呈线性变化,没有剧烈波动。总之,该系统的传输特性对于提高接收地震波能量,拓宽接收地震信号的频带,改善信号的保真度都会有明显效果。

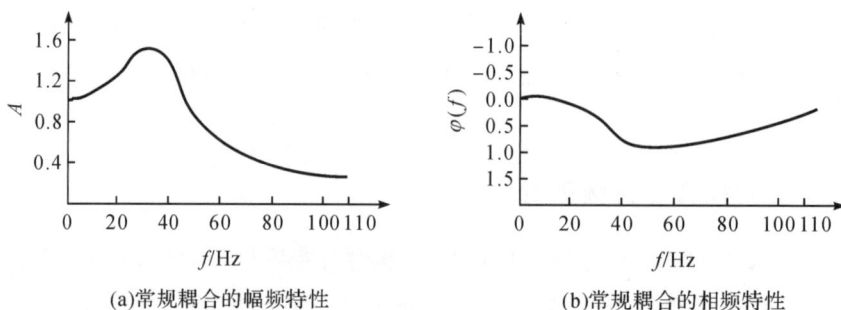

(a)常规耦合的幅频特性　(b)常规耦合的相频特性

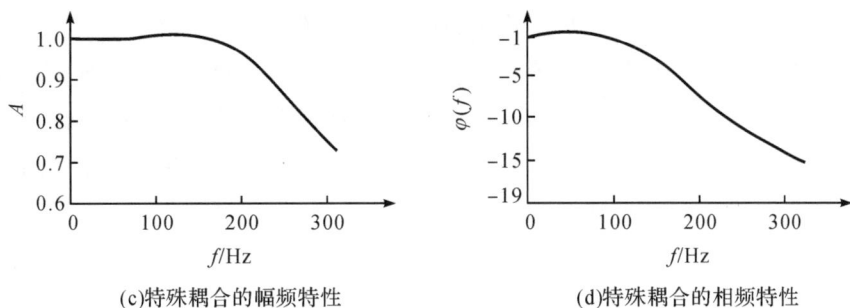

(c)特殊耦合的幅频特性　　　　　　　　(d)特殊耦合的相频特性

图 5-2　常规耦合与特殊耦合的传递函数[9]

5.1.2　检波器耦合数字匹配滤波的基本原理[10]

在可比条件下,设常规耦合系统采集的单道地震数据为 $u_c(t)$,特殊耦合系统采集的单道地震数据为 $u_s(t)$,用算子 $h(t)$ 表示两个耦合系统的差异,$h(t)$ 也称为特殊耦合匹配滤波器。根据系统原理,将常规耦合信号看作输入、特殊耦合信号看作输出,可以得出

$$u_s(t)=h(t)*u_c(t) \tag{5-1}$$

利用同一个位置两种不同耦合方式采集的地震信号,通过求解方程式(5-1),可以求得特殊耦合匹配滤波器。式(5-1)是一个褶积方程,可以在时间域采用最小平方法,将其转换成维纳(Wiener)方程

$$\boldsymbol{Ah}=\boldsymbol{b} \tag{5-2}$$

方程(5-2)中的 $\boldsymbol{A}$ 是一矩阵,为 $u_c(t)$ 的自相关函数;$\boldsymbol{h}=[h(t_1),h(t_2),\cdots,h(t_n)]$ 为滤波算子;$\boldsymbol{b}=(b_1,b_2,\cdots,b_n)$ 为 $u_c(t)$ 和 $u_s(t)$ 的互相关函数。利用莱文森(Levinson)算法求解方程式(5-2),即可求出 $h(t)$。

也可以在频率域求取 $h(t)$。将式(5-1)两边进行傅里叶变换,得

$$U_s(f)=H(f)\cdot U_c(f) \tag{5-3}$$

则

$$H(f)=\frac{U_s(f)}{U_c(f)}=\frac{U_s(f)\cdot\overline{U_c(f)}}{|U_c(f)|^2+\alpha^2} \tag{5-4}$$

其中,α^2 为噪音水平。求出 $H(f)$,将其进行傅里叶反变换,就可以得到匹配滤波器 $h(t)$。

求出耦合匹配滤波器以后,将其他常规耦合方式采集的地震信号进行匹配滤波处理,就可以获得相当于特殊耦合方式采集的地震信号。

首先,将常规耦合检波器采集的炮集数据进行静校正等处理,然后将特殊耦合匹配滤波器与经过静校正等处理的每个炮集中的常规耦合地震数据 $u_{ci}(t)$ 进行褶积,以实现特殊耦合匹配滤波,即

$$u_{si}(t)=h(t)*u_{ci}(t) \tag{5-5}$$

其中,$u_{ci}(t)$ 为常规耦合炮集中的第 i 道数据;$u_{si}(t)$ 为匹配滤波处理后的第 i 道数据。若在频率域内进行匹配滤波,需将式(5-5)两边进行傅里叶变换,得

$$U_{si}(f) = H(f) \cdot U_{ci}(f) \qquad\qquad (5\text{-}6)$$

其次,对 $U_{si}(f)$ 进行傅里叶反变换,最后得到相当于野外使用 SWDS 采集地震数据的效果,从而解决常规耦合的缺陷。这样可消除常规耦合接收系统的影响,即消除 $h(t)$ 的影响,将常规耦合接收的地震信号在一定程度上恢复成具有特殊耦合检测的地震信号特征,故把它称作特殊耦合匹配滤波器。

5.1.3 应用实例

某工区地处沙漠腹地,地表被第四系干燥松散沙层覆盖,沙层厚度变化大。沙丘分布形态有规则的垄状、不规则的蜂窝状或是两者的复合形态,一般宽 $500\sim2000\mathrm{m}$,如图 5-3 所示。由于工区内多数的沙层巨厚,而且沙丘厚度随地形起伏变化而变化,表层结构纵横向变化大,常规耦合的接收方式受到以下影响:①检波器的铁质尾锥与其相接触的松散沙之间存在相当大的波阻抗差,造成上行波的动力学信息在此处严重损失。②尾锥与松散沙之间的耦合是非固结的状态,非常不利于能量的传播。在动态情况下,沙粒会在尾锥上滑动,这不仅损失能量和频率成分,而且会增加噪声和产生地震信号畸变。

(a)蜂窝状沙山

(b)垄状沙梁

图 5-3 工区沙丘形态照片

首先进行工区表层物性调查,以便有针对性地制作特殊耦合地震波检测系统。在一条测线附近,非同一方向确定 4 个点,相邻点距离 $6\mathrm{km}$。每个点按沙丘的高、中、低部位分别用三分量检波器、小折射仪、炸药激发进行表层物性调查。取得近表层物性参数的平均值为:纵波速度 $V_\mathrm{p}=178\mathrm{m/s}$,横波速度 $V_\mathrm{s}=105\mathrm{m/s}$,密度 $\rho=1.48\mathrm{g/cm^3}$。并根据这些参数制作 4 个地震波检测系统(SWDS),如图 5-4 所示,自然频率为 $27\mathrm{Hz}$,为了区别,分别编号为 $A_1\sim A_4$。

在二维地震勘探数据采集的观测系统中,选择测线上某些特定的接收点分散或分别集中埋置 4 个地震波检测系统(SWDS)实施观测。通常情况下,SWDS 所在接收点的位置应靠近激发点,但避开面波发育的范围,并与在该点的常规耦合检波器同时接收地震波(便于对比)。这样就需要将与该点相邻的接收点大线接头用于 SWDS 的连接,而这个相邻接收点不再与常规耦合检波器连接。具体方案如图 5-5 所示。在埋置特殊耦

图 5-4　特殊耦合地震波检测系统实物

合地震波检测系统时,事先在常规耦合检波器或组合的检波中心点挖一个与 SWDS 的装置大小相近的坑,将装置放入坑中,要确保将 SWDS 的耦合装置放正、放稳并与周围介质固结好,防止脱耦或在振动状态下脱耦。

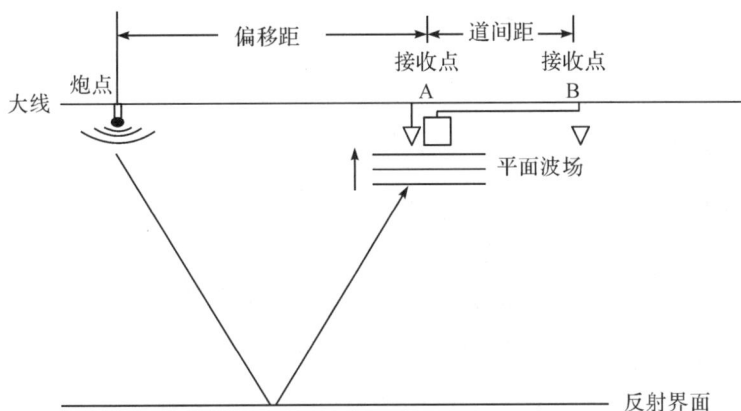

▽常规耦合检波器或组合;□特殊耦合地震波检测系统;A、B为相邻的两个接收点。

图 5-5　两种耦合方式对比数据采集

下面对比分析一下两种耦合方式所接收的单道地震数据。图 5-6 是两种耦合方式采集的地震信号,分别分两个时段显示的 8s 记录,其中图(a)的时段为 3.2~5s,图(b)为时段 4.8~8s。每相邻两道中,左为 SWDS 地震道信号,右为常规耦合地震道信号(利用 36 个 10Hz 常规耦合检波器,品字形组合采集)。分析任意两个相邻道的信号,可以发现:①从统计观点分析,两道在相应的时间上多数都存在同相性,说明 SWDS 接收的信号是可信的。②在特定时间上,两种耦合方式所接收信号的同相轴的特征表明,SWDS 的波组持续时间短、变化迅速、分辨能力较高,特别是在较深的部位波形清晰,能量仍然较强。③SWDS 接收的信号较常规耦合地震道信号信息量丰富,当然不排除存在高频干扰。

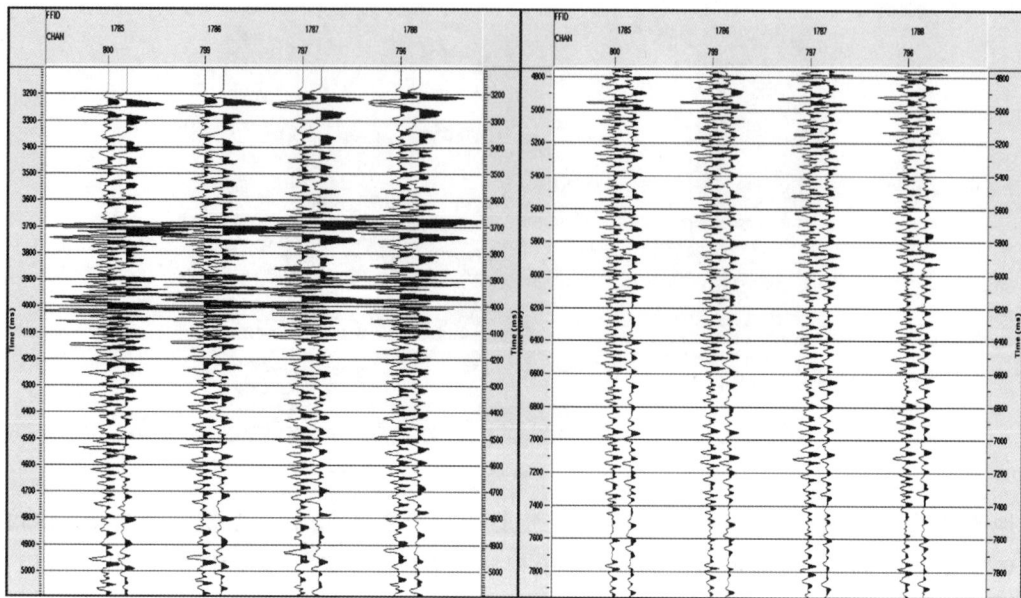

(a)时段为3.2~5s   (b)时段为4.8~8s

图 5-6　SWDS 与常规耦合检波器所采集的单道数据对比

图 5-7 和图 5-8 分别展示了浅层(3.65s)和深层(5.21s)两种耦合的反射波组信号和所对应的功率谱。图 5-7 两个反射波组的初至和峰值出现的位置基本一致,但其结构、波形的形态、持续时间的差别很大。从谱在 $-24\mathrm{dB}$ 处的频带宽度来看,SWDS 对应值为 $0\sim80\mathrm{Hz}$,常规耦合检波器对应值为 $0\sim60\mathrm{Hz}$;SWDS 对应功率谱的峰值频率要高出常规耦合 $10\mathrm{Hz}$ 以上。在有效频带宽度内,功率谱密度的均匀性也不同,说明两种波组的组分差别也是明显的,SWDS 明显优于常规耦合检波器。从图 5-8 两者对比来看,特殊耦合方式采集的深层地震信号的高频成分也优于常规耦合,而且低频成分没有损失。

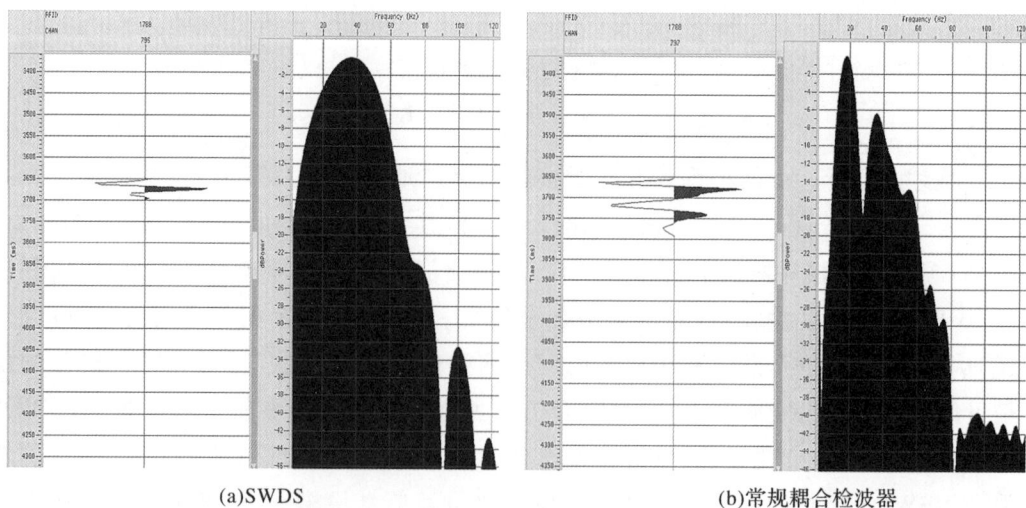

(a)SWDS   (b)常规耦合检波器

图 5-7　SWDS 与常规耦合检波器所采集的单道数据浅层反射波及功率谱对比

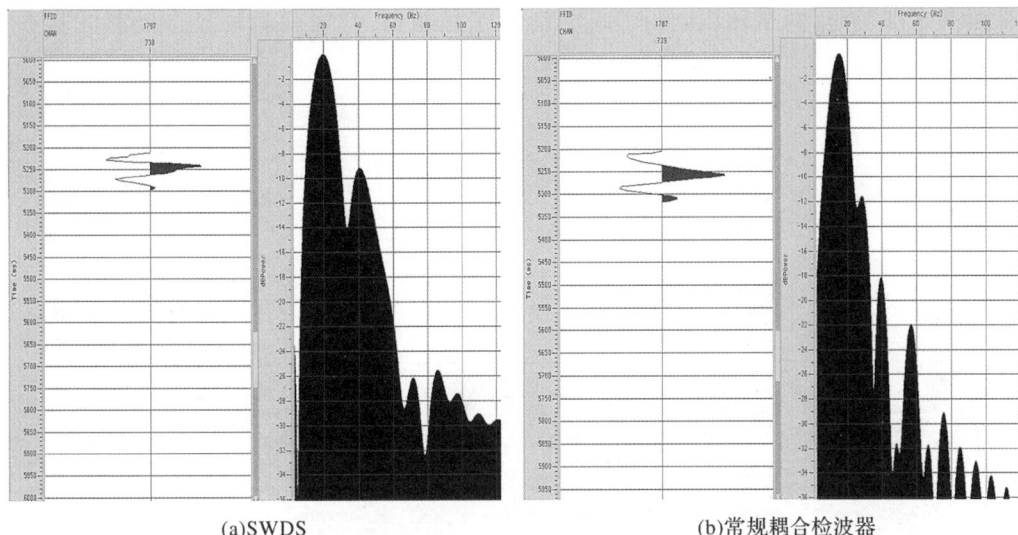

(a)SWDS　　　　　　　　　　　　　　　　(b)常规耦合检波器

图 5-8　SWDS 与常规耦合检波器所采集的单道数据深层反射波及功率谱对比

利用以上特殊耦合与常规耦合采集的单道地震信号,计算了特殊耦合匹配滤波器,并将特殊耦合匹配滤波器与其他常规耦合采集的地震数据进行褶积运算,获得了数字耦合匹配滤波后的地震数据。

图 5-9(a)、(b)分别为任意选择的某常规耦合单炮耦合匹配滤波前、后的中浅层地震记录。前者中部道集受面波干扰较明显,在干涉带外信噪比较高,同相轴粗,层间信息少而不连续;后者面波干扰大大降低,复合反射子波明显被分开,同相轴变细,信息量比前者增多。

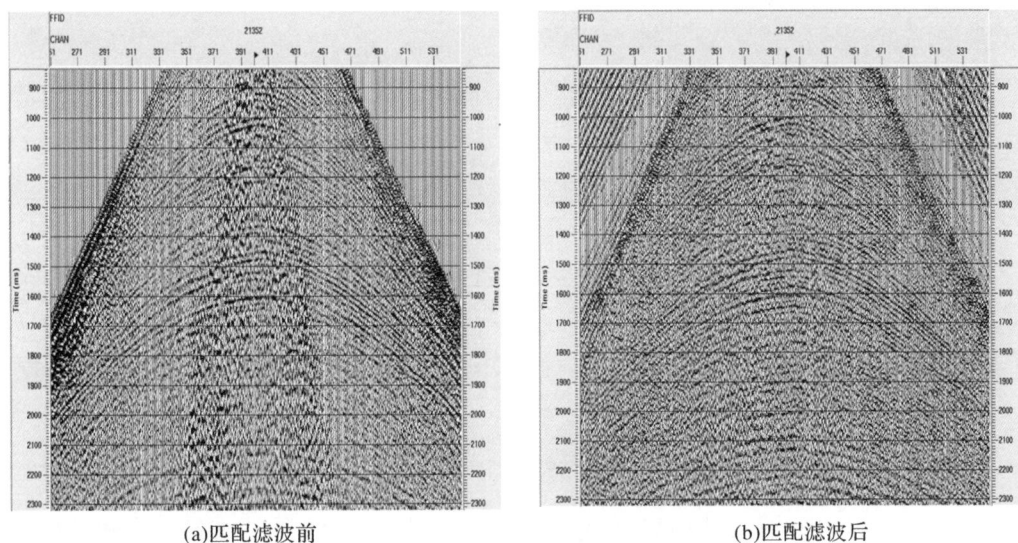

(a)匹配滤波前　　　　　　　　　　　　　　(b)匹配滤波后

图 5-9　常规耦合单炮耦合匹配滤波前、后中浅层地震记录

图 5-10(a)、(b)分别为该常规耦合单炮耦合匹配滤波前、后的中深层地震记录。前

者受面波干涉明显,同相轴粗,分辨率低;后者正好相反,且对前者的复合反射波基本上能分开。

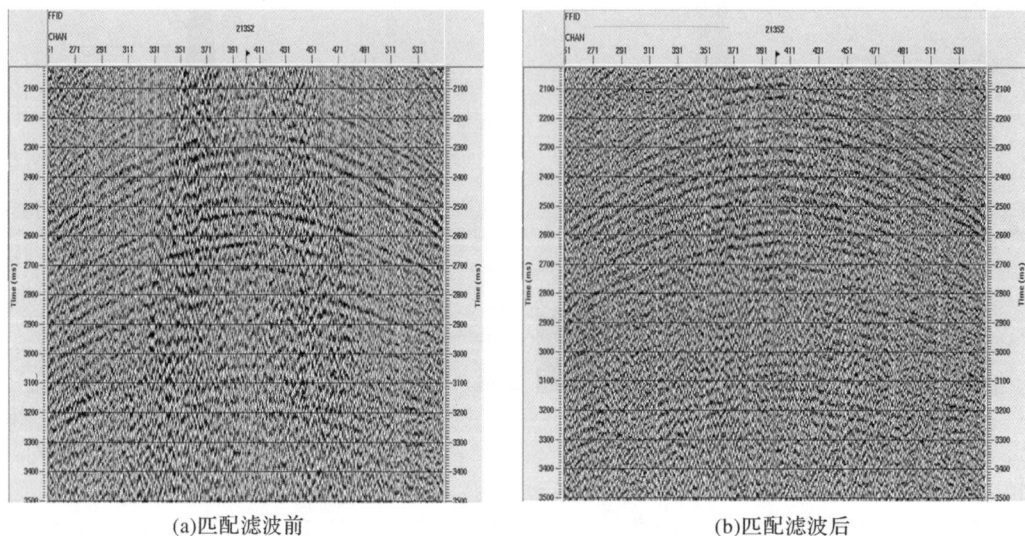

(a)匹配滤波前　　　　　　　　　　　(b)匹配滤波后

图 5-10　常规耦合单炮耦合匹配滤波前、后中深层地震记录

下面对耦合匹配处理前、后单炮的功率谱作一下对比。图 5-11(a)、(b)分别为某单炮耦合匹配滤波前、后的浅层地震信号和功率谱。从波形看,前者(比较而言)受面波干涉较严重,同相轴较粗,层间连续性差;其谱中低频缺失较多,能量集中且较强,但在 -19dB 处,频宽仅 0~59.4Hz。后者基本上无面波干涉,且信噪比较高;同相轴变细,层间信息增加且连续性变好;主频近 60Hz,在 -19dB 处,频宽为 0~150Hz。

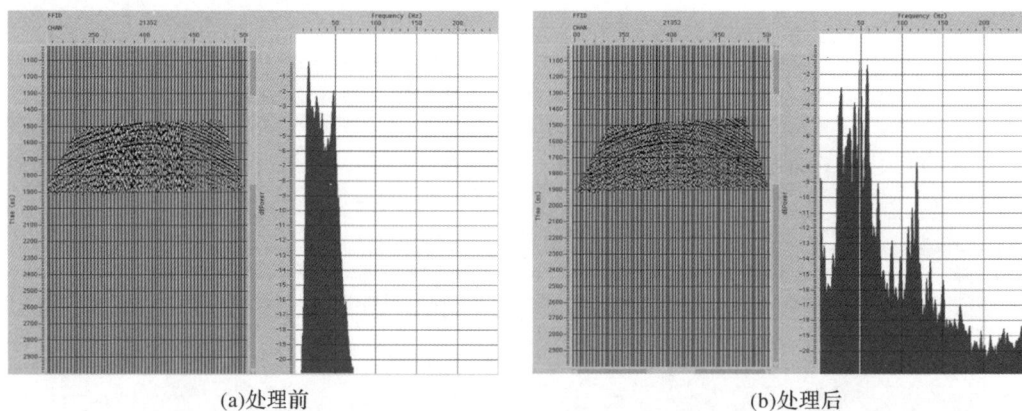

(a)处理前　　　　　　　　　　　(b)处理后

图 5-11　某单炮耦合匹配处理前、后浅层地震信号及其功率谱

图 5-12(a)、(b)分别是某单炮耦合匹配滤波处现前、后的深层地震信号和功率谱。同浅层相比,两者信噪比均有所下降,且同相轴连续性变差,但后者同相轴明显变细且数量增多。其主频前者为 15Hz,频宽在 -19dB 处为 0~52Hz;后者主频为 24Hz,频宽在 -19dB 处为 0~122Hz。

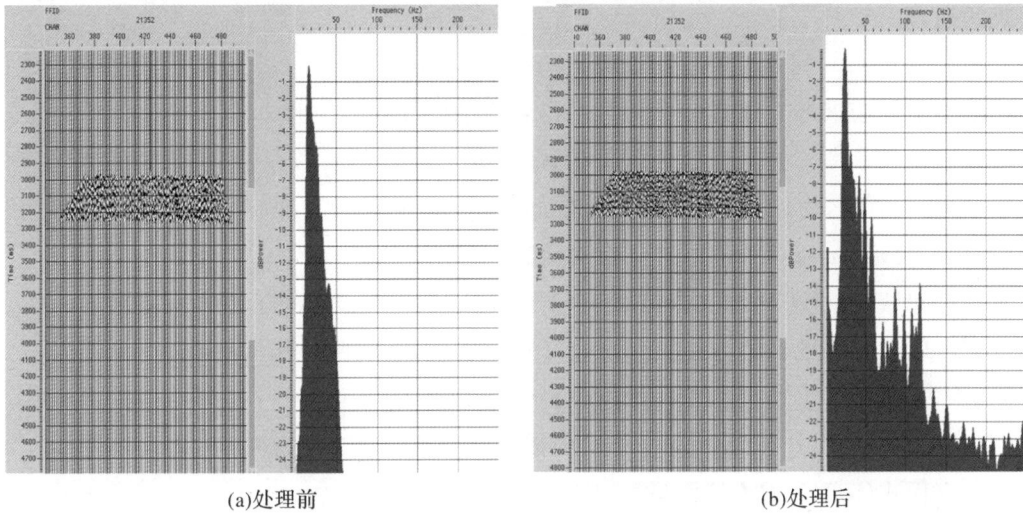

(a)处理前　　　　　　　　　　　　　　　　(b)处理后

图 5-12　某单炮中耦合匹配处理前、后深层地震信号及其功率谱

以上对比说明,耦合匹配处理拓宽了单炮道集地震信号的优势信噪比频带宽度,提高了地震数据的分辨率,基本达到特殊耦合检波器采集地震数据的水平。

§5.2　近地表吸收衰减补偿反滤波

近地表介质相对疏松,对地震波信号的吸收衰减是比较严重的,尤其是地震信号的高频成分。对于人工源地震勘探来说,从地面产生的地震信号先往地下传播,穿过近地表层往深层传播,当遇到反射界面时会产生反射波,反射波上传再次经过近地表层到达地面,被检波器接收并记录下来。因此,地震信号两次经过近地表层被吸收衰减,从而造成地震资料的优势信噪比频带宽度减小、分辨率降低。因此,若能补偿这类衰减,就可以增加地震资料的有效频带宽度,提高地震数据的分辨率。近地表吸收衰减补偿反滤波,主要从系统原理出发,利用微测井资料,对比分析不同传播距离的地震信号,求取近地表层的衰减补偿反滤波器,以补偿近地表引起的高频衰减,来提高地震资料的分辨率。相对其他高分辨处理方法而言,该方法利用微测井资料求取的反滤波算子更逼近实际情况,具有坚实的物理基础。

5.2.1　近地表吸收衰减补偿反滤波的方法与原理[11]

就常规微测井(地面接收、井中激发)来说,炮点深度可以用井深描述为 $z_1, z_2, \cdots,$ z_n。若炮点由 z_i 降至 z_j,假设震源激发和检波器接收的一致性较好,用算子 q_j 表示 z_i 和 z_j 之间的近地表层对地震信号的滤波影响,地震波的振幅由 $x_i(t)$ 变为 $x_j(t)$。那么,若将该近地表层看作一个系统,则有

$$x_j(t) = q_j(t) * x_i(t) \tag{5-7}$$

反算子 $p_j = q_j^{-1} = \{p_j(t)\}$ 就可以补偿该近地表层对地震信号频率和振幅的衰减。用方

程表示为

$$x_i(t) = p_j(t) * x_j(t) \tag{5-8}$$

利用最小平方方法求解方程式(5-8),可以得到维纳(Wiener)方程

$$\boldsymbol{A} \boldsymbol{p}_j = \boldsymbol{b} \tag{5-9}$$

其中,$\boldsymbol{A}$ 是一矩阵,为 $x_j(t)$ 的自相关函数;$\boldsymbol{p}_j = [p_j(t_1), p_j(t_2), \cdots, p_j(t_n)]$ 是反算子;$\boldsymbol{b} = (b_1, b_2, \cdots, b_n)$ 是 $x_j(t)$ 和 $x_i(t)$ 的互相关函数。

在时间域,可以采用莱文森(Levinson)算法求解方程式(5-9),获得反滤波器 p_j。

也可以在频率域求解方程式(5-8),即对方程式(5-8)两边作傅里叶变换,有

$$X_i(f) = P_j(f) X_j(f) \tag{5-10}$$

其中,$X_i(f)$、$X_j(f)$ 分别为 $x_i(t)$、$x_j(t)$ 的傅里叶变换;$P_j(f)$ 是 $p_j(t)$ 的傅里叶变换。

由方程式(5-10),$P_j(f)$ 可写为

$$P_j(f) = \frac{X_i(f)}{X_j(f)} = \frac{X_i(f)\overline{X_j(f)}}{|X_j(f)|^2 + \alpha^2} \tag{5-11}$$

其中,α 表示噪声。

将 $P_j(f)$ 进行傅里叶反变换,就可以得到反滤波器 p_j。我们把 p_j 称作衰减补偿反滤波器。

对于其他类型的微测井,也可以采用相同的思想求取地层反滤波器。

求出反滤波器后,可以在时间域或频率域对地震叠后数据进行高频补偿处理。若在时间域,补偿的公式为

$$y_k(t) = p_k(t) * x_k(t) \tag{5-12}$$

其中,$x_k(t)$ 为叠后数据中的第 k 道地震数据;$p_k(t)$ 为该道对应的近地表层反滤波算子;$y_k(t)$ 为高频补偿后的数据。

采用时间域补偿方法,往往产生同相轴的整体时移,这虽然是由系统作用造成的,可是结果不利于数据的对比和解释。因此,可以在频率域采取类似零相位反褶积的方法,只补偿叠后数据的振幅谱,而不改造相位谱,让其保持原来的状态。方法如下:

对反滤波算子 $p_k(t)$ 进行傅里叶变换,得频谱

$$P_k(f) = U_{pk}(f) + \mathrm{i}V_{pk}(f) \tag{5-13}$$

则其振幅谱为

$$A_{pk}(f) = |P_k(f)| = \sqrt{U_{pk}^2(f) + V_{pk}^2(f)} \tag{5-14}$$

相位谱为

$$\Phi_{pk}(f) = \mathrm{arctg} \frac{V_{pk}(f)}{U_{pk}(f)} \tag{5-15}$$

那么,反算子的频谱还可以写为

$$P_k(f) = A_{pk}(f)\exp(\mathrm{j}\Phi_{pk}(f)) \tag{5-16}$$

实际应用时,将反算子相位谱置零,此时

$$P_k(f) = A_{pk}(f) \tag{5-17}$$

若第 k 道地震叠后数据 $x_k(t)$ 的频谱为

$$X_k(f) = U_{xk}(f) + iV_{xk}(f) \tag{5-18}$$

那么,近地表高频补偿后输出的地震数据的频谱为

$$Y_k(f) = A_{pk}(f) \cdot X_k(f) \tag{5-19}$$

然后将 $Y_k(f)$ 反变换到时间域,就得到了经过近地表高频补偿后的地震道数据。

这种处理方法只展宽地震数据的振幅谱,没有改变输入数据的相位谱,因此,叠后剖面的同相轴没有发生时移,有利于数据的解释和对比。

5.2.2 应用实例

工区位于我国大庆油田,具体位置在黑龙江省大庆市杜尔伯特蒙古族自治县境内,距大庆市约 25km。该区近地表岩性基本为灰胶泥、黄胶泥、黄沙或灰沙。西部黄沙、灰沙发育,胶泥层薄,东部以胶泥为主。潜水面的埋深为 $2\sim10m$,低速带速度为 $300\sim650m/s$,降速层速度为 $700\sim1400m/s$,高速层速度一般为 $1700m/s$ 左右,低/降速带厚度为 $5\sim29m$,工区东部的低/降速层相对较厚。近地表层的情况如图 5-13 所示,相对松软的胶泥和沙质介质导致地震信号的吸收衰减较为严重。

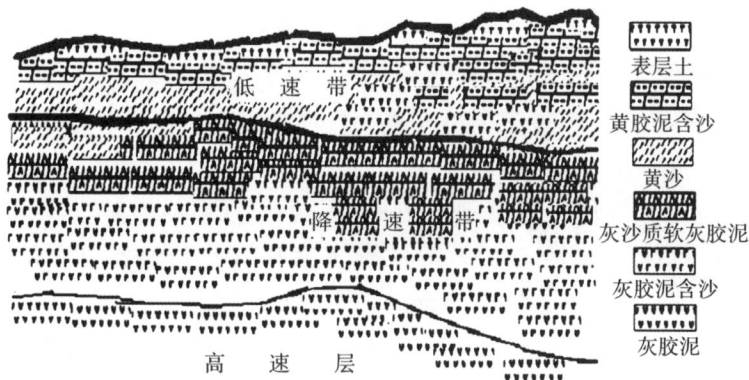

图 5-13 大庆油田近地表层情况

由于该地区表层低/降速带对地震信号的高频成分吸收衰减严重,直接影响了地震剖面的分辨率和储层的横向预测。目的层位于 T_2 层以下,由于分辨率限制,许多砂体的地震响应能量很弱,而且频率较低,因此解释起来就比较困难。拟利用近地表高频补偿方法提高地震剖面的分辨率,尤其是目的层的分辨率,从而提高油气预测精度。

采用井中激发、地面接收的微地震测井方法进行数据采集,使用 24 道接收,排列方式为每六道一组,扇形布放,井检距(井口与检波器中间的距离)分别为 1m、2m、3m、4m。图 5-14 为微测井数据采集示意图。由于本区块地表地形较平坦,微测井井深设计主要为 34 米,并遵循由浅到深激发点逐渐变疏的原则。激发点深度为 0.5m、1m、1.5m、2m、2.5m、3m、3.5m、4m、4.5m、5m、5.5m、6m、6.5m、7m、7.5m、8m、8.5m、9m、9.5m、10m、11m、12m、13m、14m、15m、16m、17m、18m、19m、20m、22m、24m、26m、28m、30m、32m、

34m,以保证每层有足够的控制点。井深小于或等于 20m 的,采用 1 发雷管激发;井深大于 20m 的采用 2 发雷管激发。

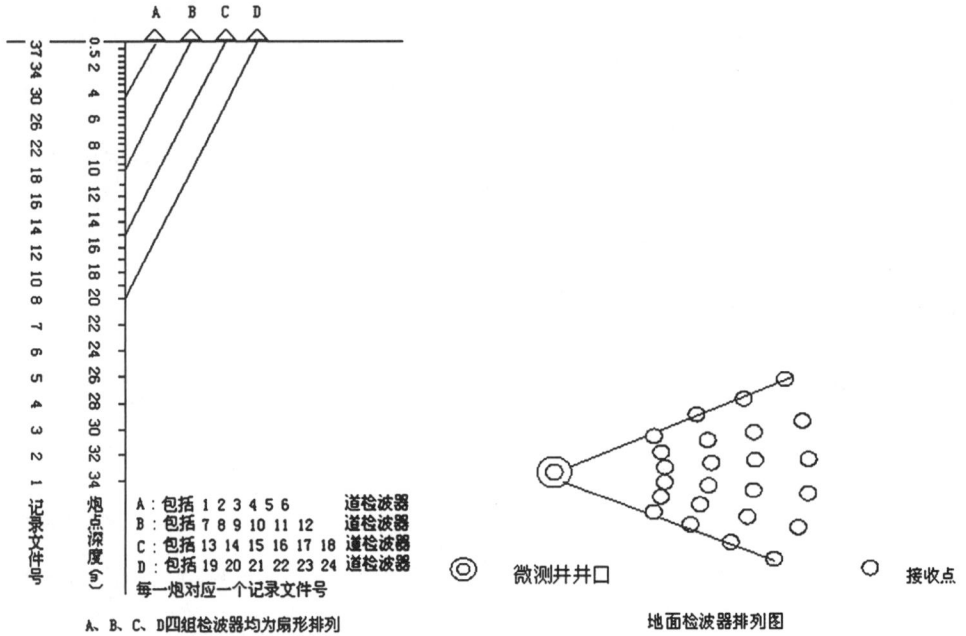

图 5-14　微测井数据采集示意图

近地表层反滤波器求取的主要步骤如下:

第一,抽道。从微测井数据采集示意图 5-14 来看,为了使地面接收到近似垂直的入射,而且保持入射角相等,通过计算,可知 1～10 号文件从 D 组检波器中抽取一道较理想的记录、11～15 号文件从 C 组检波器中抽取一道较理想的记录、16～23 号文件从 B 组检波器中抽取一道较理想的记录、24～37 号文件从 A 组检波器中抽取一道较理想的记录。

第二,切除。把所抽出的道组成一个具有 37 道记录的文件,然后进行切除,只保留直达波部分。

第三,求取反滤波器。这一步主要是通过地层系统反滤波器计算方法对经过切除的微测井文件记录进行对比,并求取反滤波器。

图 5-15 为不同深度震源对应的微测井直达波波形记录,可以看出,随着震源深度的减小,震源与检波器之间的距离减小,地震信号传播距离减小,对应的直达波信号持续时间变小。图 5-16 为深度 13m 和 6.5m 震源对应直达波信号的功率谱,可以看到,6.5m 深度震源对应直达波的高频成分能量较大,13m 深度震源对应的直达波高频成分能量减小,表明深度 6.5m 和 13m 之间的近地表层对地震信号的高频成分吸收严重。在地震波传播过程中,近地表相对松软的胶泥和沙质介质振动引起的质点之间的摩擦会产生热量,消耗掉一部分地震波能量,这也是地震波在近地表层中被吸收衰减的原因之一。

利用微测井直达波信号,计算求取近地表层反滤波器,将其与地面地震数据进行褶

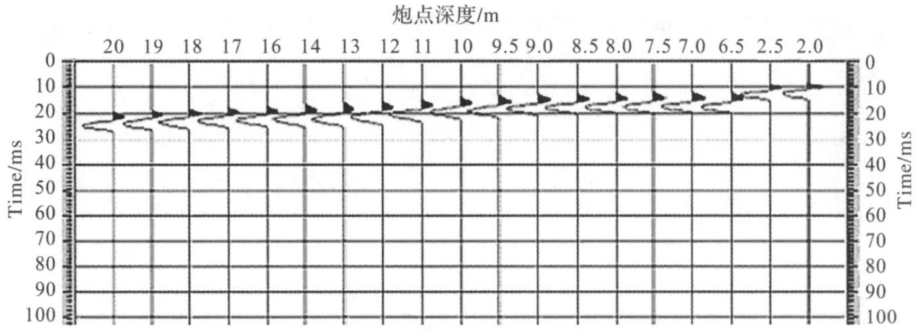

图 5-15　微测井不同深度震源对应的地震直达波信号

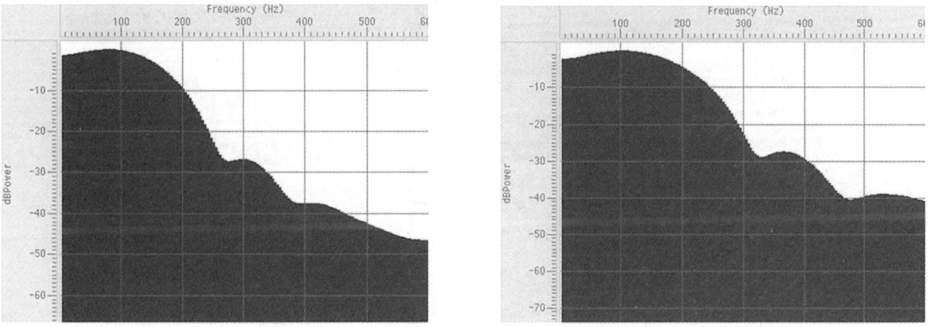

(a)深度=13m　　　　　　　　　　　　(b)深度=6.5m

图 5-16　深度为 13m 和 6.5m 震源对应直达波信号的功率谱

积(或频率域两者的频谱相乘)就可以完成近地表层吸收补偿处理。对地震叠后数据进行吸收补偿反滤波处理,处理前、后的叠加剖面如图 5-17 所示。从剖面的对比可以看出,补偿后的叠加剖面信息量增加,地震同相轴不同程度地变"瘦"了,高频成分的相对能量增强,分辨率有了较大程度的提高。而且,高频成分的信噪比得到明显改善。从图中还可以看到补偿后出现了几个新的地震同相轴。为了更加清楚地看到补偿前后的效果对比,我们任意截取了某条 Inline 测线的叠加剖面的一部分,如图 5-18 所示。由图 5-18 可以看出,位于 T_2 层下的横向不连续砂体的反射波,经过高频补偿处理,已经能清晰地反映出来。

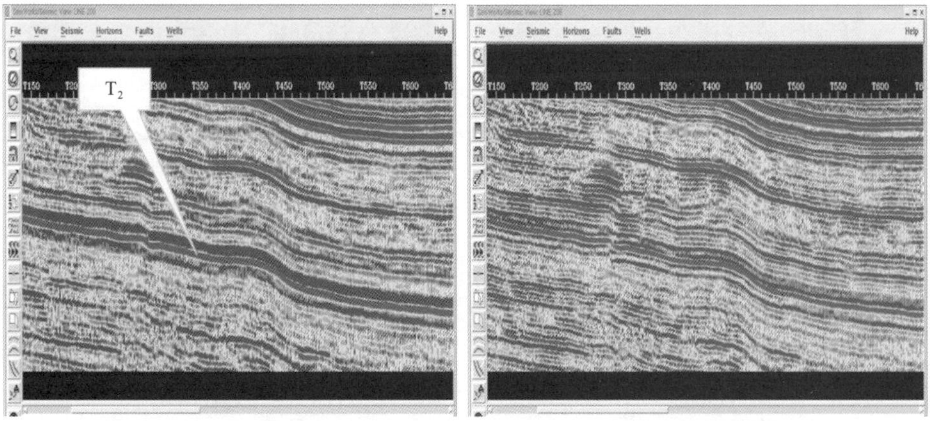

(a)补偿前　　　　　　　　　　　　　　(b)补偿后

图 5-17　近地表高频补偿前、后某 Inline 测线的叠加剖面

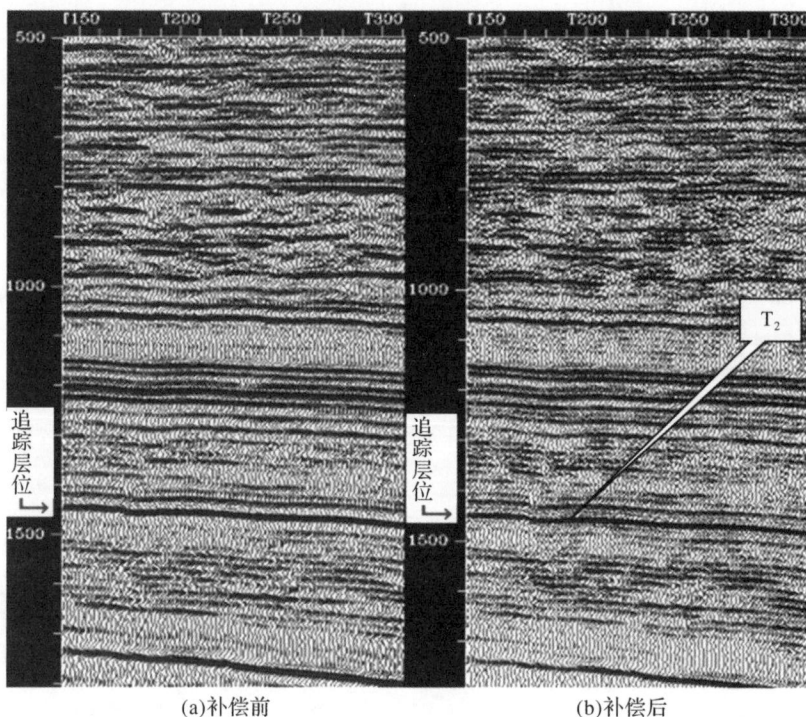

(a)补偿前   (b)补偿后

图 5-18　近地表高频补偿处理前、后叠加剖面局部对比

　　图 5-19 为补偿前、后 T_2 附近目的层的频谱对比情况。从图中可以看出,经过近地表高频补偿处理后叠加剖面的频谱,与补偿前相比,频率成分更加丰富,高频成分的能量有了显著的提高,频谱图所示谱值分布较均匀,衰减较慢;优势信噪比带宽由 65 Hz 左右增加到 90 Hz 左右,提高了近 30 Hz。而且,低频成分相对能量基本保持不变,说明近地表高频补偿处理并没有降低低频成分的能量。

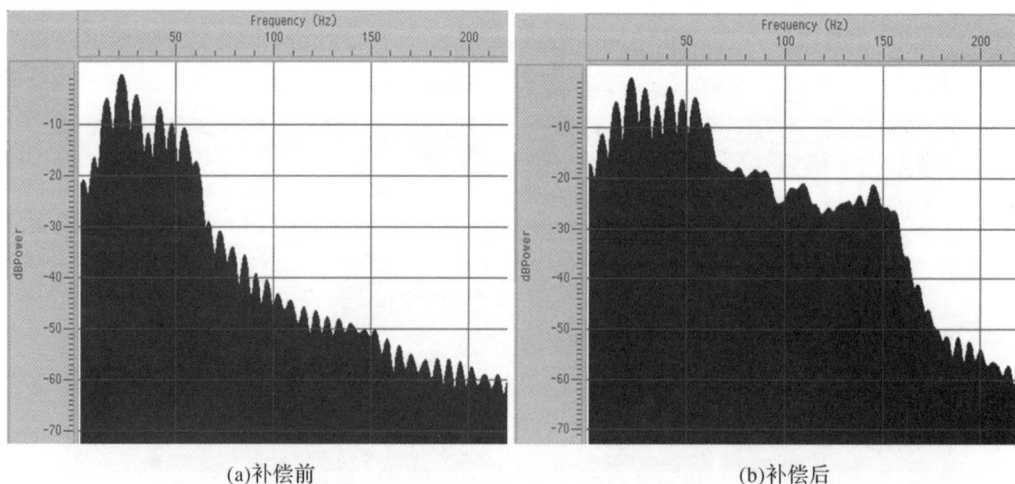

(a)补偿前   (b)补偿后

图 5-19　近地表高频补偿处理前、后目的层的功率谱对比

　　为了检验高频成分的有效性,我们对叠加数据进行了扫频处理,扫频结果如图 5-20
所示,扫描所用的频率范围为 70—80—150—170Hz。由扫频结果可知,经过高频补偿处
理后的剖面,反射波有效信号高频成分的能量显著增加,同相轴更加连续。扫频剖面的
对比说明,近地表高频补偿处理增加了有效信号高频成分的相对能量,明显改善了叠加
剖面的分辨率,说明了近地表高频补偿处理是有效的、可信的。

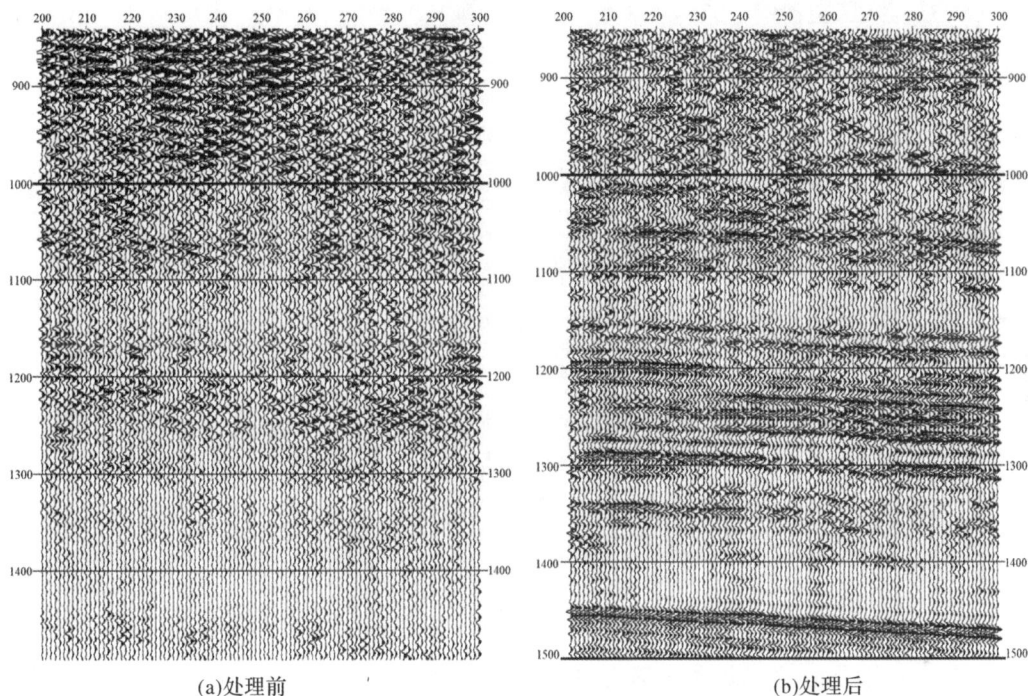

(a)处理前　　　　　　　　　　　　　　(b)处理后

图 5-20　高频补偿处理前后扫频剖面(70—80—150—170Hz)

　　图 5-21 为古 708 井(日产油 19.244t)的声波测井合成记录与通过此井的井旁地震
记录补偿处理前后的对比图,其中合成记录所用到的子波是主频为 45Hz、相位为零的雷
克子波。可以看出,补偿处理后的地震数据与合成记录吻合得比较好,尤其是 T_2 层以
下,高频补偿后出现了几个反射层位,且能与合成记录相对应,然而补偿前的叠加剖面
几乎看不到这些反射层,这进一步说明了高频补偿反滤滤技术的有效性。

　　为了更进一步验证补偿效果,我们采用三维地震资料解释里的水平切片对其进行验
证,它对了解地下构造形态和查明某些特殊地质现象有着独特的优点。三维地震数
据的水平切片包括时间切片和沿层切片,这里采用的是沿层切片,即沿着某地质层位的
切片。

　　为了更好地解释水平切片,在这里,我们对 T_2 反射层(扶余油层)作一下介绍。从
T_2 层的构造格局看,该区整体为西高东低、北高南低。西部为一较平缓的东倾单斜,构
造形态简单;东部主要受北西向、南北向断层切割,构造形态比较复杂,发育了整套"蘑菇
状"的喇西构造群,其主体形成一呈北西向延伸、向凹陷内倾伏的鼻状隆起;东南部为齐
家北向斜。长期继承性发育的单斜构造倾伏于齐家凹陷生油中心,对油气运移具有一

定的指向和诱导作用。加之 T_2 层断裂发育，为油气的运移提供良好的通道。

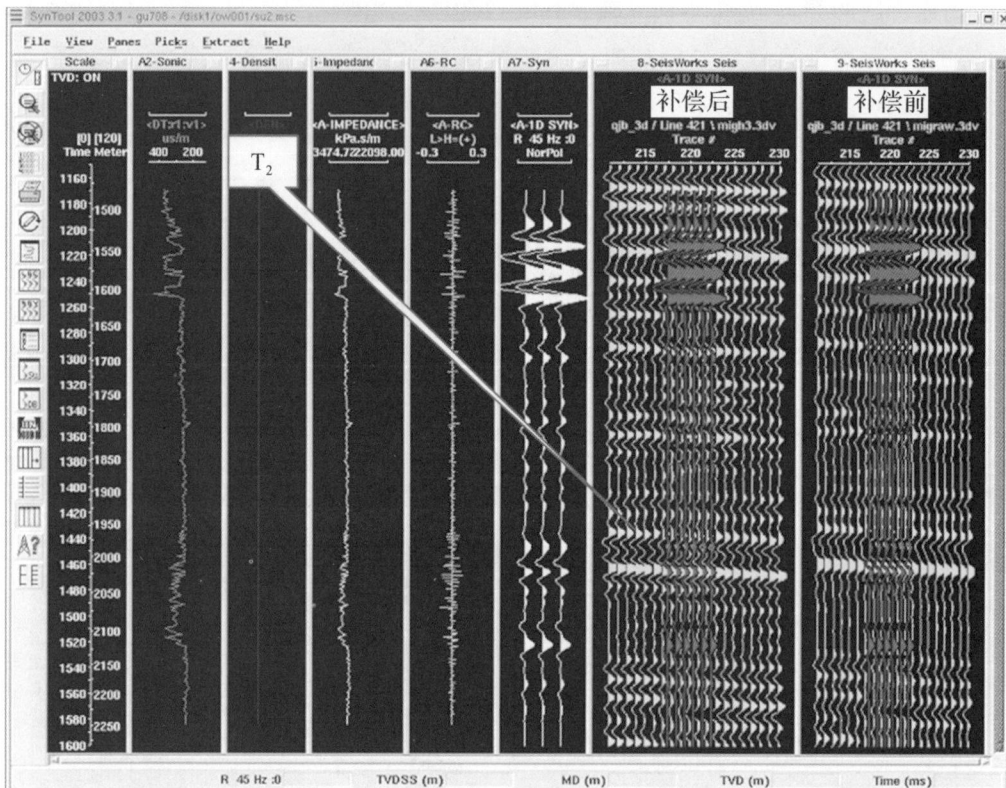

图 5-21 古 708 测井合成记录与过井测线高频补偿前后的对比图

扶余油层沉积时期主要受北部物源影响，为浅水湖泊三角洲沉积体系，主要发育低水位三角洲前缘相沉积，砂体以河道砂和决口扇砂沉积为主，近南北向展布。由于分流河道具有不断摆动、迁移的特点，位于主河道摆动带上的砂岩厚度大、物性好，砂体在横向上连通性好，使该区在平面上砂体错叠连片，为形成大面积岩性油藏创造了条件。加之构造、断裂的诱导、疏通作用，油藏类型以断层-岩性油藏为主。另外，T_2 层具有波组特征明显、反射特征稳定、连续性好、较易对比追踪等特点。

图 5-22 为 T_2 层以下 26ms 处补偿前后的均方根振幅切片。其做法为，先对 T_2 层进行追踪，然后拉平数据体，最后进行截取。从补偿前后三维数据体的均方根振幅切片的对比可知，补偿后的切片明显比补偿前显示的信息丰富，能量有了不同程度的提高，某些同相轴得到了加强。特别是均方根振幅切片所显示的河道的连续性和强度都得到了改善和加强。另外还可以看到，由于扶余油层多为三角洲分流平原沉积，河道侧向迁移、改道频繁，在纵向上河道砂岩厚度较薄、单层砂岩厚度一般为 $1\sim5$m，由此形成了平面上纵横交错、纵向上错叠连片的砂体分布特征。图 5-23 为近地表高频补偿前后地震数据的相干体切片对比，从对比情况可以看出，高频补偿处理后的剖面所显示的断层构造信息更加明显，从而说明了近地表高频处理结果的有效性和可靠性。

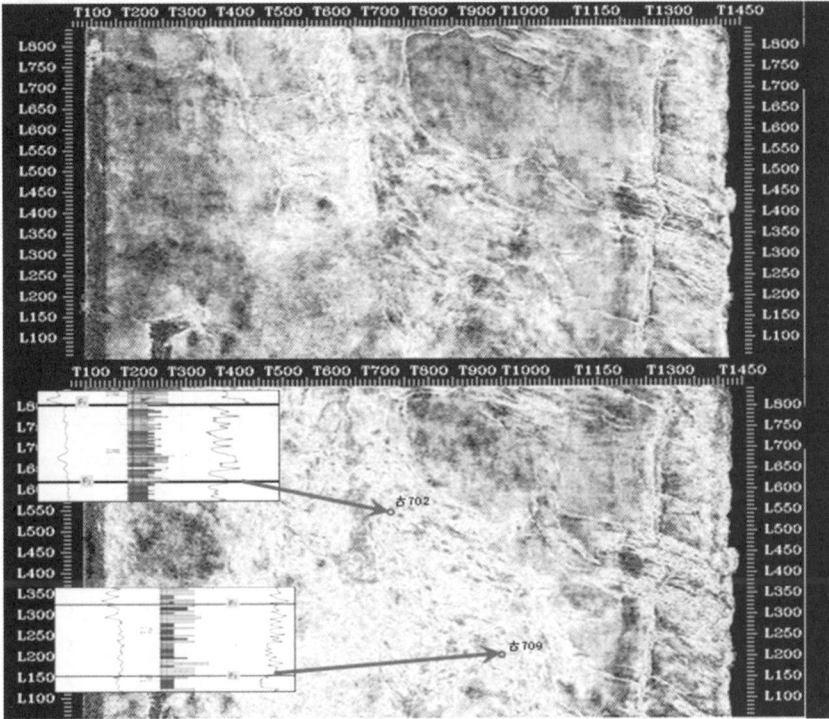

图 5-22　T_2 层以下 26ms 的均方根振幅水平切片（上：补偿前，下：补偿后）

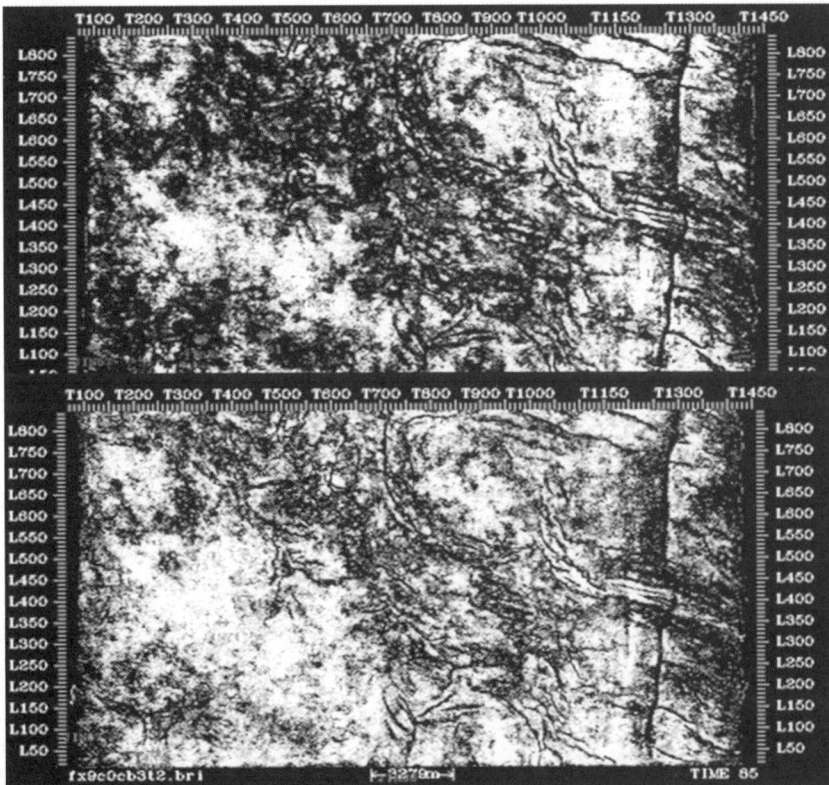

图 5-23　T_2 层以下 34ms 补偿前后的相干体切片的对比（上：补偿前，下：补偿后）

§5.3 探地雷达信号的稀疏脉冲反褶积

探地雷达(Ground Penetrating Radar, GPR)通常利用高频电磁波在介质电磁特性不连续处的反射达到近地表地球物理探测的目的,是一种快速无损且分辨率较高的方法。与其他调查方法相比,GPR在异常体平面展布信息上有较好反映的同时,可以提供更多深度上的信息,这是GPR在环境调查、工程和考古等应用中广受青睐的重要原因。然而,GPR发射的脉冲信号在传播过程中会因地层对电磁波的吸收衰减而成为一个带宽有限的子波,这导致原始资料的分辨率是受到限制的。为了解决这个问题,需要对信号做反褶积处理,以压缩子波、拓宽频带,完成纵向分辨率的提高。

GPR剖面常常包含各种成因复杂的噪声,而常规的反褶积方法对噪声比较敏感,这也是现在反褶积技术没有大规模推广应用到实际工作中的主要原因之一。另外,传统的反褶积需要假设子波是最小相位以及反射系数序列是白噪声序列,这在GPR工作中经常是难以满足的。如果摒弃这两种假设,为了提取地下复杂介质信息的主要特征,将地下地层的反射系数看作一系列稀疏分布的脉冲,则GPR信号可以理解为子波与稀疏脉冲的褶积。稀疏脉冲反褶积就是基于该条件约束的一种反演策略,它对噪声的敏感度较小,通过迭代优化能够从信号中恢复主要反射系数的准确位置和大小,并且突破了分辨率的限制,极大提升了频带的宽度。

5.3.1 稀疏脉冲反褶积的基本原理[12]

根据褶积模型,GPR信号 d_t 可以看作一个有限带宽的静态子波 w_t 与地下反射系数序列 r_t 的褶积,又因为野外采集不可避免会遇到噪声 n_t,即有

$$d_t = w_t * r_t + n_t, \quad t = 1, 2, \cdots, N \tag{5-20}$$

从式(5-20)可以看出,信号的频带受到了子波的影响。为了从 d_t 中恢复 r_t,可以通过已知子波或者统计学方法,设计一个相当于褶积作用反过程的滤波器并与GPR信号褶积。最经典的反褶积方法是维纳(N. Wiener)提出的最小平方反褶积,滤波器的设计准则是使滤波器的实际输出与期望输出的误差平方和最小。不过,该方法假设地震反射系数序列是白噪声序列,并且子波是最小相位的,从而在未知子波的条件下用记录的自相关和与期望输出的互相关,代替子波的自相关和与期望输出的互相关。当期望输出为一个零延时或有一定延时脉冲时,该方法被称为脉冲反褶积。不过前面两个假设通常很难成立,另外GPR信号不可避免地会包含未知的噪声,所以设计出的滤波器的效果经常难以令人满意。

根据式(5-20)求取 r_t,可以被认为是一个高度病态的反问题,需要采取正则化的方法来求解,下面介绍具体的过程。首先假设反射系数序列是稀疏分布的,计算值和观测

值的残差为

$$e_t = \sum_i w_{t-i} r_i - d_t, \quad i = 1, 2, \cdots, N \tag{5-21}$$

反问题的目的就是找到符合条件的 r_t，使下面的目标函数最小：

$$J = J_r + \mu J_x \tag{5-22}$$

该目标函数的第一项 $J_r = \sum_t \frac{1}{2} e_t^2$，对残差进行最小平方约束，保证所求结果与 GPR 信号符合；第二项为正则化项，对反射系数进行稀疏约束，能够保证求解结果稀疏，提升解的稳定性，μ 称作阻尼系数，需要选取适当的值进行稀疏控制。J_x 的选取可以有不同的策略，本书采取 L1 范数正则化方法，即

$$J_x = \sum_t |r_t| \tag{5-23}$$

为使 J 达到最小，可由解决下式来完成：

$$\frac{\partial J}{\partial r_i} = \sum_t e_t w_{t-i} + \mu \sum_i \frac{|r_i|}{r_i} = 0 \tag{5-24}$$

根据上式可以推导出

$$\sum_t \sum_i \left(w_{t-i} w_{t-i} + \mu \frac{1}{|r_i|} \right) r_i = \sum_t w_{t-i} d_t \tag{5-25}$$

将上式转化成矩阵形式，有

$$(\boldsymbol{R} + \mu \boldsymbol{Q}) \boldsymbol{x} = \boldsymbol{g} \tag{5-26}$$

其中，$\boldsymbol{Q} = \mathrm{diag}\left(\mu \frac{1}{|r_i|} \right)$，diag 表示将括号中的列向量转换成相应的对角矩阵；$\boldsymbol{x}$ 即为反射系数序列 r_i 的列向量。根据式(5-26)求解 x 的方法有很多。由于 GPR 数据的规模通常并不大，矩阵的求逆运算是可以接受的，可以选择使用迭代重复加权最小二乘法算法，以求取较高精度的解。该方法的步骤具体如下：

(1)根据已知子波和 GPR 信号计算矩阵 $\boldsymbol{R}$ 和 $\boldsymbol{g}$，选取适当的阻尼系数 μ，利用脉冲反褶积结果 $\boldsymbol{x}_s$ 计算初始的矩阵 $\boldsymbol{Q}^{(0)} = \mathrm{diag}\left(\mu \frac{1}{|x_s|} \right)$；

(2)计算 $\boldsymbol{x}^{(k)} = (\boldsymbol{R} + \mu \boldsymbol{Q}^{(k-1)})^{-1} \boldsymbol{g}$，以及 $\boldsymbol{Q}^{(k)} = \mathrm{diag}\left(\mu \frac{1}{|x^{(k)}|} \right)$，其中 k 为迭代的次数；

(3)给出一个固定的次数，步骤(2)的迭代次数达到该值后即停止并输出结果 $\boldsymbol{x}$，也可以设置一个阈值，当步骤(2)结果小于该值时停止迭代。

5.3.2 应用实例

工作区域位于杭州市吴越国捍海塘某发掘地点(见图 5-24)。发掘工作表明，捍海塘主体为土塘，塘体之后有粗加工过的木材框架，以土、石为填充材料，结合竹篱、竹编等辅助材料形成整体，从而加固捍海塘。

图 5-24　捍海塘某发掘地点照片

　　所布测线横切发掘后回填的捍海塘所在位置。根据已知的捍海塘大致深度,我们选取 50MHz 天线进行共偏移距测量。在探测工作开始前,采用如图 5-25 所示的方法,采集了探地雷达子波的信号。应该注意的是,对原始子波的处理也是有必要的,因为做稀疏脉冲反褶积之前信号需要做基本处理,故子波处理要参考 GPR 信号的处理过程来进行。这里对子波信号做了零时校正、Dewow、预测反褶积和频域滤波处理。信号中子波后面的噪声虽被压制但仍存在,为避免子波拖尾带来的误差,切除 60ns 之后的非有效信息,得到最终的确定性子波(见图 5-26),供之后进行稀疏脉冲反褶积所用。

图 5-25　探地雷达 50MHz 天线确定性子波的数据采集工作照片

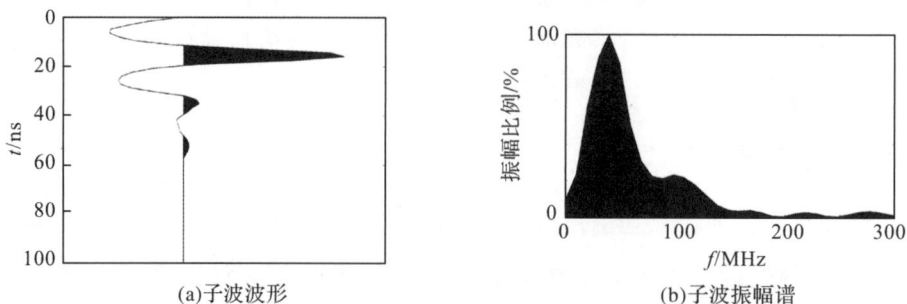

(a)子波波形　　　　　　　　　　　　(b)子波振幅谱

图 5-26　获取到的确定性子波

采集到的原始剖面经过基本处理后[见图 5-27(a)]已经较好地反映了捍海塘石质结构的底界面，即 21～26m 处位于约 110ns 和 170ns 的反射波组。然而由于采用的是低频天线，信号的波长比较长，石质结构顶界面的细致位置还无法查明。另外一些噪声如剖面右部分的线性相干噪声，虽然被压制但仍旧明显，影响后面的解译工作。通过上面获取到的确定性子波以及稀疏脉冲反褶积方法，我们对该剖面进行确定性子波稀疏脉冲反褶积处理。处理结果更为清晰地反映了捍海塘石质结构顶界面的位置[见图 5-27(b)]，并且没有受到线性相干噪声的影响。虽然一些微弱的有效信号受到了压制，但总体的成像效果更好。观察处理前后的振谱幅（见图 5-28），也看出经过稀疏脉冲反褶积后的数据频带被明显拓宽，包含的信息较之前更为丰富。综合上述分析，认为确定性子波稀疏脉冲反褶积针对该剖面的处理是十分有意义的。

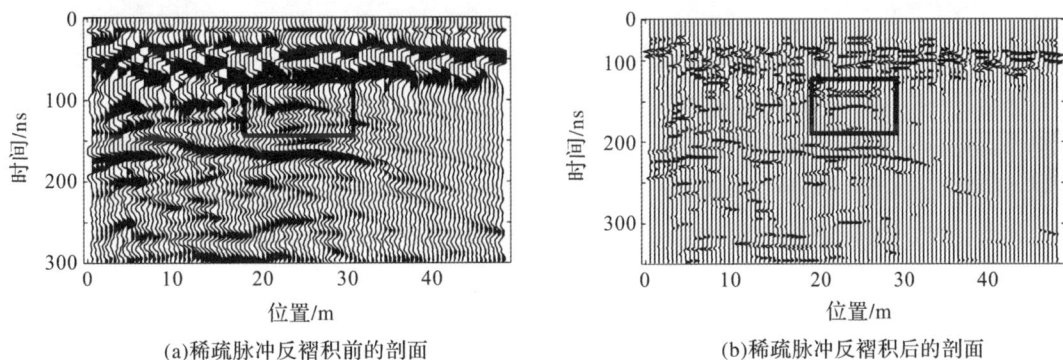

(a)稀疏脉冲反褶积前的剖面　　　　　　　(b)稀疏脉冲反褶积后的剖面

图 5-27　确定性子波稀疏脉冲反褶积前、后剖面对比

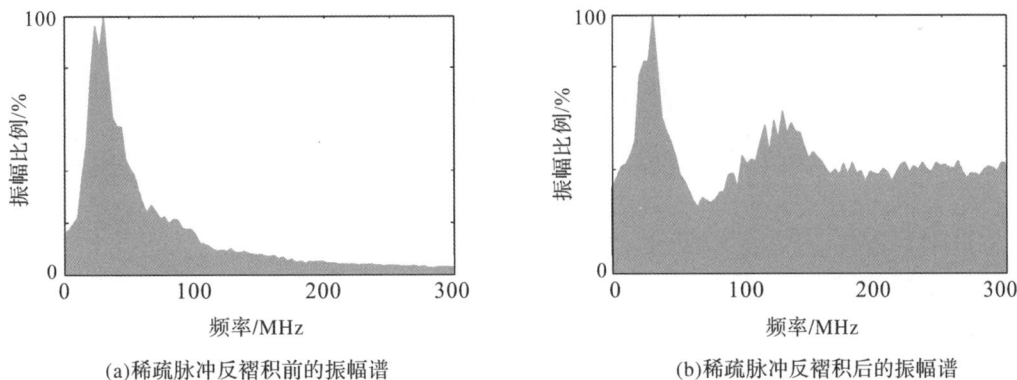

(a)稀疏脉冲反褶积前的振幅谱　　　　　　(b)稀疏脉冲反褶积后的振幅谱

图 5-28　确定性子波稀疏脉冲反褶积前、后振幅谱对比

习题

5-1　在可比条件下，设常规耦合系统采集的单道地震数据为 $u_c(t)$，特殊耦合系统采集的单道地震数据为 $u_s(t)$，用算子 $h(t)$ 表示两个耦合系统的差异，根据系统原理，请写出三者之间的关系式。

5-2　近地表层的吸收衰减补偿反滤波器可以利用微测井进行计算，对于井中激发、地面接收采集的微测井数据,设深度 6.5m 位置处激发得到的地震直达波信号为 $x_i(t)$,深度 13m 位置处激发得到的地震直达波信号为 $x_j(t)$,深度 6.5m 至深度 13m 的地层对地震信号具有滤波作用,若其反滤波器为 $p_j(t)$,可得 $x_i(t) = p_j(t) * x_j(t)$,请问如何在频率域求解 $p_j(t)$?

5-3 根据褶积模型,探地雷达信号 d_t 可以看作一个有限带宽的静态子波 w_t 与地下反射系数序列 r_t 的褶积,若再考虑到野外采集不可避免地会遇到噪声 n_t,请写出实际得到的探地雷达信号 d_t 的表达式。

习题 5 参考答案

第 6 章

▶▶▶▶▶▶▶

小波变换

傅里叶变换能够将时间域或空间域的信号转换到频率域,极大促进了信号处理和分析技术的发展,在数字信号处理领域具有重要地位。但是,傅里叶变换是对某时间范围或空间范围内的信号进行整体分析的,难以对局部信号进行分析和处理,具有非局部化特征。有时候,我们不仅需要对整体信号的频谱特征进行分析,而且更关心局部信号的特征变化,傅里叶变换往往难以满足这种要求。为此,在傅里叶变换的基础上,产生了小波变换,能够对局部信号进行分析和处理,更好解决了信号分析和处理问题。本章将介绍小波变换的基础理论知识,主要内容包括:小波变换的意义、傅里叶变换到小波变换的理论发展、连续信号的小波变换、离散信号的小波变换和小波包分析。

§6.1 小波变换的意义

设信号 $x(t)$ 的表达式为

$$x(t) = \cos(2\pi \cdot 10t) + \cos(2\pi \cdot 25t) + \cos(2\pi \cdot 50t) + \cos(2\pi \cdot 100t), \quad 0\text{s} \leqslant t \leqslant 1\text{s}$$

$$(6-1)$$

对该信号进行离散采样,并进行傅里叶变换,可获得该信号的频谱。绘制的该信号的波形图及其频谱图如图 6-1 所示。从图 6-1(a)可以看出,该信号的特征没有随时间发生变化,为平稳信号,对该信号进行快速傅里叶变换(FFT)后,可以在频谱上看到清晰的四条线[见图 6-1(b)],信号包含四个频率成分,分别是 10Hz、25Hz、50Hz 和 100Hz。

将平稳信号 $x(t)$ 的表达式修改为

$$y(t) = \begin{cases} \cos(2\pi \cdot 10t), & 0\text{s} \leqslant t < 0.25\text{s} \\ \cos(2\pi \cdot 25t), & 0.25\text{s} \leqslant t < 0.5\text{s} \\ \cos(2\pi \cdot 50t), & 0.5\text{s} \leqslant t < 0.75\text{s} \\ \cos(2\pi \cdot 100t), & 0.75\text{s} \leqslant t \leqslant 1\text{s} \end{cases} \quad (6-2)$$

那么,信号 $y(t)$ 的特征随着时间发生变化,为一非平稳信号。利用傅里叶变换对信号 $y(t)$ 进行频谱分析,绘制的信号 $y(t)$ 的波形图和频谱图如图 6-2 所示。从图 6-2(a)可以

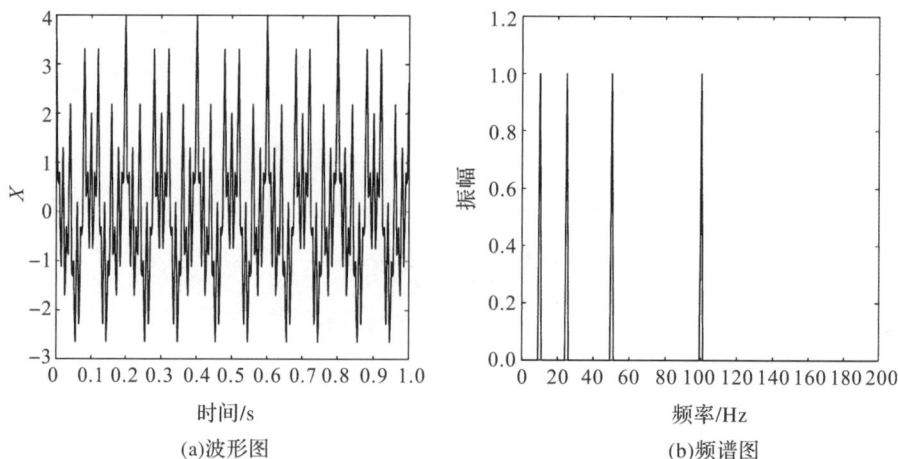

(a)波形图 (b)频谱图

图 6-1　平稳信号 $x(t)$ 的波形图和频谱图

看出,非平稳信号 $y(t)$ 的波形特征与平稳信号 $x(t)$ 完全不同,随着时间的变化信号的特征发生了变化。但是,图 6-2(b)显示信号 $y(t)$ 的频谱特征与信号 $x(t)$ 的频谱特征基本一致,仍然主要包含四个频率成分,即 10Hz、25Hz、50Hz 和 100Hz。

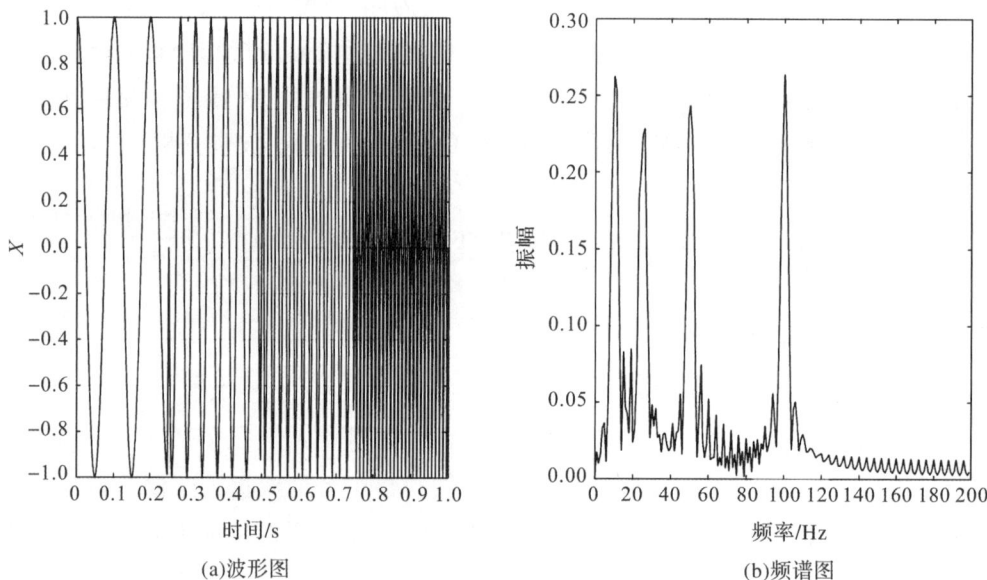

(a)波形图 (b)频谱图

图 6-2　非平稳信号 $y(t)$ 的波形图和频谱图

若将平稳信号 $x(t)$ 的表达式修改为另一种形式

$$z(t)=\begin{cases} \cos(2\pi \cdot 100t), & 0s\leqslant t<0.25s \\ \cos(2\pi \cdot 50t), & 0.25s\leqslant t<0.5s \\ \cos(2\pi \cdot 25t), & 0.5s\leqslant t<0.75s \\ \cos(2\pi \cdot 10t), & 0.75s\leqslant t\leqslant 1s \end{cases} \quad (6\text{-}3)$$

则信号 $z(t)$ 仍然是一个非平稳信号,但是该信号频率随时间的变化与非平稳信号 $y(t)$ 是相反的,即随着时间的增加,信号的频率是降低的。利用傅里叶变换计算信号 $z(t)$ 的频谱,绘制的非平稳信号 $z(t)$ 的波形图和频谱图如图 6-3 所示。从图 6-3(a)可以看出,非平稳信号 $z(t)$ 的波形特征与 $y(t)$ 是不同的,但是图 6-3(b)所示的信号 $z(t)$ 的频谱与信号 $y(t)$ 的频谱几乎是相同的。

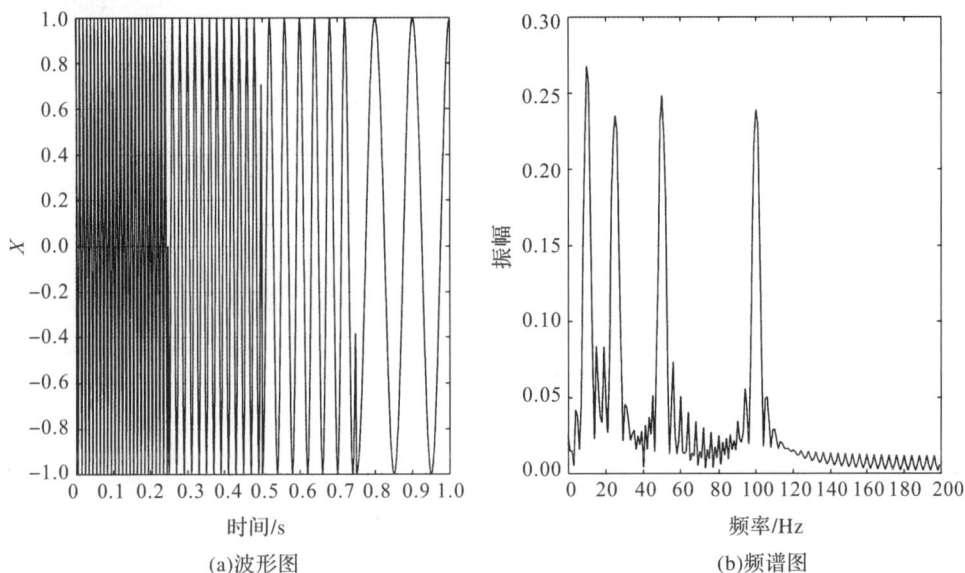

图 6-3　非平稳信号 z(t)的波形图和频谱图

　　综合来看,对于平稳信号 $x(t)$ 和两个非平稳信号 $y(t)$、$z(t)$,三者在时间域的波形特征存在很大的差异,但是利用傅里叶变换获得的三者的频谱特征基本是一致的,特别是两个完全不同的非平稳信号 $y(t)$、$z(t)$,其对应的频谱特征几乎完全相同。

　　因此,傅里叶变换处理非平稳信号有天生缺陷。它只能获取一段信号总体上包含哪些频率的成分,但是对各成分出现的时刻并无所知。因此时域相差很大的两个信号,可能频谱图是一致的。这是因为,用傅里叶变换提取信号的频谱,需要利用信号在时间域的全部信息,导致傅里叶变换不能反映出信号频率成分随时间变化而变化的情况。

　　然而,平稳信号大多是人为制造出来的,自然界的大量信号几乎都是非平稳的。对于这样的非平稳信号,只知道包含哪些频率成分是不够的,我们还想知道各个成分出现的时间,知道信号频率随时间变化的情况、各个时刻的瞬时频率及其幅值,这就是时频分析。

　　要实现时频分析,一种简单可行的方法就是——加窗。把整个时域过程分解成无数个等长的小过程,每个小过程近似平稳,再对每个小过程进行傅里叶变换,就知道在哪个时间点上出现了什么频率了。这就是短时傅里叶变换(Short-time Fourier Transform,STFT)。

　　短时傅里叶变换又称为 Gabor 变换[13-14]。取一个光滑的函数 $g(t)$,在有限区间外恒等于 0,或者很快地趋近于 0,将要分析的信号 $f(t)$ 与 $g(t)$ 的时移信号 $g(t-\tau)$ 相乘后再进行傅里叶变换,就实现了短时傅里叶变换,表达式为

$$G_t(\omega,\tau) = \int_{-\infty}^{+\infty} f(t)g(t-\tau)e^{-i\omega t}\, dt \qquad (6-4)$$

短时傅里叶变换的基本思想是：假定非平稳信号在分析窗函数 $g(t)$ 的一个短时间隔内是平稳的（见图 6-4），并能够对信号进行移动分析，使 $f(t)g(t-\tau)$ 在不同的有限时间宽度内是平稳信号，从而计算出各个不同时窗内的频率谱。短时傅里叶变换的本质是一种单一分辨率的信号分析方法，因为它的窗函数是固定的。

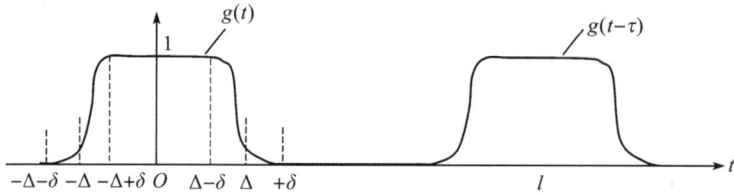

图 6-4　光滑函数 $g(t)$

设窗函数 $g(t)$ 的表达式为

$$g(t) = \begin{cases} 1, & |t| \leqslant 0.125\,\mathrm{s} \\ 0, & |t| > 0.125\,\mathrm{s} \end{cases} \qquad (6-5)$$

以信号 $z(t)$ 为例，对其进行短时傅里叶变换，其实现过程如下：采用光滑函数及其时移信号 $g(t-\tau)$（短时窗）对信号进行分段，如图 6-5 所示；对每段信号做 FFT，得到的频谱如图 6-6 所示。从图 6-6 可以看出，通过短时傅里叶变换，不仅获得了 10 Hz、25 Hz、50 Hz、100 Hz 四个频率成分，而且分析出了每个频率出现的时段。

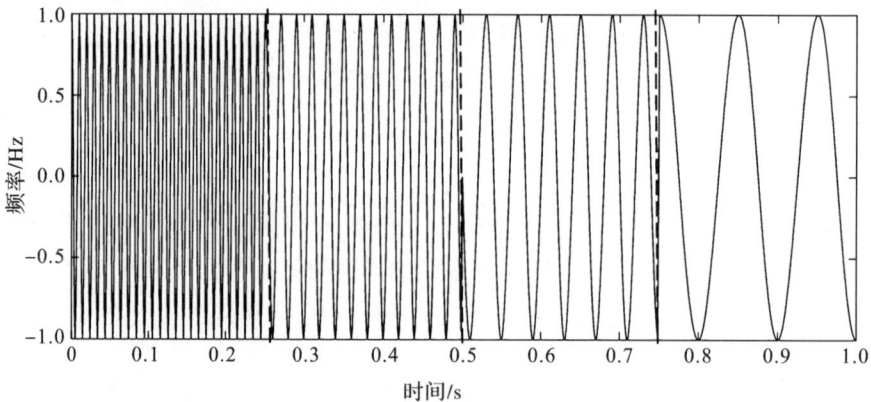

图 6-5　采用光滑函数的时移信号 $g(t-\tau)$（短时窗）对信号 $z(t)$ 进行分段

短时傅里叶变换需要用到时窗函数 $g(t)$，其分析结果跟 $g(t)$ 时窗的大小密切相关。图 6-7 显示了较窄的时窗函数及其对应的短时傅里叶变换的结果；增加时窗函数的宽度，则时窗函数及其对应的短时傅里叶变换的结果如图 6-8、图 6-9 所示。从图 6-7、图 6-8 和图 6-9 的对比可以看出，当时窗较窄时，可以将要分析的信号分割成多个持续时间很短的信号，时间分辨率很高，但是分析得到的频谱较宽，频率分辨率较低；当时窗较宽时，要分析的信号被分割成持续时间较长的信号，时间分辨率较低，但是分析得到的

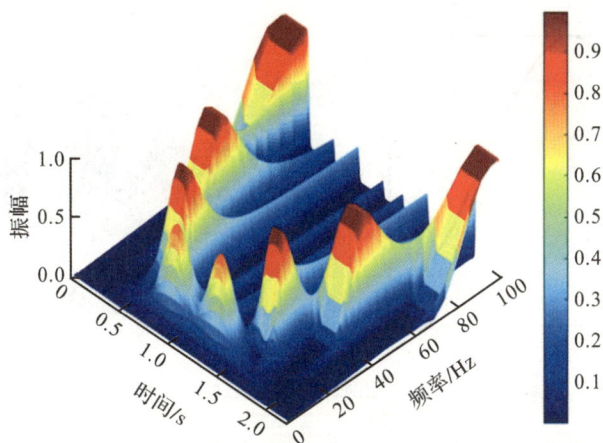

图 6-6 对信号 $z(t)$ 进行短时傅里叶变换得到的频谱结果

频谱较窄,频率分辨率较高。因此,对所使用的时窗函数来说,窄窗口的时间分辨率高、频率分辨率低,宽窗口的时间分辨率低、频率分辨率高。对于时变的非稳态信号,高频适合小窗口,低频适合大窗口。然而 STFT 的窗口是固定的,在一次 STFT 中宽度不会变化,所以 STFT 还是无法很好地满足非稳态信号时频分析的需求。

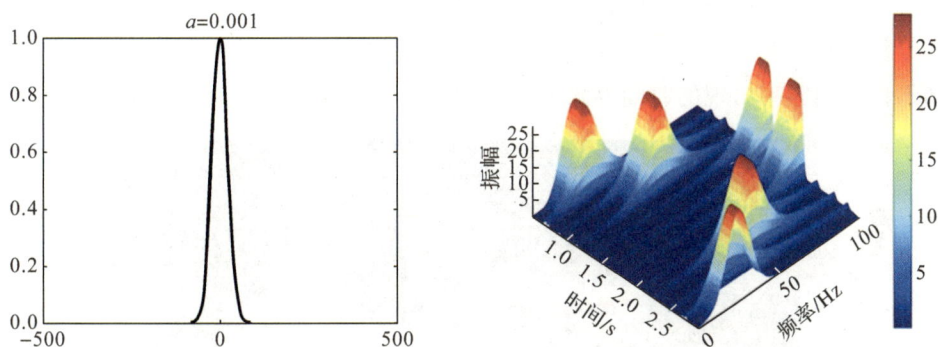

图 6-7 窄窗口时窗函数及其对应的短时傅里叶变换结果

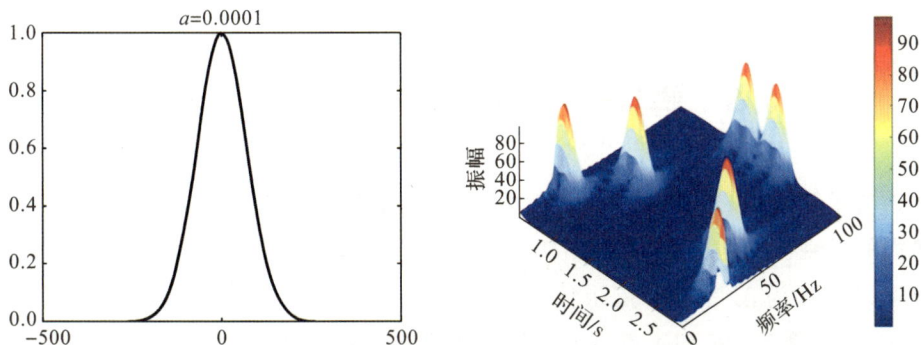

图 6-8 中等宽度窗口时窗函数及其对应的短时傅里叶变换结果

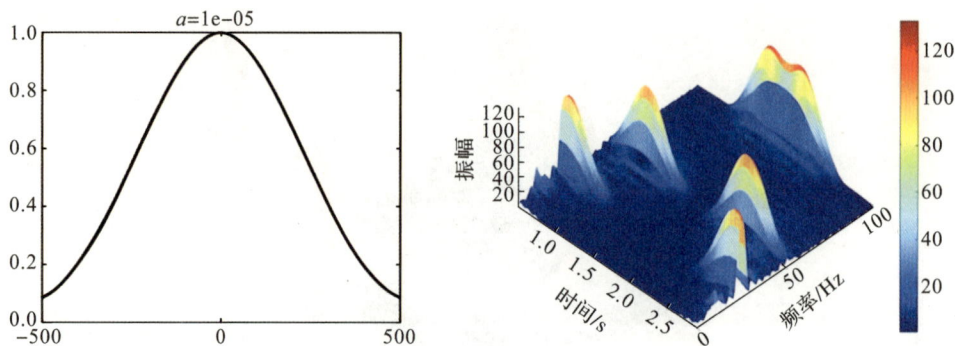

图 6-9　大宽度窗口时窗函数及其对应的短时傅里叶变换结果

针对短时傅里叶变换存在的问题,法国地球物理学家莫雷特(J. Morlet)提出了改变时间窗来研究波的基本学术思想,时间窗的长度取决于信号频率,宽窗用于信号的低频段,窄窗用于信号的高频段。20 世纪 80 年代,莫雷特将这些理想化的波模式命名为"Ondelette",法语的意思是"小波",开创了信号处理研究中的新方法——小波变换[15]。

小波变换的出发点和 STFT 还是不同的。STFT 是给信号加窗,分段做 FFT;而小波变换直接把傅里叶变换的基函数换掉了——将无限长的三角函数基换成了有限长的、会衰减的小波基。这样不仅能够获取频率,还可以定位到时间,从而能够得到时间分辨率和频率分辨率都较高的时频分析结果。图 6-10 展示了信号 $z(t)$ 的连续小波变换结果,可以看到不仅不同频率出现的时间界限清晰、时间分辨率较高,而且频谱精度更高一些。

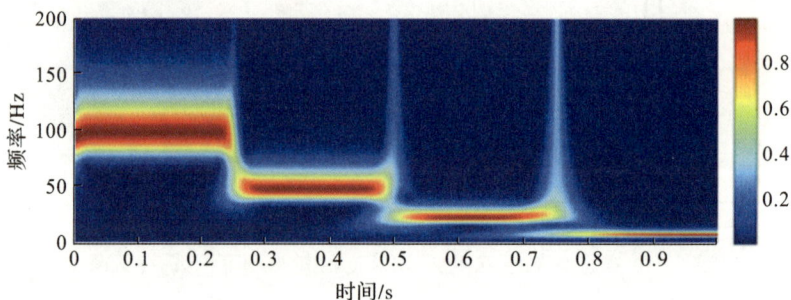

图 6-10　信号 $z(t)$ 的连续小波变换结果

§6.2　傅里叶变换到小波变换的理论发展

人类对未知世界总是好奇的,地球科学工作者更是如此。正是人类的好奇才有了许多伟大的发现。在法国伟大的热力学家 Joseph Fourier 于 1807 年发现以 2π 为周期的函数可以展开为正弦和余弦函数的线性组合后,Fourier 分析理论从此诞生,之后 Fourier 变换在数学分析和工程技术领域中占有极为重要的地位。

Fourier 变换的非局部化性质使工程技术人员十分烦恼,因为实际的物理系统所能记录到的时间序列总是有限长的,虽然加窗 Fourier 变换可满足时间域或频率域的局部化要求,但它不能同时得到记录信号的时间域和频率域的局部化性质,而且窗函数一旦确定,时间域和频率域的分辨率也就确定,仍然不能满足工程技术人员希望对突变信号确定在时间上的位置而对缓变信号确定其频率成分的要求。

数学家们在经过一个多世纪的探索之后,许多人对寻找满足上述要求的基函数失望了,甚至有人断言这样的基函数不存在。其间,数学家 Haar 曾在其学位论文的附录中提出今天称为 Haar 小波的函数[16],但它因太简单而且不具有连续性,被认为没有什么大的应用价值而没有在当时引起足够的重视。转机出现在 20 世纪 80 年代,法国地球物理学家 Morlet 在研究地震波在复杂介质中的运动时,发现对 Gabor 积分公式中的 Gaussian 窗函数稍加改进,就可以得到时间域和频率域均具有局部性的脉冲响应,为此他意外地开创了一门新的学科——小波分析[15]。

现在,数学家们将小波分析奉为数学分析发展史上的一座里程碑,虽然有些数学家事后试图在数学史上寻找小波分析的渊源,但无法否认的是 Morlet 最先使用"小波"一词来称谓这样的函数,并在所有科学领域得到认同。虽然没有得到 Morlet 本人的公开声明,"小波"一词也许是借用了地震勘探中的"子波"概念,因为 Morlet 发现的小波不仅在形状上与常用的描述地震子波的函数相似,而且英文单词也一样(均为 Wavelet)。

6.2.1 小波变换历史回眸

1807 年,Fourier 发现任一函数均可表示为三角函数的加权和,并将其理论撰写成论文准备发表。但是,该理论被 Lagrange、Legendre 和 Laplace 等著名科学家否认。1822 年,Fourier 经过多次投稿被拒后,在他的专著《热的解析理论》里发表了这个理论发现。经过 143 年的发展,Cooley 与 Tukey 于 1965 年提出了快速傅里叶变换的算法,才使得傅里叶变换真正广泛应用于信号分析处理中。

为解决傅里叶变换存在的非局部性分析的问题,Gabor 于 1946 年提出了短时傅里叶变换[13]。针对短时傅里叶变换不能同时兼顾时间和频率分辨率的问题,1909 年,Haar 曾提出了最简单的正交小波基函数,但它因太简单而且不具有连续性,一度被认为应用价值很小。Morlet 于 20 世纪 70 年代晚期提出小波变换理论,通过地震子波的收缩和膨胀来实现,应用效果较好,但是缺乏数学上的精确性。20 世纪 80 年代早期,Grossman 与 Morlet 合作,进一步完善了小波变换理论,给出了逆小波变换公式,使得小波变换更加完整[17]。1984—1986 年,Meyer 从理论上对小波进行了研究,构造了 Meyer 小波,建立了具有时频局部性的正交小波基函数[18]。1986 年,Daubechies 研究了离散小波变换,完成了空间小波框架的构建,并于 1988 年提出了紧支撑的正交小波基,也被称为 Daubechies 小波,打开了小波变换广泛应用的大门[19]。在 Meyer 的支持下,1989 年 Mallet 在其博士论文里提出了小波多分辨分析的概念,并开发出了离散小波变换的塔式分解算法[20]。1989 年,Coifman 构造了小波包[21]。20 世纪 90 年代以来,小波变换理论进一步发展,90 年代后期,Donoho 提出了脊小波、曲小波和束小波等概念[22],逐渐解决了最优化问题的求解,并提出压缩感知理论等。

6.2.2 傅里叶变换到小波变换理论发展

一个函数与另一个函数之间存在一一对应关系,数学上称为映射即变换,记为:$f(x) \leftrightarrow g(x)$。变换也是对函数或离散数据所进行的数学操作,类似于对一个物体进行透视时改变观察者的空间位置和/或改变观察的分辨率水平。之所以对一个函数(也是一个信号)进行变换,原因是:①从函数或数据列中获得另外的或者隐藏的信息;②对一个函数/方程的变换,使得新的函数/方程易于求解;③对同一个对象进行大量观测的结果往往产生信息冗余,需要压缩。

傅里叶变换是将三角函数作为基函数,将一个信号从时间域或空间域变换到频率域,表达式为

$$F(\omega) = \int f(t) e^{-j\omega t} dt_\omega$$

$$f(t) = \frac{1}{2\pi} \int F(\omega) e^{j\omega t} d\omega_\omega$$

利用欧拉公式可以将复指数基函数写成三角函数的形式

$$e^{j\omega t} = \cos(\omega t) + j\sin(\omega t)$$

对每一个频率,用上面的三角函数与信号去作比较。信号中含有该频率的成分,即对应相关性较大的傅里叶变换系数。从前面几章的学习可知,傅里叶变换可以识别信号中所含的所有谱成分,但不能提供某一时刻的谱成分,对于组成信号的谱成分随时间不变的平稳信号来说,所有的谱成分存在于所有的时刻,所以不必知道某一时刻的谱成分,因此傅里叶变换适合于分析平稳信号。但是,对于谱成分随时间而变化的信号——非平稳信号,傅里叶变换只能提供某一谱分量是否存在的信息,所以需要新的具有时间局部性的谱分析方法,以找出某一谱分量在某一时刻出现。

非平稳信号的时频表达是弥补傅里叶变换不足的自然选择。最简单的方法是将信号分为较窄的时间区间,每一个区间内的信号可以看作平稳的信号,然后对每一个区间的信号进行傅里叶分析,这就是短时傅里叶变换,也称 Gabor 变换。短时傅里叶变换的计算过程如下:首先,选择有限长度的窗函数;其次,将信号按照窗口的长度依次以每个采样点为中心进行截取;再次,将窗函数乘以每一段信号(调频调幅);最后,依次计算每一段调频调幅信号的傅里叶变换并保存。显然,通过短时傅里叶变换可以获得信号随时间而变化的谱信息,即实现了信号的时频表达。短时傅里叶变换的表达式也可写为

$$\text{STFT}_x^\omega(t', \omega) = \int [x(t) \cdot W(t - t')] \cdot e^{-j\omega t} dt \tag{6-6}$$

因此,短时傅里叶变换可将一维时域(或空间域)信号映射到二维时频域。

从前面的讨论知,对短时傅里叶变换来说,窗函数的不同选择会产生不同的时频分析结果。考虑两种最极端的情况:窗口宽度 $W(t)$ 无限长,即 $W(t) = 1$,那么短时傅里叶

变换将蜕变为傅里叶变换；窗口宽度 W 无限短，即 $W(t)=\delta(t)$，这时时间分辨率最高，但是没有频率分辨率。因此，时间和频率分辨率都不可能任意地高，通过短时傅里叶变换，我们只能知道在某一时间间隔内出现在某一频率区间的谱分量。

小波变换克服了短时傅里叶变换的缺陷，它采用不同长度的窗函数分析不同的谱成分。高频分量窄窗口以获得高的时间分辨率，低频分量宽窗口以获得高的频率分辨率。小波变换的基本表达式为

$$W^{\psi}(\tau,s) = \frac{\dfrac{1}{\sqrt{|s|}}\displaystyle\int x(t)\psi *\left(\frac{t-\tau}{s}\right)\mathrm{d}t}{\sqrt{|s|}_{t}} \tag{6-7}$$

其中，W 为信号 $x(t)$ 的连续小波变换；τ 为平移参数（或时移参数）；s 为尺度参数；$\dfrac{1}{\sqrt{|s|}}$ 为归一化常数；ψ 为母小波。

下面用简单的示意图来阐述一下小波变换的过程。首先，将尺度参数设定为 0.1，使用不同的平移参数提取信号不同时间的谱信息，如图 6-11 所示；然后将尺度参数设定为 0.5、2、6，同样地使用不同的平移参数提取信号不同时间的谱信息，分别如图 6-12、图 6-13、图 6-14 所示。可见，尺度参数越小，提取的信号的谱信息频率越高；尺度参数越大，则提取的信号的谱信息频率越低。实际上，小波变换可以通过设计多个尺度参数，将信号不同时间的详细谱信息提取出来。

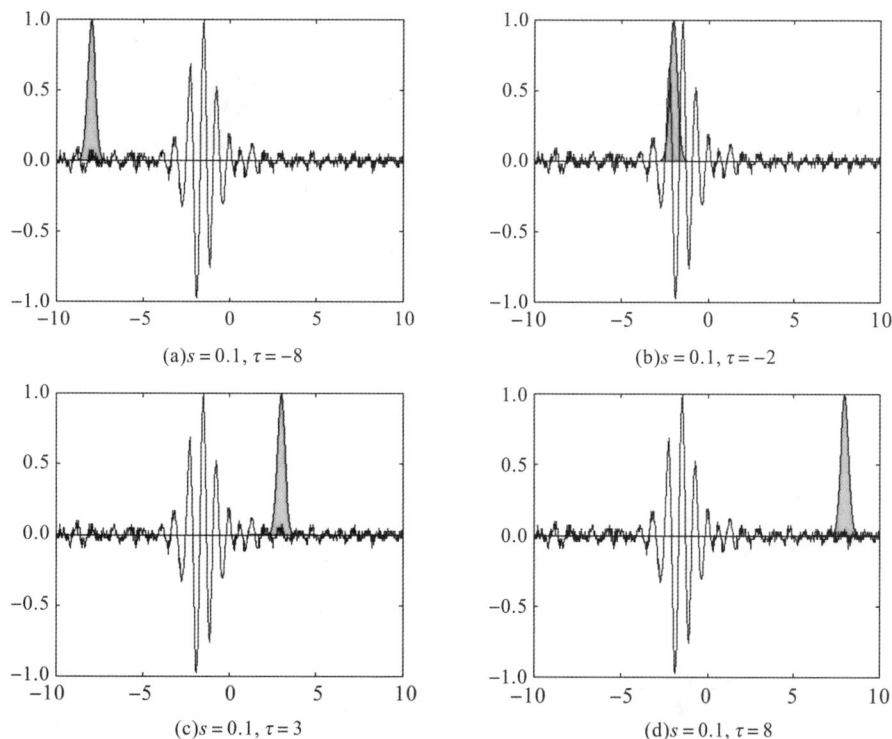

图 6-11　利用尺度 0.1 的小波提取信号不同时间的谱信息

(a)$s=0.5, \tau=-8$ (b)$s=0.5, \tau=-2$

(c)$s=0.5, \tau=3$ (d)$s=0.5, \tau=8$

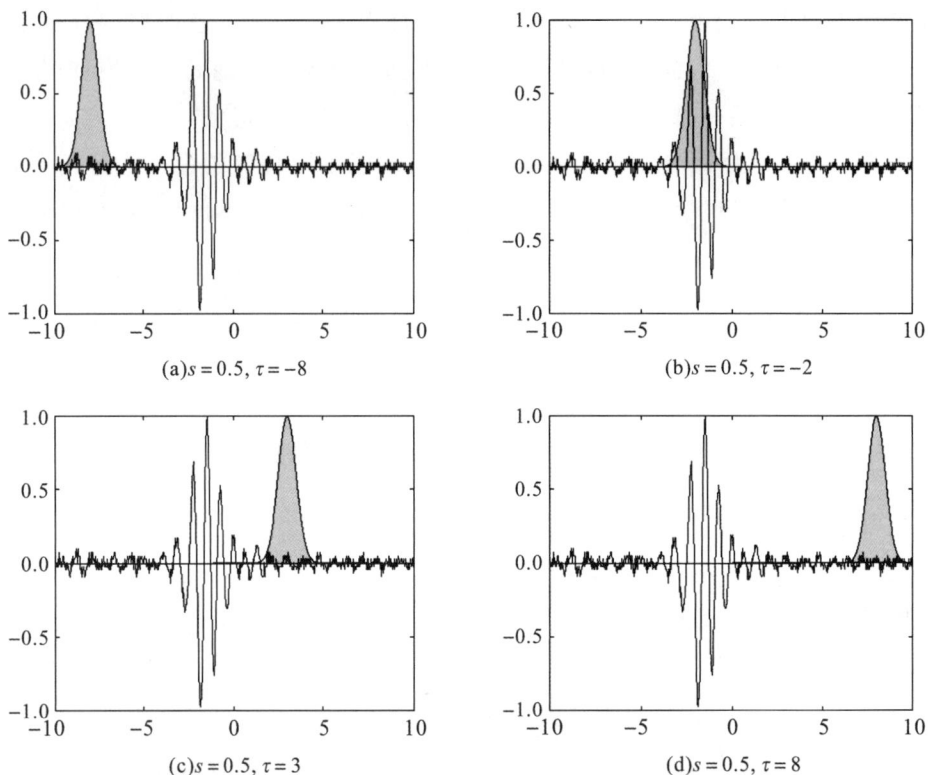

图 6-12　利用尺度 0.5 的小波提取信号不同时间的谱信息

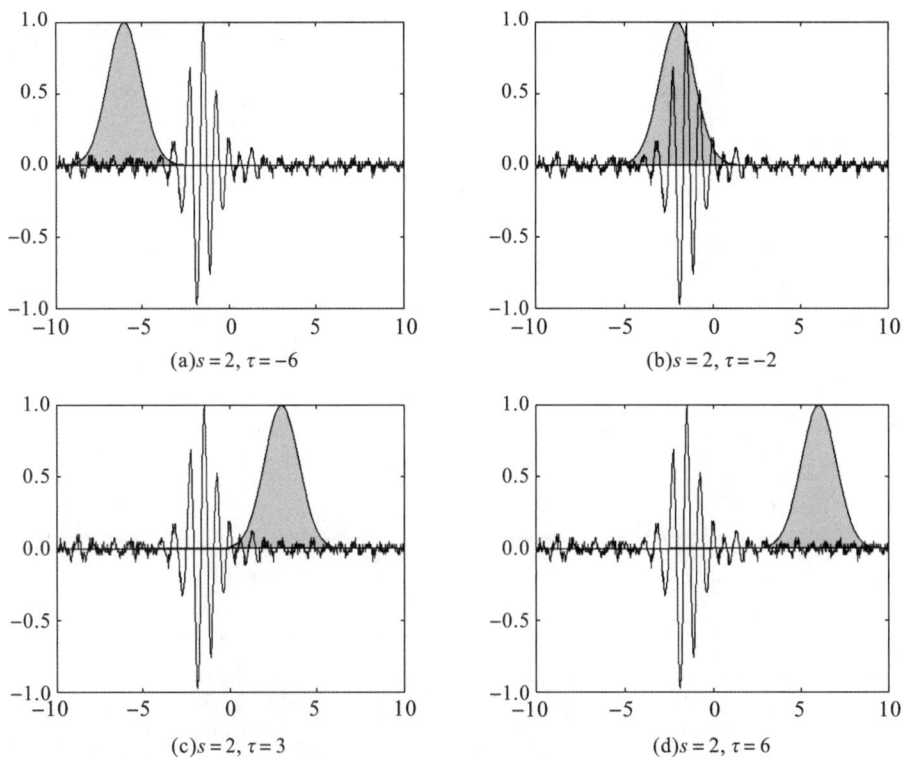

(a)$s=2, \tau=-6$ (b)$s=2, \tau=-2$

(c)$s=2, \tau=3$ (d)$s=2, \tau=6$

图 6-13　利用尺度 2 的小波提取信号不同时间的谱信息

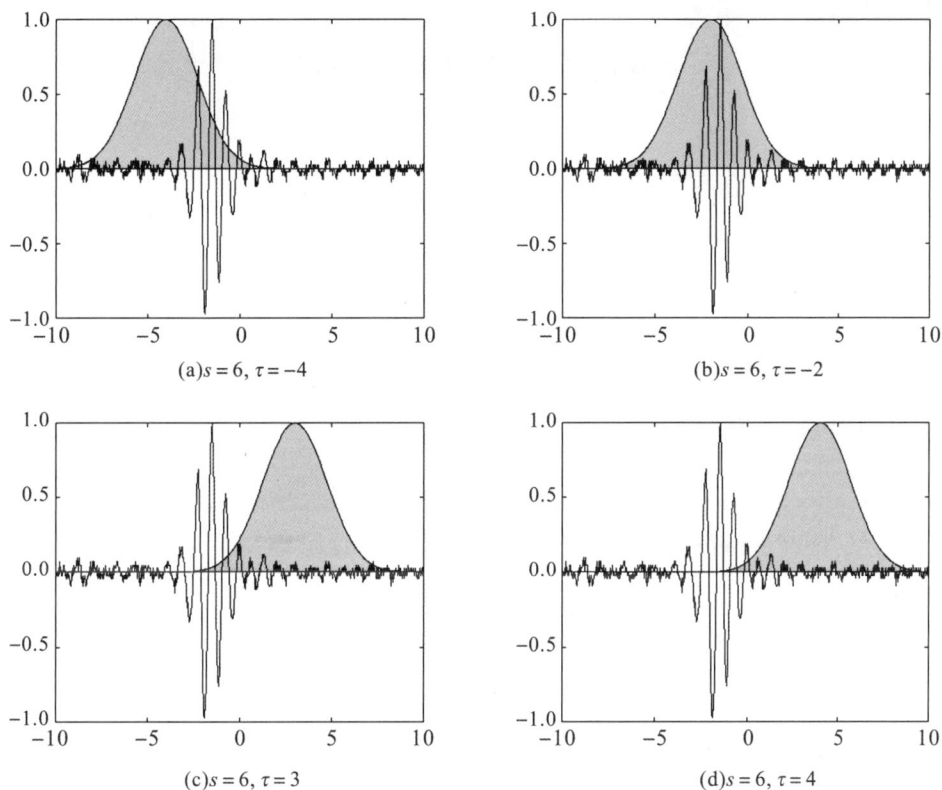

(a)$s=6, \tau=-4$　　(b)$s=6, \tau=-2$

(c)$s=6, \tau=3$　　(d)$s=6, \tau=4$

图 6-14　利用尺度 6 的小波提取信号不同时间的谱信息

　　类似于傅里叶变换,小波变换也可分为连续小波变换(Continuous Wavelet Transform,CWT)和离散小波变换(Discrete Wavelet Transform,DWT)。连续小波变换的基础是仿射群下的不变性,它适用于分析函数的局域可微性,因而常用于检测函数的奇异性和分析非平稳的复杂信号,连续小波变换产生的小波系数是原函数或信号冗余的表达,即小波系数之间存在相关性。

　　离散小波变换是建立在小波框架基础上的,比利时裔美籍数学家 Daubechies 在其博士论文中通过选取连续小波空间的一个离散子集的方式建立了小波框架理论。与此同时,Mallet 在其博士论文中提出了多尺度分析(Multi-Resolution Analysis,MRA)的概念,给出了构造正交小波基的一般方法和类似于快速傅里叶变换的塔式分解算法,这一工作极大地推动了小波分析的应用。

　　综上来看,连续小波变换将一维信号映射到一个信息冗余的二维时频域,在计算机上实行离散化计算,则时间-频率的离散步长决定了时频网格的分辨率,只有在时频面上进行倍频程(Octave)采样,才能使得离散时频面时不产生冗余的信息。对于连续小波变换表达式(6-7),其对应的离散小波变换表达式为

$$\psi_{k,n}(t) = \sqrt{2^{-k}}\psi(2^{-k}-n), \quad k,n \in \mathbf{Z} \tag{6-8}$$

§6.3 连续小波变换

6.3.1 连续小波变换基本概念

称满足容许性条件

$$\int_{-\infty}^{+\infty} |\hat{\psi}(\omega)|^2 |\omega|^{-1} \mathrm{d}\omega < \infty$$

的函数 $\psi(t) \in L^2(\mathbf{R})$ 为小波函数或母小波,$\hat{\psi}(\omega)$ 表示 $\psi(t)$ 的傅里叶变换。显然,当 $\omega = 0$ 时,要使上式成立,必有 $\hat{\psi}(0) = 0$。这意味着

$$\int_{-\infty}^{+\infty} \psi(t)\mathrm{d}t = 0$$

故 $\psi(t)$ 一定是振荡型函数,且其正、负部分互相抵消,这可能就是人们称其为"小波"函数的原因。

若

$$\psi_{a,b}(t) = |a|^{-1/2} \psi\left(\frac{t-b}{a}\right), \quad a,b \in \mathbf{R}, a \neq 0 \tag{6-9}$$

则称 $\psi_{a,b}$ 为由母小波 ψ 生成的依赖于参数 (a,b) 的连续小波族,a 称为尺度变量,b 称为位置变量。由上式定义的小波具有下列性质:

(1)连续小波族是基于仿射群 $at+b$ 的,它们通过母小波的平移和伸缩而得到。相对于母小波而言,a 改变意味着 $\psi_{a,b}$ 发生了伸缩变化,而 b 改变意味着 $\psi_{a,b}$ 发生了平移。因此,连续小波族是彼此相似的,这一性质称为尺度共变性。

(2)式(6-9)中的 $|a|^{-1/2}$ 是一个归一化因子,它使连续小波族具有相同的能量。

对于任意 $f(t) \in L^2(\mathbf{R})$,定义其连续小波变换为

$$W_f(a,b) = \langle f, \psi_{a,b} \rangle = |a|^{-1/2} \int_{-\infty}^{+\infty} f(t)\overline{\psi}\left(\frac{t-b}{a}\right)\mathrm{d}t \tag{6-10}$$

其中,$\overline{\psi}$ 表示 ψ 的复共轭。由式(6-10)可见,该变换将函数或信号 $f(t)$ 限制在一个时间窗内,即

$$[at^* + b - a\Delta_\psi, at^* + b + a\Delta_\psi]$$

其中窗的中心在 $at^* + b$,而窗的宽度由 $a\Delta_\psi$ 给出。上式中的 t^* 和 Δ_ψ 分别表示小波函数本身的时间域中心和半径。可见,当 a 增大,窗口变窄;当 a 减小,则窗口变宽。

可以证明,连续小波变换定义式还给出了一个对应的频率窗

$$\left[\frac{\omega^*}{a} - \frac{1}{a}\Delta_{\hat{\psi}}, \frac{\omega^*}{a} + \frac{1}{a}\Delta_{\hat{\psi}}\right]$$

其中,ω^* 是 $\hat{\psi}$ 的中心,且假定为正;$\Delta_{\hat{\psi}}$ 是 $\hat{\psi}$ 的半径。这个窗可看作一个中心频率为 $\dfrac{\omega^*}{a}$、带宽为 $\dfrac{2}{a}\Delta_{\hat{\psi}}$ 的频带。

定义

$$Q = \frac{中心频率}{带宽} = \left(\frac{\omega^*}{a} \right) \Big/ \left(\frac{2}{a} \Delta_{\hat{\psi}} \right) = \frac{\omega^*}{2\Delta_{\hat{\psi}}}$$

可见,$\hat{\psi}_{a,b}$ 构成的带通滤波器组的中心频率和带宽之比,与 a 和 b 无关,因此称为"常数 Q 滤波器"。

由上面的分析可知,在时频平面上,小波函数定义了一个矩形窗口:

$$\left[at^* + b - a\Delta_\psi, at^* + b + a\Delta_\psi \right] x \left[\frac{\omega^*}{a} - \frac{1}{a}\Delta_{\hat{\psi}}, \frac{\omega^*}{a} + \frac{1}{a}\Delta_{\hat{\psi}} \right]$$

当 a 变大时,时域宽度变大,而频域宽度自动变小,即大的尺度对应较高的频域分辨率和较低的时域分辨率;反之,当 a 变小时,时域宽度变小,而频域宽度自动变大,即小的尺度对应较低的频域分辨率和较高的时域分辨率。因此,我们无法同时获得高的时间域和频率域分辨率。所幸在地球科学中,我们往往对高频信号的时间域特征感兴趣,因为高频信号往往是需要剔除的噪声;而对低频信号的谱域特征感兴趣,因为低频信号一般反映所需的有用成分。

这个矩形窗口的下限由所谓的"测不准原理"决定,可以表示为

$$\Delta_\psi \Delta_{\hat{\psi}} \geqslant \frac{1}{4\pi}$$

注意:当用角频率表示时,上式右端的系数为 $\frac{1}{2}$。

6.3.2　连续小波变换的基本性质

1. 线性

设 $x(t), y(t)$ 为两个连续信号,且 $x(t), y(t) \in L^2(\mathbf{R})$,对应的小波变换分别为 $W_x(a, \tau), W_y(a, \tau)$,若 $k_1, k_2 \in \mathbf{R}$,则

$$W_{k_1 x + k_2 y}(a, \tau) = k_1 W_x(a, \tau) + k_2 W_y(a, \tau) \tag{6-11}$$

2. 时移不变性

若 $x(t)$ 的连续小波变换为 $W_x(a, \tau)$,则 $x(t - t_0)$ 的连续小波变换为 $W_x(a, \tau - t_0)$。

3. 尺度变换

若 $x(t)$ 的连续小波变换为 $W_x(a, \tau)$,则 $x\left(\frac{t}{\lambda} \right)$ 的连续小波变换为 $\sqrt{\lambda} W_x\left(\frac{a}{\lambda}, \frac{\tau}{\lambda} \right)$。

6.3.3　常用的小波基函数

与标准傅里叶变换相比,小波分析中所用到的小波基函数具有不唯一性,即小波具有多样性。因此,在应用中,一个十分重要的问题是最优小波基的选择。采用不同的小波基分析同一个问题,会产生不同的效果。

在众多的小波基函数中,有一些函数被实践证明是非常有用的,主要有以下几个。

1. Haar(哈尔)小波

Haar 函数是小波分析中最早、最简单的一个具有紧支撑的正交小波函数。Haar 函数的定义为

$$\psi_H = \begin{cases} 1, & 0 \leqslant x \leqslant \dfrac{1}{2} \\ -1, & \dfrac{1}{2} \leqslant x < 1 \\ 0, & \text{其他} \end{cases} \tag{6-12}$$

2. Daubechies(dbN)小波系

Daubechies 小波是由世界著名的小波分析学者 Inrid Daubechies 从双尺度方程系数 h 构造的,它可以提供比 Haar 小波更有效的分析。除了 db1(即 Haar 小波)外,其他小波都没有明确的表达式。h 的传递函数的模有显式表达式。

设

$$P(y) = \sum_{k=0}^{N-1} C_k^{N-1+k} y^k$$

其中,C_k^{N-1+k} 为二次多项式,则有

$$|m_0(\omega)| = \left(\cos^2 \frac{\omega}{2}\right)^N P\left(\sin^2 \frac{\omega}{2}\right) \tag{6-13}$$

Daubechies 小波函数的有效支撑长度为 $2N-1$(支撑长度表示滤波器的长度,滤波器的长度越短,小波变换的计算量就越低),小波函数的消失矩阶数为 N(消失矩就是小波变换后能量的集中程度)。而且,Daubechies 小波函数 dbN 大多数不具有对称性,正则性(光滑程度)随着序号 N 的增加而增加,函数具有正交性。db2 小波和 db3 小波的图像如图 6-15 所示。

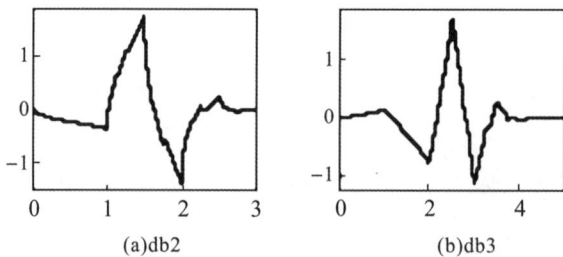

图 6-15 Daubechies(dbN)小波 db2 和 db3 的图像

3. SymletsA(symN)小波系

Symlets 函数系是由 Daubechies 提出的近似对称小波函数,它是对 dbN 函数的一种改进。Daubechies 提出,当 SymletsA 小波保持极大简单性的同时,可以增加其对称性。对于给定的支撑宽度,该小波函数具有最高阶消失矩。其表达式为

$$W(z) = U(z)\overline{U\left(\frac{1}{z}\right)} \tag{6-14}$$

其中,U 为最小相位滤波器。

sym2 和 sym3 小波的图像如图 6-16 所示。

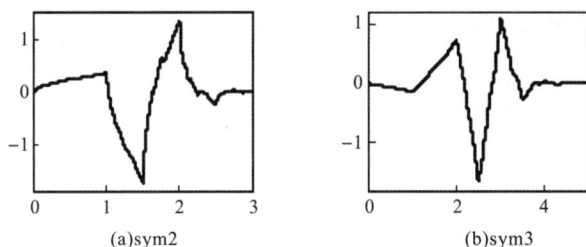

图 6-16 SymletsA 小波 sym2 和 sym3 的图像

4. Coiflet(coifN)小波系

Coiflet 函数是由 Daubechies 构造的一个小波函数,具有更好的对称性。从支撑长度的角度来看,coifN 具有和 db3N 及 sym3N 相同的支撑长度;从消失矩的数目来看,coifN 具有和 db2N 及 sym2N 相同的消失矩数目,为标准、正交、紧支撑小波。

coif1 和 coif2 小波的图像如图 6-17 所示。

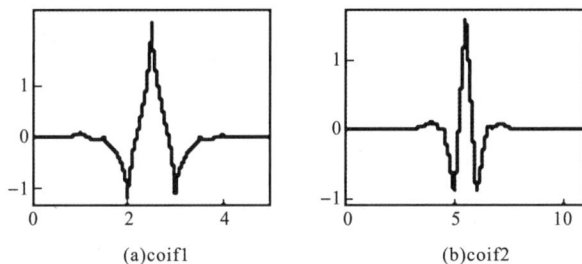

图 6-17 Coiflet(coifN)小波 coif1 和 coif2 的图像

5. Biothogonal(biorNr. Nd)小波系

Biothogonal 小波函数系的主要特性体现在具有线性相位性,主要应用于信号与图像的重构。通常的用法是采用一个函数进行分解,用另外一个小波函数进行重构。Biothogonal 小波函数的表达式为

$$
\begin{cases}
\widetilde{c}_{j,k} = \int s(x)\, \widetilde{\psi}(x)\,\mathrm{d}x \\
s = \sum_{j,k} \widetilde{c}_{j,k}\psi_{j,k}
\end{cases}
\tag{6-15}
$$

其中,$\widetilde{\psi}$ 用于分析信号 $s(x)$ 的小波系数;ψ 用于合成信号 s。

Biothogonal 小波 bior1.3 的图像如图 6-18 所示。

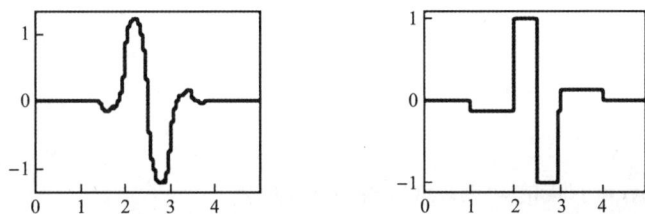

图 6-18 Biothogonal 小波 bior1.3 的图像

6. Morlet 小波

Morlet 小波函数定义为

$$\psi(x) = Ce^{-x^2/2}\cos 5x \tag{6-16}$$

它不存在尺度因子（尺度函数的系数），不具有正交性。Morlet 小波的图像如图 6-19 所示。

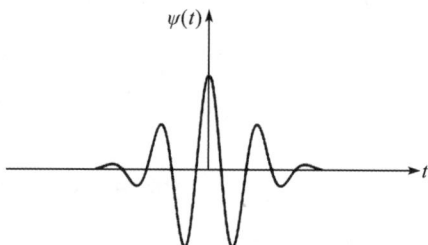

图 6-19　Morlet 小波的图像

7. Mexican Hat(mexh)小波

Mexican Hat 小波函数定义为

$$\psi(x) = \frac{2}{\sqrt{3}}\pi^{-1/4}(1-x^2)e^{-x^2/2} \tag{6-17}$$

它是 Gauss 函数的二阶导数，在时间域和频率域都有很好的局部化特性。它没有尺度函数，不具有正交性。Mexican Hat 小波的图像如图 6-20 所示。

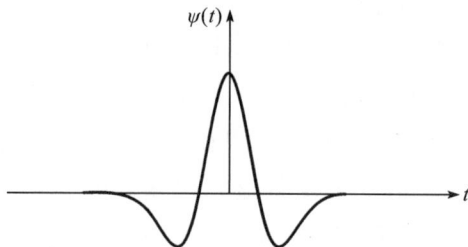

图 6-20　Mexican Hat 小波的图像

8. Meyer 小波

Meyer 小波函数 ψ 是在频率域中进行定义的，为紧支撑（在自变量 0 附近一个很小的区域函数有值，在其他区域函数为零）、正交小波。ψ 的表达式为

$$\psi(\omega) = \begin{cases} (2\pi)^{-1/2}e^{i\omega/2}\sin\left(\dfrac{\pi}{2}\nu\left(\dfrac{3}{2\pi}|\overline{\omega}|-1\right)\right), & \dfrac{2\pi}{3}\leqslant|\omega|\leqslant\dfrac{4\pi}{3} \\[3mm] (2\pi)^{-1/2}e^{i\omega/2}\cos\left(\dfrac{\pi}{2}\nu\left(\dfrac{3}{2\pi}|\overline{\omega}|-1\right)\right), & \dfrac{4\pi}{3}\leqslant|\omega|\leqslant\dfrac{8\pi}{3} \\[3mm] 0, & |\overline{\omega}|\notin\left[\dfrac{2\pi}{3},\dfrac{8\pi}{3}\right] \end{cases} \tag{6-18}$$

其中，ν 为构造 Meyer 小波的辅助函数，表达式为

$$\nu(a) = a^4(35-84a+70a^2-20a^3)$$

Meyer 小波函数如图 6-21 所示。

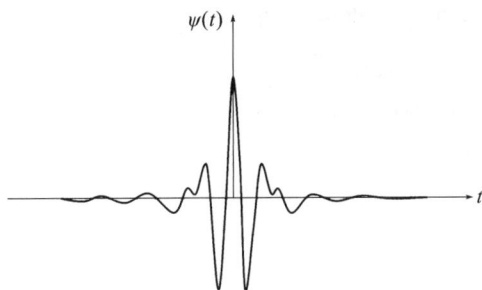

图 6-21　Meyer 小波函数

§6.4　离散小波变换

6.4.1　小波分解

在连续小波中,将尺度参数 a 和平移参数 b 分别离散化,取

$$a = a_0^j, \quad b = k a_0^j b_0, \quad j \in \mathbf{Z}, \quad a_0 \neq 1,$$

有

$$\psi_{j,k}(t) = a_0^{-j/2} \psi\left(\frac{t - k a_0^j b_0}{a_0^j}\right) = a_0^{-j/2} \psi(a_0^{-j} t - k b_0) \tag{6-19}$$

离散化的小波系数为

$$C_{j,k} = \int_{-\infty}^{\infty} f(t) \overline{\psi_{j,k}(t)} \, \mathrm{d}t \tag{6-20}$$

逆小波变换为

$$f(t) = C \sum_{-\infty}^{\infty} \sum_{-\infty}^{\infty} C_{j,k} \psi_{j,k}(t) \tag{6-21}$$

仅考虑尺度和位置变量的一个子集,而非全部可能的尺度和位置,以二进制/倍频程(Octave)方式在时间-频率平面上进行采样,则有

$$\psi_{j,k}(t) = \sqrt{2^{-j}} \psi(2^{-j} t - k), \quad j, k \in \mathbf{Z}$$

在每个可能的缩放因子和平移参数下计算小波系数,其计算量相当大,将产生惊人的数据量,而且有许多数据是无用的。如果缩放因子和平移参数都选择为 2^j ($j > 0$ 且为整数)的倍数,即只选择部分缩放因子和平移参数来进行计算,就会使分析的数据量大大减少。使用这样的缩放因子和平移参数的小波变换称为双尺度小波变换(Dyadic Wavelet Transform),它是离散小波变换(Discrete Wavelet Transform,DWT)的一种形式。通常所说的离散小波变换就是指双尺度小波变换。

执行离散小波变换的有效方法是使用滤波器,该方法是 Mallet 于 1989 年提出的,称为 Mallet 算法(塔式分解算法)。这种方法实际上是一种信号分解的方法,在数字信号处理中常称为双通道子带编码。

用滤波器执行离散小波变换的概念如图 6-22 所示。S 表示原始的输入信号,通过两个互补的滤波器组,其中一个滤波器为低通滤波器,通过该滤波器可得到信号的近似值 A(Approximations),另一个为高通滤波器,通过该滤波器可得到信号的细节值 D(Detail)。

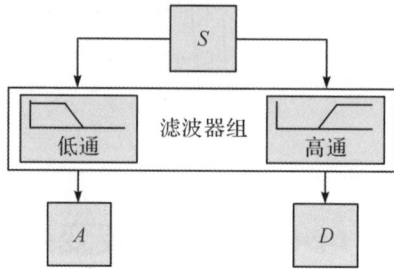

图 6-22 小波分解

在小波分析中,近似值是大的缩放因子产生的系数,表示信号的低频分量,而细节值是小的缩放因子产生的系数,表示信号的高频分量。在实际应用中,信号的低频分量往往是更重要的,而高频分量只起一个修饰的作用。如同一个人的声音一样,若把高频分量去掉后,听起来声音虽会发生改变,但还能听出说的是什么内容;若把低频分量删除后,就会什么内容也听不出来了。

由图 6-23 可以看出,离散小波变换可以表示成由低通滤波器库和高通滤波器库组成的一棵树。原始信号经过一对互补的滤波器组的分解称为一级分解,信号的分解过

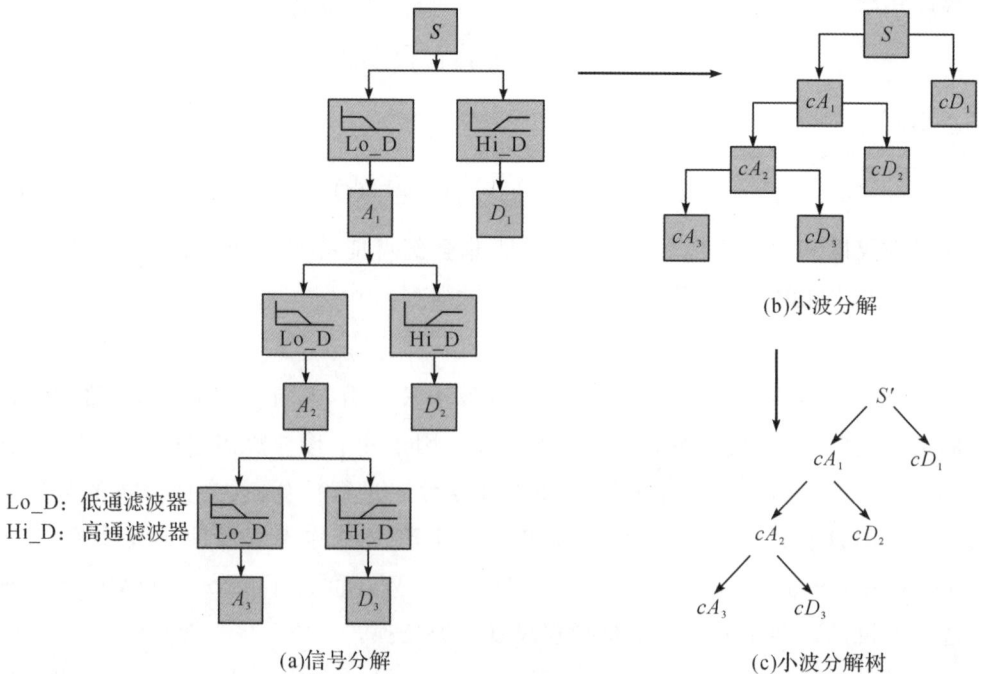

Lo_D:低通滤波器
Hi_D:高通滤波器

(a)信号分解   (b)小波分解   (c)小波分解树

图 6-23 多级小波分解

程可以不断进行下去,也就是说可以进行多级分解。如果对信号的高频分量不再进行分解,而对低频分量进行连续分解,就可以得到不同分辨率下信号的低频分量,这也称为信号的多分辨分析。如此进行下去,就会形成一棵比较大的分解树,称为信号的小波分解树(Wavelet Decomposition Tree)。实际上,分解的级数取决于所要分析的信号的数据特征及用户的具体需要。

6.4.2　小波重构

对信号进行小波分解处理后,一般还要根据需要把信号恢复出来,也就是利用信号小波分解的系数还原出原始信号,这一过程称为小波重构(Wavelet Reconstruction)或小波合成(Wavelet Synthesis)。这一合成过程的数学运算叫作逆离散小波变换(Inverse Discrete Wavelet Transform,IDWT)。

图 6-24 为小波重构示意图,该图显示,由小波分解产生的近似系数和细节系数可以重构出原始信号。同样,可由近似系数和细节系数分别重构出信号的近似值或细节值,这时只要将近似系数或细节系数置为零即可。

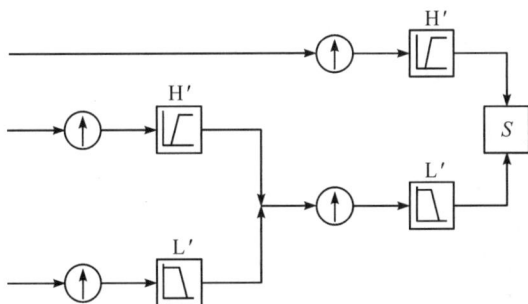

图 6-24　小波重构

图 6-25 展示了对第一层近似信号或细节信号进行重构的过程。

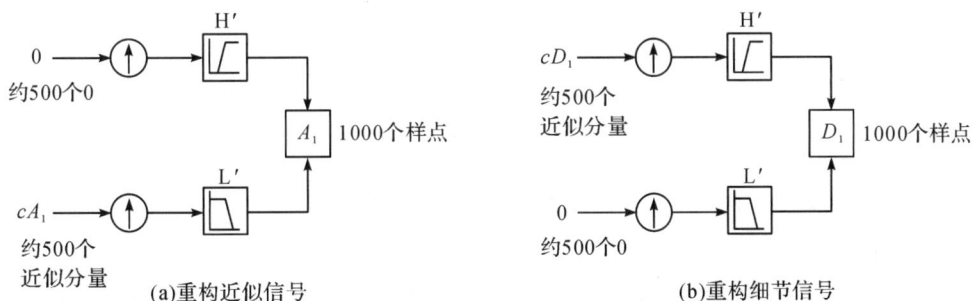

(a)重构近似信号　　　　　　　　　(b)重构细节信号

图 6-25　小波重构近似和细节分量

在图 6-25 中,重构出信号的近似值 A_1 与细节值 D_1 之后,则原信号可根据 $A_1 + D_1 = S$ 重构出来。对应于信号的多层小波分解,小波的多层重构过程如图 6-26 所示。由图 6-26 可见,重构过程为:$A_2 + D_2 = A_1$;$A_1 + D_1 = S$。

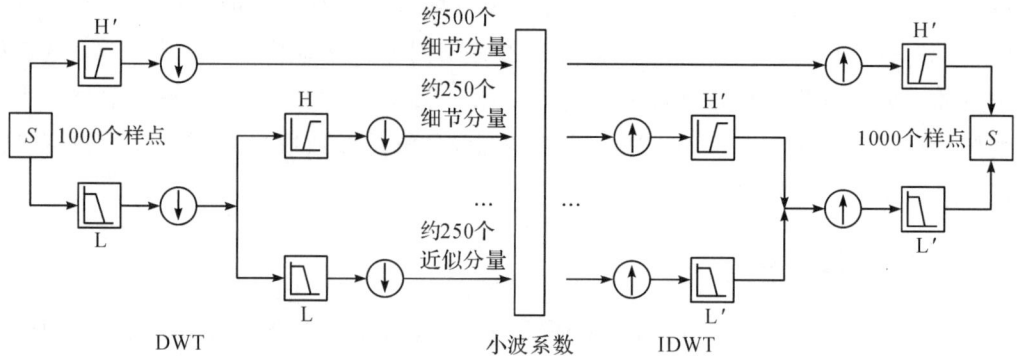

图 6-26　多层小波分解和重构

在信号小波重构中,滤波器的选择非常重要,关系到能否重构出满意的原始信号。低通分解滤波器(L)和高通分解滤波器(H)及重构滤波器组(L′和 H′)构成一个系统,这个系统称为正交镜像滤波器(Quadrature Mirror Filters,QMF)系统。

6.4.3　小波包分析和二维离散小波变换

小波分析是将信号分解为近似与细节两部分,近似部分又可以分解成第二层近似与细节,可以这样重复下去。对于一个 M 层分解来说,有 $M+1$ 个分解信号的途径。

而小波包分析的细节部分与近似部分一样,也可以分解,对于 N 层分解,它产生 $2N$ 个不同的途径,如图 6-27 所示。

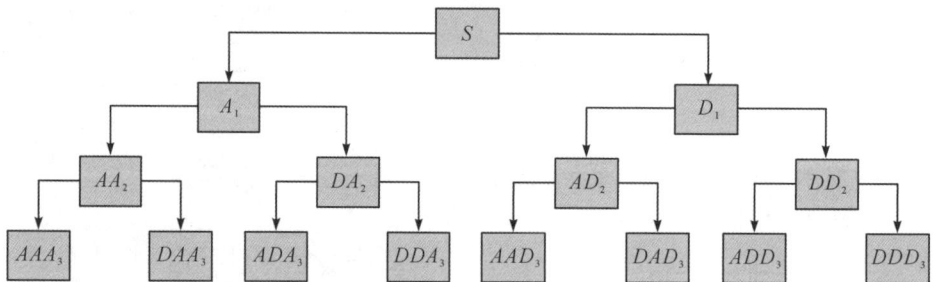

图 6-27　小波包分解

小波包分解也可得到一棵分解树,称为小波包分解树(Wavelet Packet Decomposition Tree),这种树是一棵完整的二叉树。小波包分解可为信号分析提供更丰富和更详细的信息。信号 S 可表示为 $AA_2+ADA_3+DDA_3+D_1$ 等。

二维离散小波变换是一维离散小波变换的推广,其实质上是将二维信号在不同尺度上进行分解,得到原始信号的近似值和细节值。由于信号是二维的,因此分解也是二维的。分解的结果为:近似分量 cA、水平细节分量 cH、垂直细节分量 cV 和对角细节分量 cD。同样也可以利用二维小波分解的结果在不同尺度上重构信号。二维小波的分解和重构过程如图 6-28 所示。

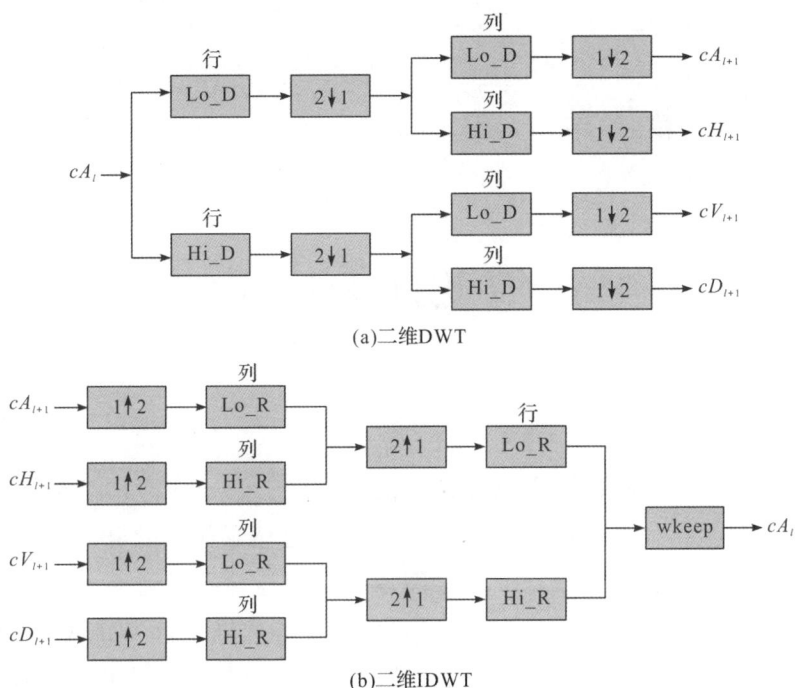

(a)二维DWT

(b)二维IDWT

图 6-28　二维小波的分解和重构过程

※莫雷特与小波变换

莫雷特(Jean Morlet)是一位法国地球物理学家,主要从事地震数据处理研究工作。20 世纪 80 年代初期,基于在地震信号处理算法中的基础知识,他提出了一种时频分析的新方法,并且在国际著名地球物理期刊 *Geophysics* 上发表了两篇论文,题目分别为"Wave propagation and sampling theory-Part Ⅰ：Complex signal and scattering in multilayered media"和"Wave propagation and sampling theory-Part Ⅱ：Sampling theory and complex waves"。论文发表后,地球物理学界并未真正意识到这些研究成果的强大创新性。但是,这些研究成果被数学家了解后;他们发现其研究思想具有强大的创新性,并且将其命名为"连续小波变换",从而开辟了数字信号分析处理的新领域。

习题

6-1　请写出连续小波变换的表达式。

6-2　傅里叶变换和小波变换的本质区别是什么?

6-3　请阐述小波变换的大体过程。

6-4　请写出两种小波基函数的表达式。

6-5　请写出离散小波变换的表达式。

6-6　请阐述一维离散小波分解与重构的过程。

习题 6 参考答案

第 7 章

►►►►►►

小波变换的应用

随着小波理论的日益成熟，它已经被广泛地应用于信号分析和图像处理等多个领域，也已成为地学数字信号处理的常用方法。比如，遥感影像的融合、气象数据的分析、地球物理数字信号的处理，以及地质岩芯图像的处理等均应用到了小波变换方法。本章以小波变换在地震信号、重力数字信号、遥感影像等数据分析和处理中的应用为例，主要阐述小波变换在地学数字信号时频分析和多分辨分析中的应用。主要内容包括：地震信号的时频分析、重力数字信号的小波分解和遥感影像的融合处理等。

§7.1　地震信号时频分析中的应用

地震信号往往是非线性、非平稳的，时频分析技术能同时展示信号在时间域和频率域的局部化特征。下面对比分析了四种时频分析方法：短时傅里叶变换（STFT）、小波变换、广义 S 变换和 Wigner-Ville 分布。在理论上运用雷克（Ricker）子波模拟地震记录进行时频分析对比，发现广义 S 变换具有相对较好的时频聚焦性以及较好的交叉项抑制性。为了验证这一理论，我们分别在两个工区采集了实际地震信号，分析并阐述以上四种时频分析方法的优缺点，同时也验证广义 S 变换的优越性。

7.1.1　方法与原理

第 6 章阐述了短时傅里叶变换和小波变换的基本原理，这里不再介绍。下面对本节用到的广义 S 变换和 Wigner-Ville 分布的方法与原理进行说明。

1. 广义 S 变换

S 变换最早由 Stockwell 等[23]提出，它的基本小波是 Morlet 小波。信号 $f(t)$ 的 S 变换定义为

$$S(\tau, f) = \int_{-\infty}^{\infty} f(t) \frac{|f|}{2\pi^{0.5}} \exp\left(-\frac{(\tau-t)^2 f^2}{2}\right) \exp(-\mathrm{i}2\pi ft)\mathrm{d}t \qquad (7\text{-}1)$$

定义基本小波为

$$w(t,f)=\frac{\mid f\mid}{2\pi^{0.5}}\exp\left(-\frac{(\tau-t)^2 f^2}{2}\right)\exp(-\mathrm{i}2\pi ft) \tag{7-2}$$

基本小波是由高斯函数和简谐波的乘积所构成的。与连续小波变换不同,在 S 变换中,简谐波在时间域只能进行伸缩变换,而高斯函数既可以伸缩也可以平移。但是由于 S 变换只考虑高斯窗函数,所以它的时频分辨率是固定不变的,为了解决这一问题,通过对 S 变换的高斯窗进行改造,给出广义 S 变换为

$$S(\tau,f)=\int_{-\infty}^{\infty}f(t)\frac{\lambda\mid f\mid^p}{2\pi^{0.5}}\exp\left(-\frac{\lambda^2 f^{2p}(\tau-t)^2}{2}\right)\exp(-\mathrm{i}2\pi ft)\mathrm{d}t \tag{7-3}$$

式中,$\lambda>0$,$p>0$。当 $\lambda=1$,$p=1$ 时,即为标准 S 变换。

2. Wigner-Ville 分布[24]

Wigner-Ville 分布是双线性类时频分布,信号 $f(t)$ 的 Wigner-Ville 分布定义为

$$W_f(t,\omega)=\int_{-\infty}^{\infty}f\left(t+\frac{\tau}{2}\right)f^*\left(t-\frac{\tau}{2}\right)\exp(-\mathrm{i}\omega t)\mathrm{d}\tau \tag{7-4}$$

利用 Wigner-Ville 进行时频分析时,$f(t)$ 出现了两次,故称其为双线性变换。由于式(7-4)中不含任何窗函数,因此就避免了在采用线性时频分析方法时其时间分辨率及频率分辨率不能兼顾的矛盾。Wigner-Ville 分布的时频分辨率很高,也有很好的时频聚集性,比较适合分析非平稳的信号,其缺点是时频面存在很严重的交叉项干扰问题,影响了时频分析的结果。

7.1.2　时频分析方法对比

为了比较四种时频分析方法的应用效果,我们利用雷克子波模拟地震信号,并且利用 STFT、小波变换、广义 S 变换和 Wigner-Ville 分布分别对理论合成的地震信号进行时频分析。为简明起见,设计了 5 种不同频率的雷克子波来合成地震记录,在 100ms 时对应的是地震子波主频为 10Hz 的反射;在 250ms 时对应的是 40Hz 的反射;在 350ms 时对应的是 60Hz 的反射;在 450ms 时对应的是 100Hz 的反射;在 550ms 时对应的是 120Hz 的反射。图 7-1 为雷克子波模拟的地震信号的时域波形与傅里叶变换对应的频谱。图 7-2 为 4 种时频分析方法对该道地震记录进行的时频分析。

从时频分辨率的角度来分析,图 7-2(a)STFT 由于采用固定的窗函数,因此其时频分辨率是固定不变的,虽然它能给出信号的联合时频特征,但在整体上呈现分辨率较低的情况;图 7-2(b)小波变换在低频端其频率分辨率很高,但是时间分辨率低,而在高频端时间分辨率比较好,频率分辨率相对来讲有些下降;图 7-2(c)Wigner-Ville 分布为双线性时频分析,其必然会有交叉项的影响,能量也比其他几种时频分析方法稍弱;图 7-2(d)广义 S 变换采用的高斯窗函数依据信号的频率不同,做出相应的窗口的改变,并且修正了小波变换的相位问题,因此在时频谱上,其时间分辨率和频率分辨率都有明显的改善。

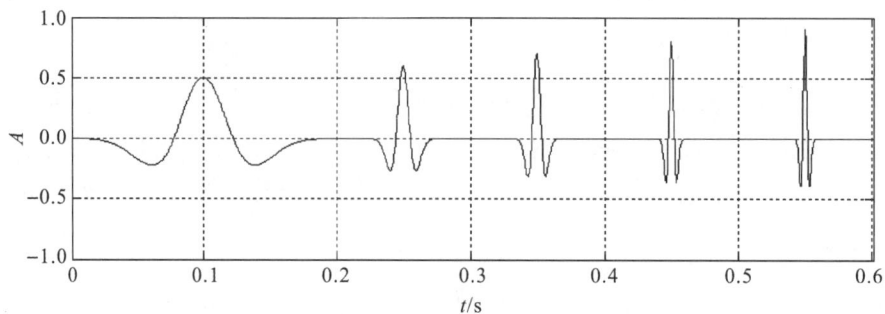

(a)时域波形图

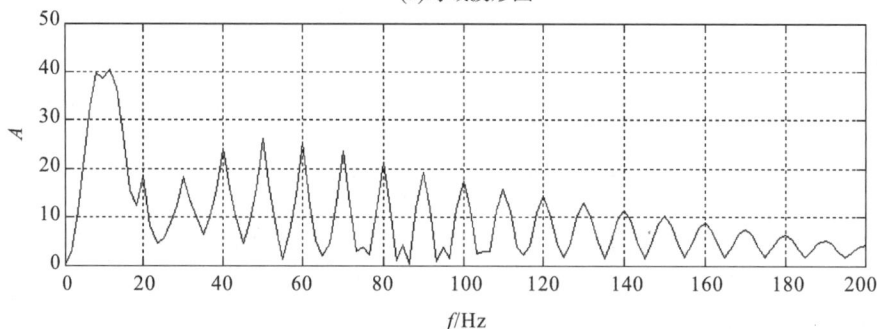

(b)傅里叶变换频谱图

图 7-1　合成信号记录的时域波形图与傅里叶变换频谱图

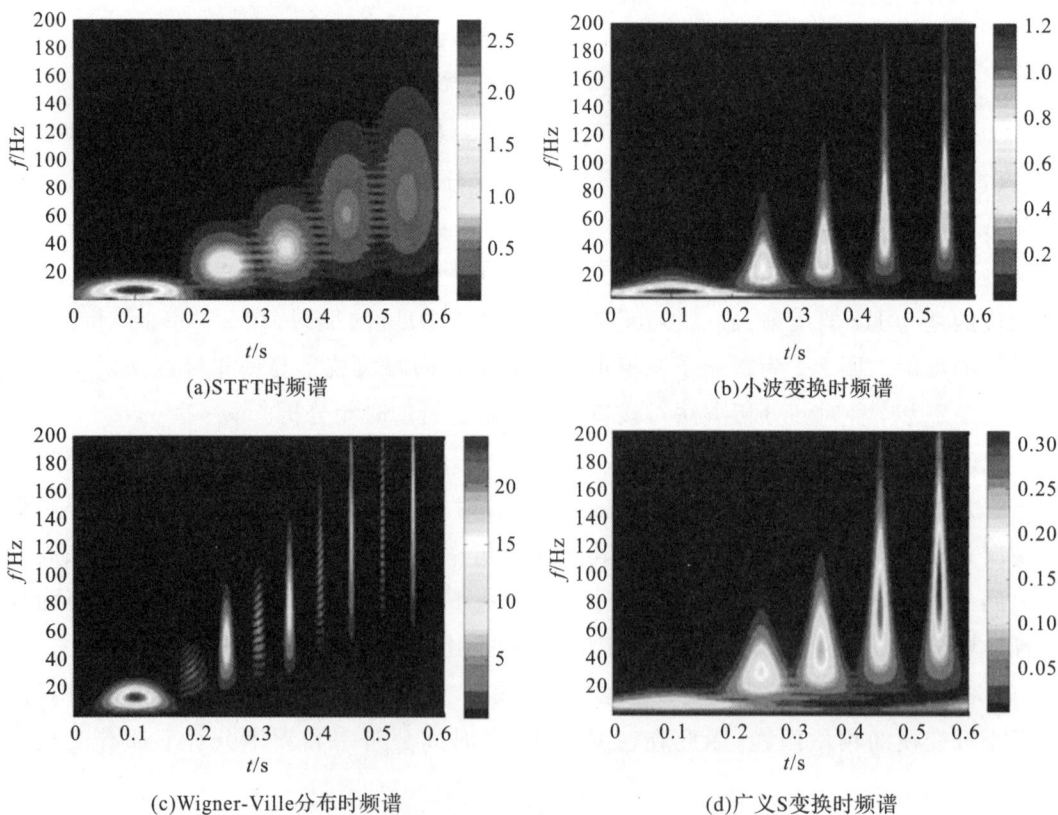

(a)STFT时频谱

(b)小波变换时频谱

(c)Wigner-Ville分布时频谱

(d)广义S变换时频谱

图 7-2　四种时频分析方法的时频谱

7.1.3 实际地震信号分析

为了实际地验证这四种时频分析方法的有效性,我们采集了两种不同地表条件的地震数据。一个实验区位于浙江省杭州市良渚地区,另一个位于浙江大学紫金港校区。利用双向动三轴实验系统(弯曲元测试系统)测得两个地区的土样含水率 ω、试样湿密度 ρ 和试样剪切波速 v,如表 7-1 所示。

表 7-1　浙江大学紫金港校区和良渚地区实际测得的地表参数

取样地点	ω/%	ρ/(g/cm³)	v/(m/s)
浙江大学紫金港校区	29.36	1.82	78.8
良渚	21.34	1.73	122.0

仪器名称:双向动三轴实验系统(弯曲元测试系统);规格:10Hz/20kN;试样尺寸:直径 70mm,高度 140mm。

良渚实验区位于浙江省杭州市良渚古城遗址,实验中采用 24 道地震仪,偏移距 0.5m,多道测量选择其中第四道,偏移距 2m,采样间隔 0.05ms,采样点数 2048 点。图 7-3 为实际地震信号的时域波形图和傅里叶变换频谱图,图 7-4 为利用 4 种时频分析方法得到的时频图。

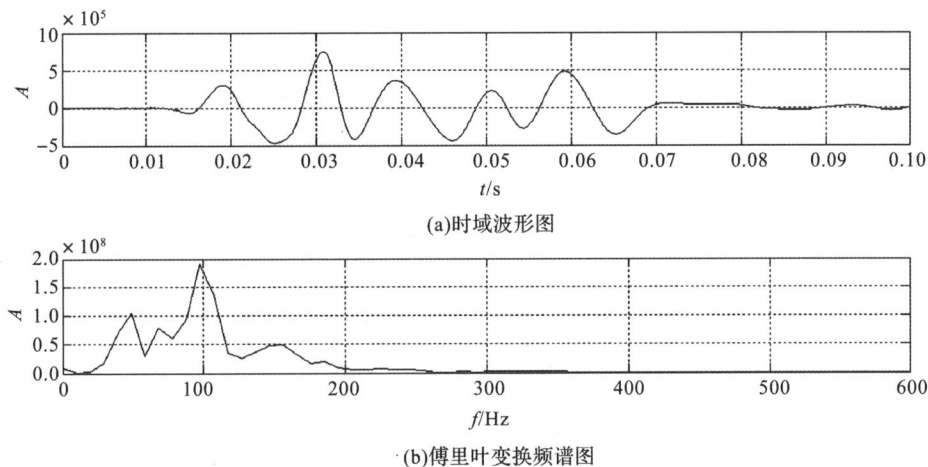

(a)时域波形图

(b)傅里叶变换频谱图

图 7-3　良渚实验区实际单道地震信号的时域波形图和频谱图

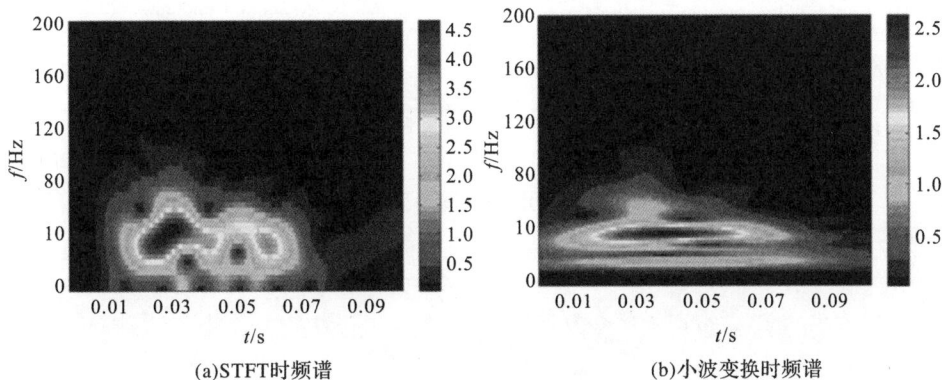

(a)STFT时频谱

(b)小波变换时频谱

(c)Wigner-Ville分布时频谱   (d)广义S变换时频谱

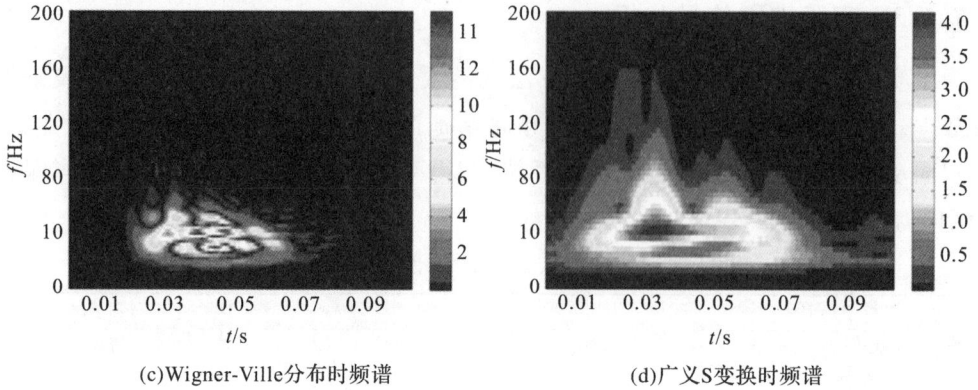

图 7-4　良渚实验区四种时频分析方法的时频谱

综合图 7-4 的时频谱来看,STFT 对良渚地区的单道地震信号的时频分辨率很不理想;小波变换只在低频端有较好的分辨率,高频端响应较差;Wigner-Ville 分布的时频聚焦性比前两种方法好,但是交叉项的干扰比较严重;比较而言,广义 S 变换的效果最好,在低频端有好的时频分辨率,在高频端的分辨率也相对较好。

紫金港实验区位于浙江省杭州市浙江大学紫金港校区考古实验基地,采用 24 道地震仪进行数据采集,单道测量,偏移距 2m,采样间隔 0.05ms,采样点数 2048 点。图 7-5 为实际地震信号的时域波形图和傅氏变换频谱图,图 7-6 为利用 4 种时频分析方法得到的时频图。

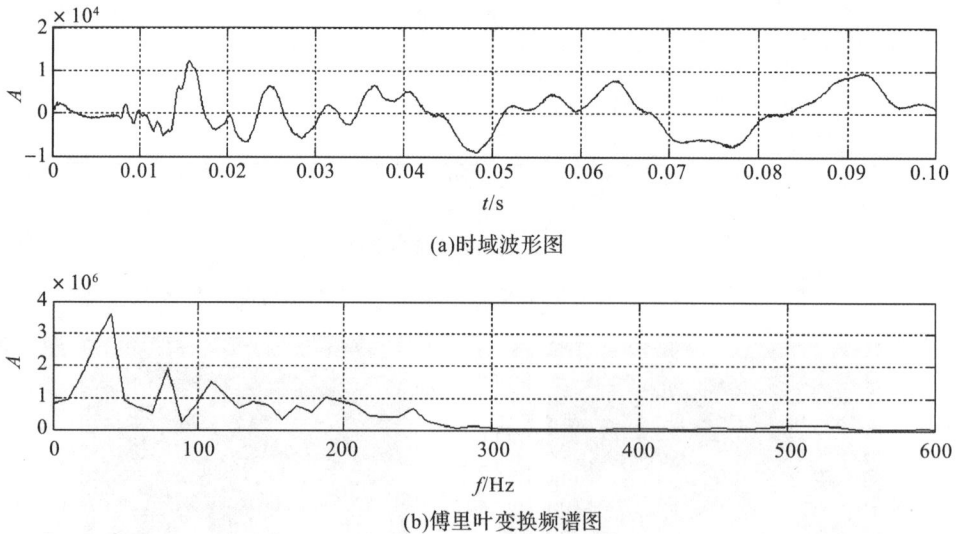

(a)时域波形图

(b)傅里叶变换频谱图

图 7-5　浙江大学紫金港实验区单道地震信号的时域波形图和傅里叶变换频谱图

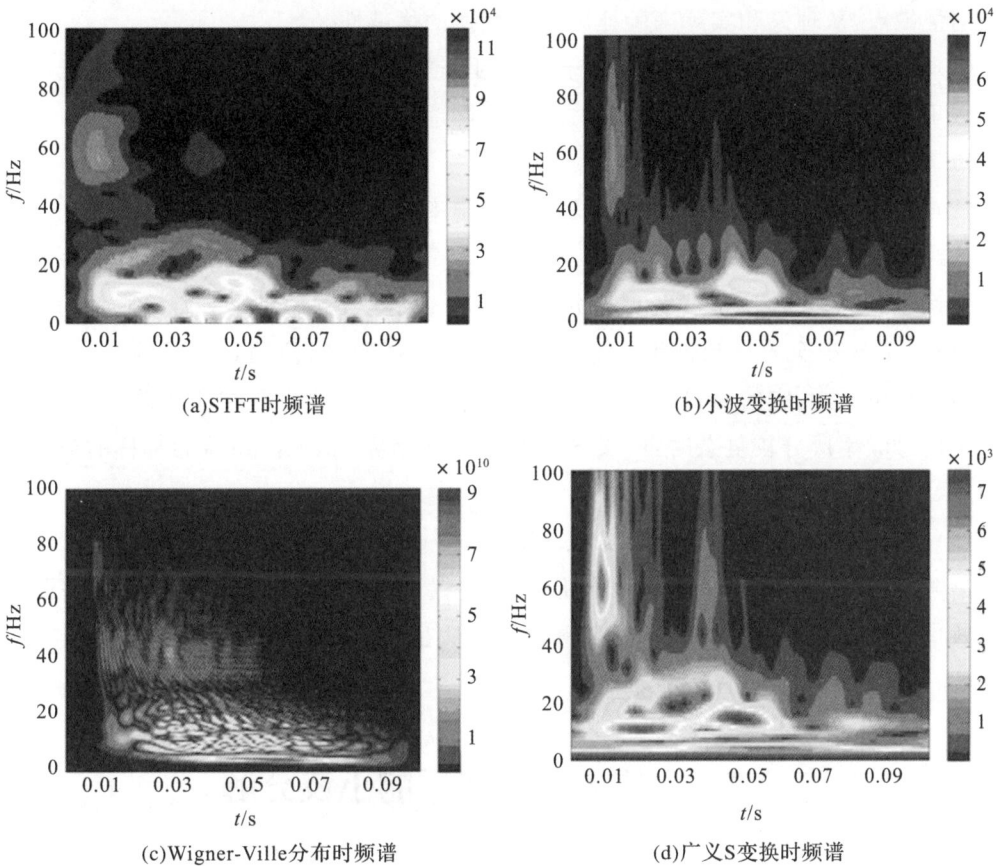

图 7-6 浙江大学紫金港实验区四种时频分析方法的时频谱

从实际测得的单道地震信号进行的时频分析来看，广义 S 变换相对其他几种分析方法，具有较好的时频聚焦性，同时，时频的局部性特征也表现得很好。STFT 的时频分辨率低，时频分辨率单一；小波变换在频率域分辨率尚可，在时间域不是很清楚；Wignen-Ville 的方法交叉项干扰太多，而且能量较弱，不能清晰地显示。

良渚实验区和紫金港实验区的实际单道地震信号的时频分析表明：广义 S 变换在对不同工区地震勘探数据做时频分析时，均优于其他三种时频分析方法；从单道地震信号的时频谱看，广义 S 变换的层序检测准确性也优于其他三种分析方法，较好地改善了时频局部化的精度，因此更适用于薄层等复杂的非平稳地震信号的分析，有利于地震资料的精细化处理与解释。

在实际地震资料的处理和解释中，源于其快捷高效又易用的计算方法，可以尝试将广义 S 变换应用到不同工区、不同检波器的单道地震信号中。利用广义 S 变换在时频域良好的分辨率，分析不同检波器在不同时间接收到的信号频率的聚集情况，选择接收到信号有效频率成分最多且最好的检波器，综合给出某工区检波器选择的建议。

通过对理论合成地震信号以及实际地震信号进行时频分析的对比，不难看出广义 S 变换相对其他三种时频分析方法具有特有的优越性。下面简单总结一下各种时频分析方法的优缺点,从理论和实际来验证广义 S 变换的优越性。

(1)STFT 虽然计算简单,但是由于它的窗函数是固定的,因此时频分辨率较差。同时 STFT 对所处理的信号有较高的要求,而实际应用的信号却很难满足其要求,因此它的分辨率也就不能满足要求。

(2)小波变换在信号的低频部分其频率分辨率较高,但时间分辨率较低;反之,在高频部分时间分辨率较高,频率分辨率较低。这种现象是由于小波函数的多解性造成了小波变换多分辨率的问题,且小波变换信号的分解尺度与频率是没有直接联系的。

(3)广义 S 变换的时频聚焦性好,它既克服了 STFT 时窗固定的问题,又克服了小波变换的相位问题,它的窗口大小和形态可以根据实际需要进行相应更改。此外,当实际地震信号频率成分较复杂时,广义 S 变换不会产生 Wigner-Ville 分布那样的交叉项干扰问题,因此适用于薄层的分辨。

(4)作为一种双线性时频分析方法,Wigner-Ville 分布有很好的时频聚焦性,可以利用其谱分解技术进行储层的预测。但是由于它在计算中引入了交叉项,时频谱图中识别有效信息的难度便会增大。它的平滑改进算法虽在一定程度上能够消减交叉项干扰的影响,但同时又会降低其时频聚焦性。

§7.2 重力数字信号的小波分解

重力探测信号是指通过重力仪在地面采集到的地下物质的综合重力响应,一般一个位置对应一个重力场值,是该位置地下不同深度物质在观测位置处产生的重力响应。因此,需要采用特殊的处理方法对重力场进行分解,以获得不同深度物质对应的重力场响应情况。我们利用小波变换的多分辨分析方法,对重力场信号进行了多尺度小波分解,获得了不同深度物质对应的重力场信息,这些重力场信息反映了相应深度物质的密度分布情况。

7.2.1 基本原理[25]

重力场的多尺度小波分解采用了 Mallat 提出的多分辨分析的方法,只是在尺度上有所改变,我们的多尺度小波分解方法是根据重力场的性质来选择小波的尺度。

对于一维重力场函数 $f(x) \in L^2(\mathbf{R})$,假设小波函数 $\varphi(x) \in L^2(\mathbf{R})$,它满足以下条件:

$$\int_{-\infty}^{+\infty} \varphi(x) \mathrm{d}x = 0 \tag{7-5}$$

和

$$\int_{-\infty}^{+\infty} \frac{|\hat{\varphi}(\omega)|^2}{|\omega|} \mathrm{d}\omega < +\infty \tag{7-6}$$

其中，$\varphi(x)$ 为小波函数；$\hat{\varphi}(\omega)$ 为 $\varphi(x)$ 的傅里叶变换。

小波变换定义为

$$W_f(a,b) = \langle f, \varphi_{a,b} \rangle = \frac{1}{\sqrt{|a|}} \int_{-\infty}^{+\infty} f(x) \overline{\varphi\left(\frac{x-b}{a}\right)} \mathrm{d}x \tag{7-7}$$

小波函数表示为

$$\varphi_{a,b}(x) = \frac{1}{\sqrt{|a|}} \varphi\left(\frac{x-b}{a}\right), \quad a,b \in \mathbf{R}, \quad a \neq 0 \tag{7-8}$$

取 $a = a_0^m, b = nb_0 a_0^m, a_0 > 1, b_0 > 1$，将小波变换离散化为

$$\varphi_{m,n}(x) = a_0^{-\frac{m}{2}} \varphi(a_0^{-m}x - nb_0), \quad m,n \in \mathbf{Z} \tag{7-9}$$

小波系数为

$$C_f(m,n) = a_0^{-\frac{m}{2}} \int_{-\infty}^{+\infty} f(x) \overline{\varphi(a_0^{-m}x - nb_0)} \mathrm{d}x \tag{7-10}$$

在实际应用中，取 $a_0 = 2, b_0 = 1$，可得小波函数为

$$\varphi_{m,n}(x) = 2^{-\frac{m}{2}} \varphi(2^{-m}x - n) \tag{7-11}$$

对于空间范围有限的离散数据，在计算过程中，m 值不能太大。取 $\max(m) = p$ 为小波变换的最高阶，可得

$$f(x) = A_p f(x) + D_1(x) + D_2(x) + \cdots + D_p(x) \tag{7-12}$$

其中，等号右端的第一项称为一维函数 $f(x)$ 的 p 阶小波近似；$D_j (j = 1,2,\cdots,p)$ 称为 j 阶小波细节，它是式(7-10)中的小波系数与式(7-11)中的小波函数的乘积。

对于二维区域重力场，假设它的重力异常为

$$\Delta g(x,y) = f(x,y) \in V_0^2 \subset L^2(\mathbf{R}^2) \tag{7-13}$$

基于多尺度小波分解方法的原理，重力异常可表示为

$$\Delta g(x,y) = f(x,y) = A_1 f(x,y) + \sum_{\varepsilon=1}^{3} D_1^\varepsilon f(x,y) \tag{7-14}$$

其中，$\varepsilon = 1,2,3$ 用来表示不同维度。当重力异常用一组离散数据表示时，其 p 阶多尺度小波分解可以写成

$$\Delta g(x,y) = f(x,y) = A_p f(x,y) + \sum_{j=1}^{p} \sum_{\varepsilon=1}^{3} D_j^\varepsilon f(x,y) \tag{7-15}$$

为方便起见，式(7-15)可以表示为

$$\Delta g(x,y) = A_p f(x,y) + D_1(x,y) + D_2(x,y) + \cdots + D_p(x,y) \tag{7-16}$$

其中，$D_j(x,y)$ 为 j 阶小波细节，$j = 1,2,\cdots,p$。上式中，等号右端的第一项称为 p 阶小波近似。

接下来对重力信号多尺度小波分析的尺度-深度转换规律进行说明。根据位场理论，布格重力异常的水平尺度与重力源埋深成正比。例如，球形物体的重力异常可以写成

$$\Delta g = \frac{GMh}{(x^2 + h^2)^{3/2}} \tag{7-17}$$

其中,G 为引力常数;M 为球体的质量;h 为场源埋深;x 为观测点到球体中心在观测平面上投影的水平距离。定义重力异常的水平宽度 W 满足 $W=2x'$,其中 x' 为原点到最大异常值衰减到一半的点之间的水平距离。另外,W 还代表了孤立异常的特征尺度。将上述定义代入式(7-7),最终得到场源埋深 h 与重力异常特征尺度 W 的关系如下:

$$h=\frac{x'}{\sqrt{2^{2/3}-1}}=1.305x'=0.6525W=\alpha W \tag{7-18}$$

因此,场源埋得越深,异常的水平尺度就越大。场源的埋藏深度 h 与水平尺度 W 近似成正比。然而,由于场源的形状不同,比例因子 α 可能随场源形状的不同而变化。一般来说,α 的取值范围为 0.3～0.8。

当多个场源叠加产生重力异常时,它们将不再具有与式(7-18)相似的特征尺度。具体来说,上地壳中心深度为 4km 的球形源的特征尺度 W 为 6.13,下地壳中心深度为 34km 的球形源的特征尺度 W 为 52.1。但将上述两个异常加在一起,其尺度可能在 6～52km 之间,说明场源叠加后不存在特征尺度。地面布格重力异常是不同深度场源叠加的结果。从这个意义上说,它没有特征尺度。而多尺度小波分析方法可以利用期望小波基的特征尺度来恢复叠加异常中的特征尺度。即利用不同小波尺度的小波基对地面布格重力异常场进行分解,然后通过分解后的小波细节重新获得特征尺度。

假设重力数据在均匀方形网格中的间距为 d。应用常规多尺度小波分析方法时,小波基将取 4～5 个采样点,其峰谷形状和特征尺度约为峰宽的一半,即 $d/2$。在小波变换过程中,小波细节的尺度以 2 的幂次增大。将小波细节的阶数定义为 n,则 n 阶小波细节的特征尺度可以写成

$$L_n=d\cdot\frac{2^n}{2}=d\cdot 2^{n-1},\quad n=1,2,3,\cdots \tag{7-19}$$

多尺度小波分析要求小波细节的特征尺度 L_n 与重力异常的尺度 W 相匹配,即 $L_n=W$。代入式(7-18)得到

$$\alpha=h/L_n \tag{7-20}$$

因此

$$h=\alpha\cdot d\cdot 2^{n-1},\quad n=1,2,3,\cdots \tag{7-21}$$

式(7-21)表示场源埋深 h 与 n 阶小波细节的关系,这就是我们提出的布格重力场多尺度小波分析的**尺度-深度转换规律**。

综上所述,对于具有适当测量尺度的区域重力数据,密度扰动源的埋深与地面重力异常场的水平尺度近似成正比,符合多尺度小波分析的尺度-深度转换规律。因此,在多尺度小波分析方法中,小尺度小波细节表示浅场源分布,而大尺度小波细节表示深场源分布。由于小波细节的特性,多尺度小波分析方法可以用来揭示岩石圈的三维密度摄动。

7.2.2　应用实例

　　将重力信号的多分辨分解方法应用于滇西布格重力异常多尺度分解中,得到了重力异常的不同阶的小波细节和小波近似,通过分析这些小波细节和小波近似数据,能够推测地壳不同深度处物质的密度结构信息。研究区为云南省西部,东经 $98°06'\sim102°24'$,北纬 $21°09'\sim28°18'$。布格重力异常示于图 7-7。

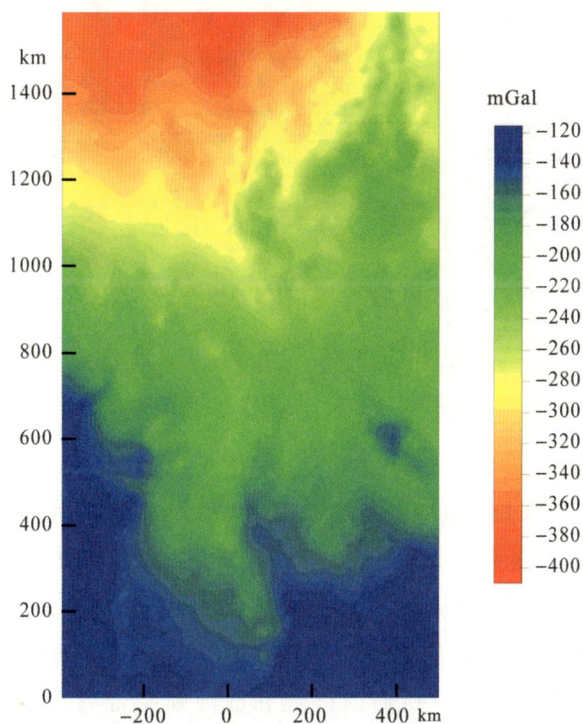

图 7-7　滇西布格重力异常平面图

　　布格重力异常的小波细节 D_1(1 阶小波细节)与 D_2(2 阶小波细节)叠加后的结果如图 7-8 所示,对应中心深度为 4.46km 的介质层的重力扰动,反映了滇西上地壳浅层的密度扰动。由图 7-8 可见,滇西上地壳浅层揭示的是关于中新生代大陆碰撞带基岩和沉积盆地的密度扰动信息,与地形及地表地质有一定的相关性。浅层的密度扰动在横向上有明显的变化,低密度异常主要反映中生代山间沉积坳陷带、现代裂谷带和沿碰撞带展布的花岗岩体,如兰坪-思茅盆地中的坳陷带(LP),西昌裂谷带和高黎贡-腾冲一带隐伏的岩浆房(T)。高密度扰动出现在扬子克拉通内部和西缘(Y),以及澜沧江断裂带西缘(LW),后者对应昌宁-勐连蛇绿混杂岩带及岛弧岩浆岩带。最高密度带沿扬子克拉通西缘凸出部鹤庆一带(H)展布,呈半圆弧形向西凸出。由此可见,大陆碰撞作用与碰撞带的几何形状密切相关,块体凸出部和凹入部作用后果差别很大。只有高密度的和坚硬的凸出扬子克拉通地壳,才不会在剧烈的大陆碰撞作用下碎裂或被磨平。鹤庆一带(H)东边为金沙江断裂封闭,它对应于强烈的低密度带,也应该是同期大陆碰撞的产物。

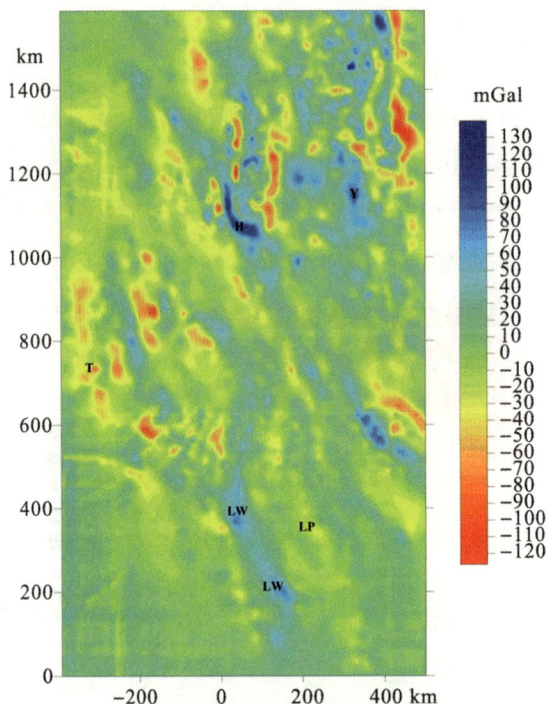

图 7-8　布格重力异常的小波细节 $D_1 + D_2$

布格重力异常的小波细节 D_3（3 阶小波细节）与 D_4（4 阶小波细节）叠加后的结果如图 7-9 所示，对应中心深度为 7.8km 的介质层的重力扰动，反映了滇西上地壳结晶基底的密度扰动。和图 7-8 相比，高密度扰动的趋势大致相似，低密度扰动的趋势有明显区别。由图 7-9 可见，上地壳结晶基底出现三条主要的低密度扰动带，在图中分别以Ⅰ带、Ⅱ带和Ⅲ带标明。Ⅰ带沿扬子克拉通西外缘和红河断裂带展布，反映了扬子克拉通与印支地体碰撞带地壳的碎裂，导致上地壳结晶基底密度的降低。Ⅱ带沿昌宁-耿马-勐海接合带展布，反映了燕山期洋陆转换带的复杂沟弧盆构造的残留，导致上地壳结晶基底密度的降低。Ⅲ带沿恩梅开江-腾冲一带展布，反映了喜山期印度次大陆向亚欧大陆俯冲及其伴生的岩浆活动，导致上地壳结晶基底密度的降低。三条主要的低密度扰动带与三期大陆碰撞带吻合，表明重力信号的多分辨分解对重建区域岩石圈构造演化具有重要意义。其中，三期大陆碰撞带分别是：印支期扬子克拉通与印支地体的拼合碰撞带，燕山期印支地体与西缅地体的拼合碰撞带，以及喜山期印支-西缅地体与印度板块的拼合碰撞带。

布格重力异常的小波细节 D_5（5 阶小波细节）如图 7-10 所示，对应中心深度为 24.5km 的介质层的重力扰动，反映了滇西中地壳的密度扰动。和图 7-9 相比，密度扰动的趋势大致相似，上地壳结晶基底出现的三条主要的低密度扰动带，在图 7-10 中仍然延续到中地壳，位置变化虽不大，但密度变化幅度有所降低。这三条低密度扰动带与三期大陆碰撞带吻合，表明大陆地体拼合碰撞造成的地壳变形深度至少到达中地壳。

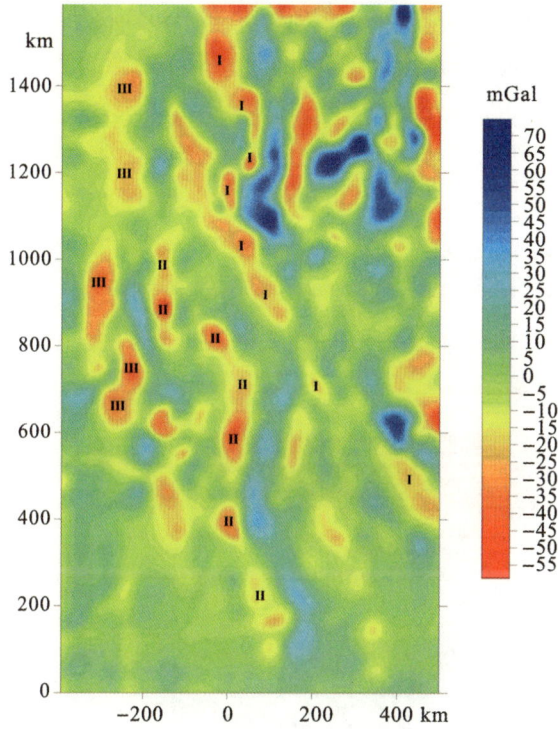

图 7-9 布格重力异常的小波细节 $D_3 + D_4$

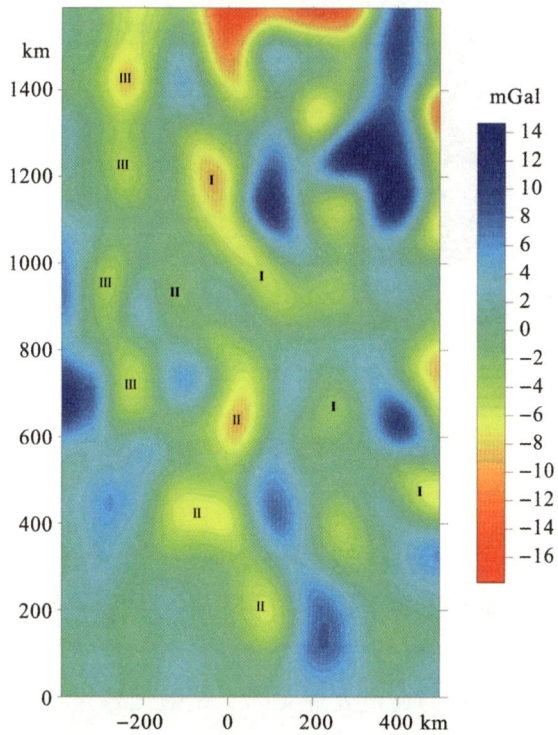

图 7-10 布格重力异常的小波细节 D_5

布格重力异常的小波近似 A_5（5 阶小波近似）如图 7-11 所示，对应中心深度为 48.6km的介质层的重力扰动，反映了滇西下地壳底层的密度扰动。下地壳底层密度扰动的分布情况由于没有扣除地壳厚度变化的影响，除反映密度变化外，也反映莫霍面深度变化的影响。密度扰动的趋势大致为由南向北密度扰动由正到负逐渐降低，与莫霍面深度（即地壳厚度）由南向北增加的趋势有关。由图 7-11 可见，北纬 26°线（纵向 1000km 位置处）是下地壳密度差异分界线，在北纬 26°线以南为高密度区、以北为低密度区。这种差异在中地壳密度扰动图 7-10 中也隐约可见，但不如图 7-11 清晰。由图 7-11可见，滇西由北向南地壳加厚缩短的程度是逐渐变弱的，在北纬 26°线以南，南北向的地壳加厚缩短就不明显了。

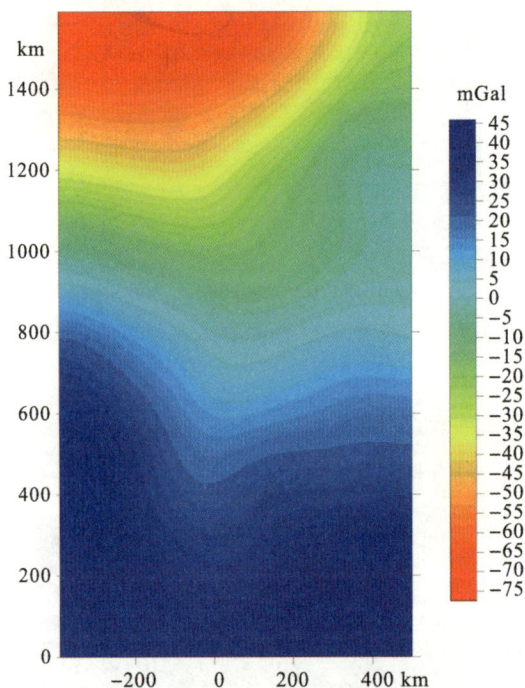

图 7-11　布格重力异常的小波近似 A_5

§7.3　地学数字信号处理中的其他应用

小波变换也经常被用于遥感影像的处理，下面举一个简单的例子，看一下在遥感影像融合中的应用。现有的成像卫星，某一传感器（如 SPOT）取得较高的空间分辨率是以牺牲光谱或时间分辨率为前提的，反之亦然。因而，各种传感器图像实质上都是损失了某种分辨率的结果。遥感图像的插值处理实际上是对图像进行的一种简单解压缩而提高遥感图像空间分辨率的途径，在优势带宽频带以外的小波分量（高频分量）都为零的情况下得到的插值结果图像，其空间分辨率的改善将是不完全的、有限的。通过多传感器、多分辨率遥感数据融合方法来获得高空间分辨率图像是比较可行的方法。

纵观现有与传统的数据融合方法如 PCA、IHS 等,小波融合模型不仅能够针对输入图像的不同特征来合理选择小波基以及小波变换的次数,而且在融合操作时还可以根据实际需要来引入双方的细节信息,从而表现出更强的针对性和实用性,融合效果更好。

图 7-12 是一张全色遥感影像,具有较高的空间分辨率,但是缺乏色彩信息。图 7-13 是一张多光谱遥感影像,含有丰富的色彩信息,但是空间分辨率较低。利用小波变换,将上述两张遥感影像的优势特征分别进行提取,然后进行融合,即可获得高分辨的彩色影像,如图 7-14 所示。

图 7-12 全色遥感影像

图 7-13 多光谱遥感影像

图 7-14 由全色和多光谱遥感影像
合成的图像

※**地球物理学家黄大年**

黄大年是国际著名地球物理学家,恢复高考后的第一届大学生,24 岁本科毕业那年写下的"振兴中华,乃我辈之责",成了他毕生的信念。"海漂"18 年、归国 7 年,"拼命黄郎"、"严师慈父"成了师生眼中的标签,他就像一枚超速运动的转子,围绕着科技强国这根主轴,将一个又一个高端科技项目推向世界最前沿,创造了多项"中国第一",为我国"巡天探地潜海"填补多项技术空白。黄大年曾提出了小波结合幂次变换方法,并将其应用于位场数据边界的识别。

习题

7-1 请写出广义 S 变换的表达式。

7-2 与小波变换相比,广义 S 变换有何优点?

7-3 重力信号的多尺度分析是利用了小波变换的时频分析的原理吗?

7-4 重力信号的小波分解得到的小波细节和小波近似有何不同?

7-5 小波变换除了应用于地震信号和重力数字信号以外,还可以用于哪些地学数字信号处理呢?请举一例说明。

习题 7 参考答案

第 8 章

▶▶▶▶▶▶▶

BP 神经网络及其在信号分析中的应用

随着机器学习理论方法的飞速发展,其在地学数字信号分析处理中的应用已非常广泛,也取得了众多有价值的成果。比如地震相的分类与自动识别,初至信号的自动识别与拾取,信号的噪声压制,信号的高分辨率处理,储层信号的智能检测,以及地质灾害数字信号的分析等。本章对机器学习中的 BP(Back Propagation)神经网络的基本方法进行介绍,并以两个实际应用为例,阐述通过 BP 神经网络如何实现地震和探地雷达信号的智能分析。主要内容包括:BP 神经网络,油气地震探测信号的智能检测和城市道路隐患雷达探测信号的智能识别。

§8.1　BP 神经网络

8.1.1　BP 神经网络简介

得益于脑科学领域的发展,人们受到生物神经系统独特结构的启发,尝试在计算机中模拟生物神经系统的结构及其连接方式,从而搭建起了一个复杂的数学模型,它被称为神经网络模型。神经网络模型被期望达到与生物一样的自适应能力,通过模拟神经系统中神经元对信息的处理与连接方式,实现信息传递,并逐步构建复杂的网格结构,以实现对外界信息的学习与处理。而在数学领域,它被解释为实现复杂的逻辑数学计算,构建或追溯非线性的映射关系,从而完成某些特定的运算。

神经元是网络系统中最基本的组成单位,神经网络模型中的信息通常是在各个神经元单位中进行传递的。神经元 i 是具有多个输入参数($x_i, i=1,2,\cdots,n$)及多个输出参数的非线性单位,一个基本的神经元模型,其内部结构主要包括阀值 b、权值($w_i, i=1, 2,\cdots,n$)及激活函数 $f(x)$,神经网络模型的结构体现了输入数据与输出数据之间的非线性映射关系。若在神经元中改变激活函数,可以导致神经网络具有不同的组成结构,产生不同的神经网络模型,从而实现相应的功能。

BP 神经网络是最常用的人工神经网络模型之一。反向传播算法(Backpropagation

Algorithm,简称 BP 算法)早在 20 世纪 80 年代中期便被 David Runelhart 等人提出,它解决了学习多层神经网络隐含层的连接权重问题,并为该过程提供了一个完整的数学推导[26]。BP 神经网络即为采用这种算法进行误差校正的多层前馈神经网络。BP 神经网络可以对任意复杂的模型进行分类,成功映射多维特征,并解决简单感知器无法解决的问题,如异或问题(XOR)等。

BP 神经网络由三层组成,如图 8-1 所示,第一层为输入层 I(Input Layer),作为数据的输入;第二层为隐含层 H(Hidden Layer),对输入层的数据进行处理并传递给输出层;第三层为输出层 O(Output Layer),对模型训练结果进行输出。在 BP 神经网络的模型建立中,同一层的神经元不会互相连接,进行相互连接的是相邻层之间的每个神经元。BP 神经网络的整体表现和最终预测结果受到隐含层的层数、不同隐含层之间的权重以及不同隐含层之间的阈值配置的影响。换言之,网络的架构和参数配置会直接影响到神经网络的性能和预测结果。

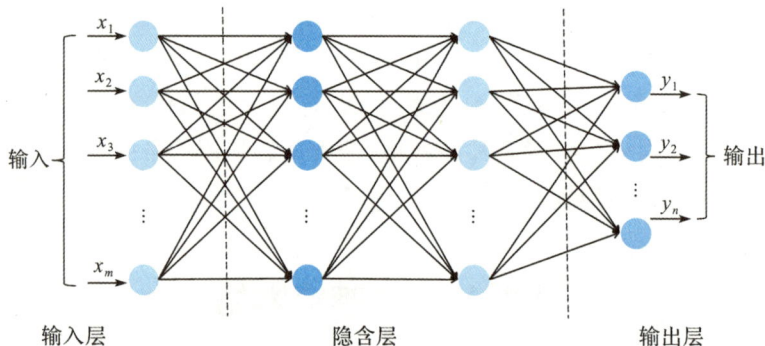

图 8-1　BP 神经网络结构

学习和训练 BP 神经网络的基本原理如下:$X=(x_1,x_2,\cdots,x_n)$ 为输入的变量值,经过 m 层隐含层的作用后,输出层返回计算出的结果,即 Y_i。比较输出层结果 Y_i 与期望输出值 Y_i',如果输出层结果 Y_i 偏离期望输出值 Y_i' 较大,则需要对 BP 神经网络隐含层中的神经元数目、各神经元之间的权重及阈值等进行调整,逐渐降低误差值,通过反复学习、不断调整参数,直到输出层结果 Y_i 与期望输出值 Y_i' 之间的误差满足要求后,结束训练。

BP 神经网络的算法包含正向传播(Forward Pass)和反向传播(Backward Pass)过程。

(1)正向传播过程。在神经网络中,正向传播是指将输入数据从输入层经过逐个隐含层的处理和转换后,传递到输出层的过程。当执行完成时,如果神经网络的输出结果无法满足预期,就需要进行反向传播算法来调整神经网络的参数,以便提高它的性能。

(2)反向传播过程。反向传播是指按照正向传播的路径逆向传递误差,通过逐层修正神经元的连接权重和系数,让误差值从输出层一步步向输入层传递,在每个隐藏层修正过程中逐步实现均方根误差的最小化。

随着正向传播和反向传播迭代的不断进行,BP 神经网络实际输出结果会逐步逼近期望输出值。在这个过程中,由反向传播算法对神经网络的参数进行不断调整和学习,神经网络分类与预测的准确率将大幅提高。

8.1.2　BP 神经网络算法主要部分

(1)在 BP 神经网络中,节点的输出分为隐含节点的输出和输出节点的输出。如式(8-1)和式(8-2)所示,H_j 为隐含节点的输出,O_k 为输出节点的输出。

$$H_j = f\left(\sum \omega_{ij} x_i - \theta_j \right) \tag{8-1}$$

$$O_k = f\left(\sum \omega_{jk} h_j - \theta_k \right) \tag{8-2}$$

其中,$f(\cdot)$ 为非线性激发函数;x_i 为隐含层某个神经元的输入值;h_j 为输出层某个神经元的输入值;θ 为神经元的阈值(偏置);ω_{ij} 为隐含层神经元到下一层神经元的权重;ω_{jk} 为隐含层神经元到输出层神经元的权重。

(2)在 BP 神经网络中,误差调整分为隐含层误差修正和输出层误差修正。BP 神经网络中的主要误差修正方式是根据归一化均方根误差函数 normrms,见式(8-4),当 normrms<0.8 时,则认为结果是合理的,如果误差值不在合理范围内,则按照误差的负梯度方向修改 BP 神经网络中的各项参数。均方根误差和归一化均方根误差函数分别为

$$\mathrm{rms} = \sqrt{\frac{\sum\limits_{i=1}^{n} (Y_i'^k - Y_i^k)^2}{n}} \tag{8-3}$$

$$\mathrm{normrms} = \frac{\mathrm{rms}}{\sqrt{\dfrac{\sum\limits_{i=1}^{n} (Y_i'^k - \mathrm{mean})^2}{n}}} \tag{8-4}$$

其中,$\mathrm{mean} = \dfrac{1}{n}\sum\limits_{i=1}^{n} Y_i'^k$;$Y_i$ 为输出层各个不同神经元的期望值;Y_i' 为输出层各个神经元的实际输出值。如果是在输出层 k,则 $Y_i'^k$ 就是实际输出。

隐含层误差修正,即此时 $k<n$,需要考虑上一层对此隐含层的影响,故可得到

$$d_i^k = X_i^k(1 - X_i^k) \cdot \sum_l \omega_{jl} \cdot d_l^{k+l} \tag{8-5}$$

输出层误差修正,即此时 $k=n$,Y_i 就是输出层的期望值,可以得到

$$d_i^m = X_i^m(1 - X_i^m)(X_i^m - Y_i) \tag{8-6}$$

BP 神经网络算法通过误差反向传播的方式,对神经网络的权重和阈值进行调整,以逐步降低误差值,直至达到预期范围。

上面所描述的节点输出和误差修正过程,展示了 BP 神经网络算法的核心内容,即误差反向传播。该算法从目标向量和误差值出发,通过层层计算和调整,从输入层到输出层反向传递误差,以实现神经网络的训练和学习。可以看出,BP 神经网络算法的基本

原理是通过反向传播误差的方法,不断地迭代和调整神经网络的参数,以提高神经网络的性能和精度。

8.1.3 BP 神经网络执行流程

图 8-2 为 BP 神经网络的执行流程图,其具体执行步骤如下。

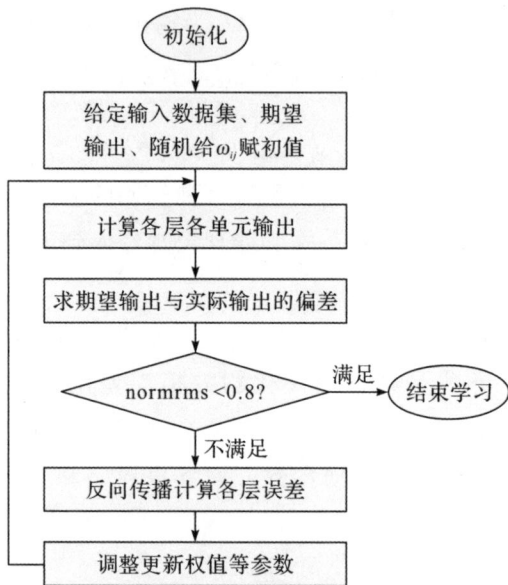

图 8-2　BP 神经网络执行流程

(1)初始化。为了确保输入向量和目标向量都落在特定的区间内,在实际应用中实现从输入向量到目标向量的映射,需要对其进行初始化处理。

(2)确定输入数据集。确定送入神经网络模型的数据集(包括输入与期望输出),对两个神经元之间的连接值即网络连接权重 ω_{ij} 赋予一个在(-1.0,1.0)之间的随机初始值。

(3)计算 BP 神经网络隐含层和输出层的输出值,相关计算公式见式(8-5)和式(8-6)。

(4)计算实际输出 Y'_i 与期望输出 X_i 之间的误差。

(5)调整网络连接权重 ω_{ij} 及神经元阈值 θ。

(6)判断修正后的网络连接权重 ω_{ij} 及神经元阈值 θ 是否满足要求。如果此时归一化均方根误差小于 0.8,即满足要求,则整个神经网络的算法就会终止,否则返回步骤(3)重新执行。同时,还需要判断迭代次数是否达到了预设值。如果达到了预设值,算法就会结束;如果没有达到预设值,则需要重新回到步骤(3),重新执行误差计算和权重调整的过程,直到迭代次数达到预设值或误差值满足要求为止。

§8.2　油气地震探测信号的智能检测

地震是探测油气储层的主要方法之一,人工激发的地震信号向地下传播,遇到油气储层反射回地表,被传感器接收到,通过分析接收到的地震信号特征,就可以获得地下油气储层的信息,发现油气藏。为了从地震信号中进行油气储层的检测与识别,利用地震信号时频分析得到的数据,基于 BP 神经网络,进行了油气层检测。并且,为解决含油气薄层的识别问题,采用 Multi-synchrosqueezing Transform(MSST,多重同步压缩变换)[27]时频变换方法,对鄂尔多斯盆地某工区的地震数据进行时频处理及神经网络训练预处理,将 MSST 时频方法与 BP 神经网络方法相结合,实现地震信号的智能油气预测。

8.2.1　数据集提取与变换

对工区三维地震数据体中的每个单道地震数据进行短时傅里叶变换(STFT),然后在频率方向上对地震信号的时频能量进行重分配,即将 STFT 系数从时间-尺度空间转换到时间-频率空间,并进行压缩变换,以便它们集中在时频平面中的瞬时频率曲线周围,即进行单次同步压缩变换(SST)操作,再对 SST 操作进行多次迭代(即进行 MSST 时频变换操作),最后获得地震三维数据体中单道地震信号的时频剖面。

神经网络模型具有自适应能力,可以寻找给定数据集间非线性映射关系。通过神经网络模型进行油气储层的预测时,为了最大化保证预测结果的准确度与可信度,我们对训练过程中所用到的数据集就有了更高的要求。为了剔除与油气预测无关的干扰信息,需要对 MSST 时频变换后的二维时频剖面进行提取与变换。具体来说,就是只提取特定时间窗口与特定频率段的时频数据,并将其进行展平操作,将二维时频剖面降维为一维向量以方便输入进神经网络模型中。

对于单个 MSST 操作后的二维时频剖面,需要根据含油气的相关有效信息确定数据集的时窗大小与频率。为了使数据集的格式一致,所提取的时窗大小需要进行统一,并且要将所有的含气层段包括在内。若预测时窗过小,会导致所提取的时窗范围内未包含含气层段,丢失大量的含油气时频信息,进而影响到智能油气检测的预测精度和含气边界范围的界定。因此,所提取的时间窗口应取为储层范围的最大值。提取后的部分单道地震信号二维时频剖面如图 8-3 所示。

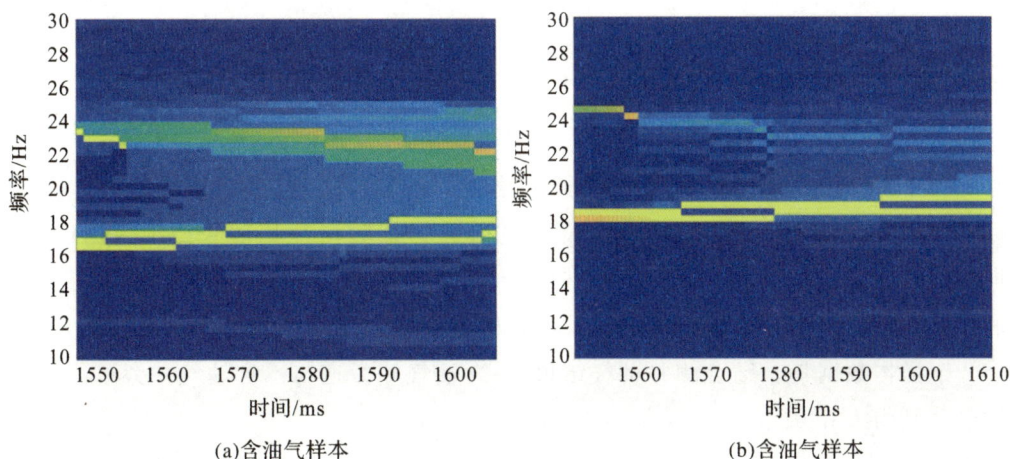

(a)含油气样本　　　　　　　　　　(b)含油气样本

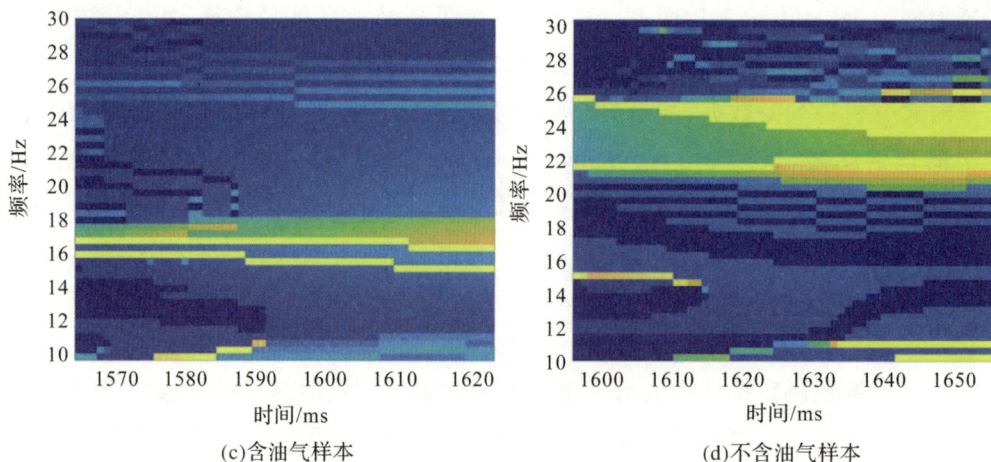

(c)含油气样本 (d)不含油气样本

图 8-3 部分样本的二维时频剖面

对于如图 8-3 所示的二维时频剖面,其横坐标为时间、纵坐标为频率,由于时间窗口有 60ms,剖面图对应频率段内的频率数据点个数为 50 个,则单道地震信号进行 MSST 操作后的二维时频数据可用矩阵形式表示为

$$
\begin{bmatrix}
x_1^1 & x_2^1 & x_3^1 & \cdots & x_{60}^1 \\
x_1^2 & x_2^2 & x_3^2 & \cdots & x_{60}^2 \\
x_1^3 & x_2^3 & x_3^3 & \cdots & x_{60}^3 \\
\vdots & \vdots & \vdots & \vdots & \vdots \\
x_1^{50} & x_2^{50} & x_3^{50} & \cdots & x_{60}^{50}
\end{bmatrix}
\tag{8-7}
$$

对式(8-7)沿横向进行展平操作,即将其变换为

$$
\begin{bmatrix}
x_1^1 \\
x_2^1 \\
\vdots \\
x_{60}^1 \\
x_1^2 \\
x_2^2 \\
\vdots \\
x_{60}^{50}
\end{bmatrix}
\tag{8-8}
$$

式(8-8)表示的是用于油气预测神经网络训练的输入数据,其对应的钻井评价则为目标输出数据。结合多组井旁道位置对应的时频一维数据及其钻井评价数据,构建生成训练模型已知数据集。在该工区共选取了 18 口钻井对应井旁道作为训练数据集,其中油气井为 10 口、干井为 8 口。每口井选择附近的 9 道地震信号作为地震数据,所以共有 162 个样本数据集。结合测井试气结果,令含油气井旁道与不含油气井旁道的对应目标输出分别为 1 和 0。

8.2.2　构建神经网络预测模型

利用 162 个样本数据集对神经网络模型进行训练，将其中 70％的数据（114 个数据集）作为训练集，剩余的 30％（48 个数据集）被平均分为验证集与测试集。训练集用于网络训练，验证集和测试集分别用于减少过拟合和测试模型性能。使用验证集可以带来更好的泛化效果，对于每次迭代，只有当验证集上的误差等于或小于之前的迭代时，权重才会进行更新。模型的训练过程如图 8-4 所示，模型在第 53 次迭代时对应的损失函数最小。

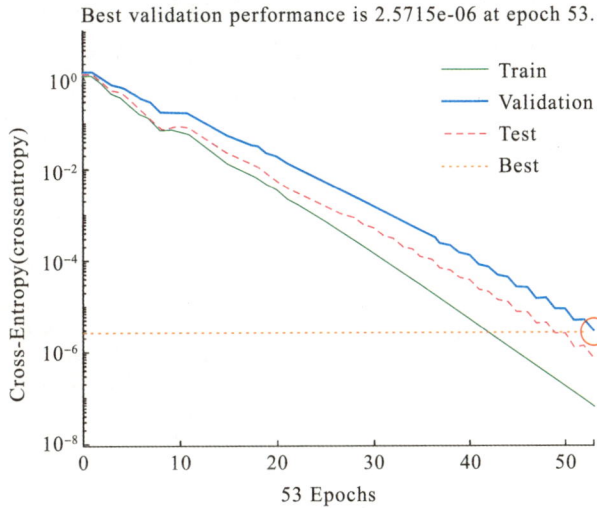

图 8-4　模型训练过程

训练完成后的模型对测试数据集的预测输出与目标输出如图 8-5 所示。可以看到，模型在测试集样本数据上拥有较好的预测准确度，在检测测试集样本数据"含油气信息"这一分类问题上的预测准确率为 100％。

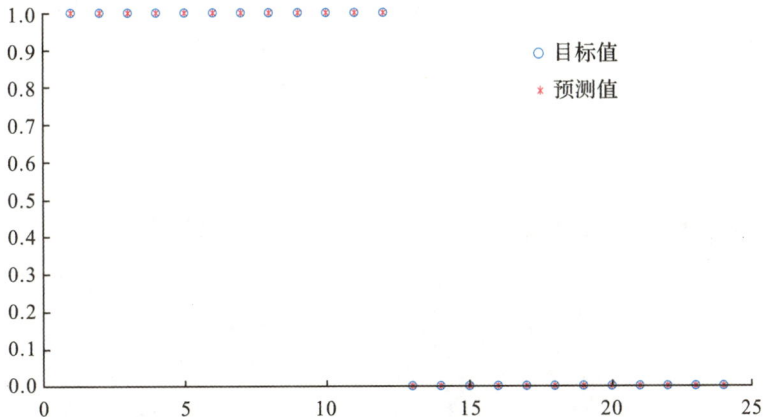

图 8-5　测试数据集的预测输出与目标输出

综上所述，所得结果表明了所构建的神经网络模型预测含油气地区的可行性和可靠性。以上提出的预测模型不仅对于所提取的数据集表现良好，在整个研究区都有着很好的预测效果，而且对于进一步精细油气预测和下一步钻井选位具有较高的参考性。此外，在所提出的模型中，没有必要像在经验或数学模型中那样简化问题或考虑一些先前的假设，并且不会产生人为主观因素所导致的误差，同时有利于发掘样本数据中潜在的可以反映油气分布情况的时频信息。

8.2.3 油气预测与结果

利用训练完成后的油气神经网络预测模型,即可对整个工区的地震数据进行全局油气检测,使用 MSST 时频变换方法对研究区地震三维数据体(即全部单道地震数据)进行时频分析,得到二维时频数据集,对二维时频剖面进行时窗及频率段提取,并逐一进行展平操作,作为输入模型的数据集。将处理完成后的数据集输入至油气神经网络预测模型中,使用未参加模型训练的 7 口预测井(3 口含油气井、4 口不含油气井)对模型的预测门槛值进行确定,并对模型的预测有效性进行二次评价,同时进行研究区的全局油气预测。

经神经网络模型预测后的输出数值即可代表研究区内对应位置含油气的概率,由于模型进行的是非线性的分类判断,所以实际输出结果并不是整数,因此需对某一坐标位置的含油气性质作出判定。本书对模型预测结果设定了含油气门槛值,判定低于含油气门槛值的对应坐标位置的检测结果即为不含油气,即预测概率低于门槛值的输出值视为 0。图 8-6 为油气神经网络预测模型输出数值取不同门槛值后的结果,其中,图(a)、(b)、(c)、(d)分别为门槛值取 40%、60%、80%、90%后的结果。预测井的具体对应信息如表 8-1 所示,通过 7 口未参与模型训练的预测井对全局油气检测结果进行验证,从图中可以看出当门槛值取 40%时,7 口预测井中的 P15H 预测井与 P2H 预测井并没有被准确地识别为不含油气井,而当门槛值为 60%时,除 P2H 之外的 6 口预测井都得到了与试气结论一致的预测结果。同时,图(b)、(c)、(d)所表现出的油气预测区域轮廓是较为接近的,证明当门槛值取 60% 及以上时,模型均具有较好的预测准确率,而相较于图(b)与图(c),图(d)即 90%门槛值对应的油气预测结果对含油气区域具有更加精细的刻画,且油气区域轮廓更符合河道的平面展布特征,所以最终的智能油气检测结果选取了 90%作为油气门槛值,模型在 7 口预测井上的预测准确率为 86%。

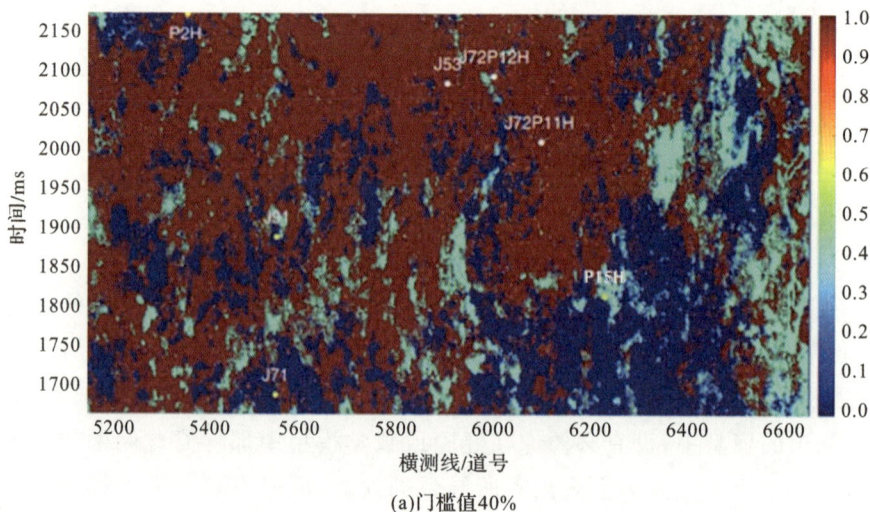

(a)门槛值40%

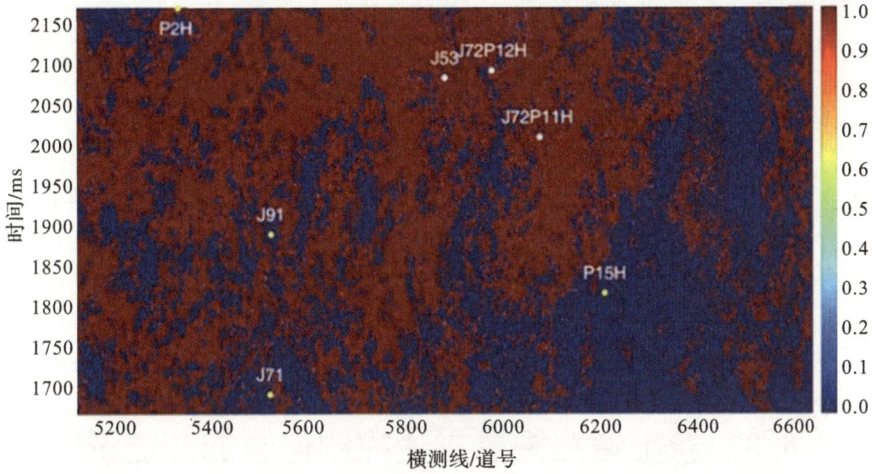

(b)门槛值60%

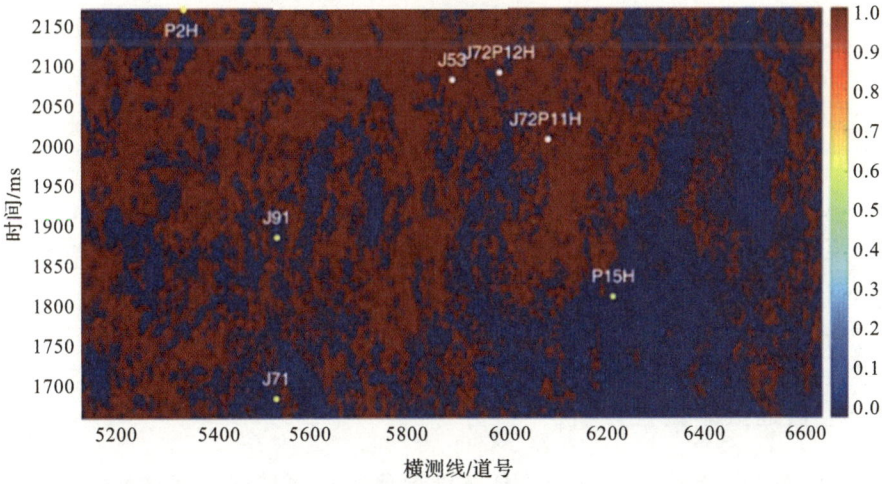

(c)门槛值80%

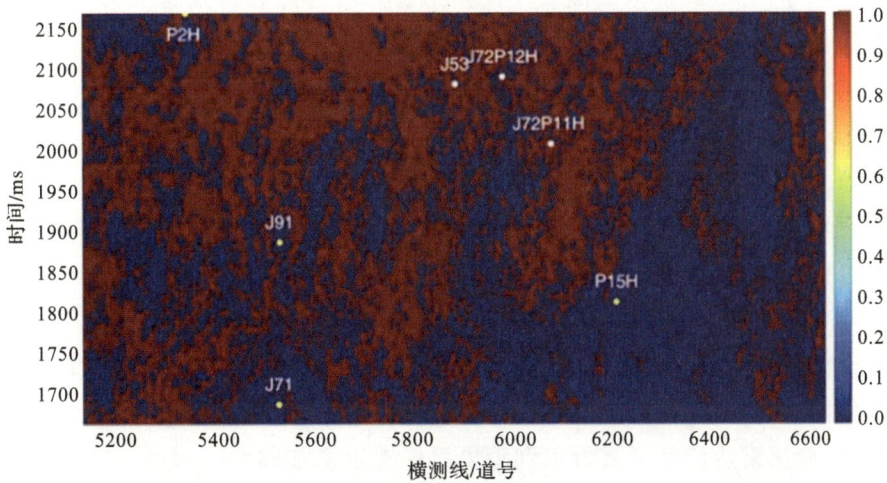

(d)门槛值90%

图 8-6　不同门槛值时的预测图

表 8-1　预测井信息

钻井编号	Inline 编号	Crossline 编号	试气结果(是否含油气)
J72P11H	2020	6075	是
J72P12H	2102	5974	是
J53	2093	5876	是
P15H	1827	6201	否
J71	1702	5508	否
P2H	2180	5316	否
J91	1900	5510	否

§8.3　城市道路隐患雷达探测信号的智能识别

城市道路塌陷已成为影响居民生产生活的一大顽症,其主要由道路地下的脱空、空洞、疏松、富水体等病害体所引起,因此探测出这些病害体并采取加固措施,是预防道路塌陷的有效方法。探地雷达技术由于其快速、便捷、无损、可视化等特点,已经成为城市道路地下病害体探测的主要方法。传统的城市道路隐患识别通常由人工逐个分析探地雷达信号来进行,不仅耗时,而且受个人经验影响较大。为此,本节基于具有雷达纹理属性的数据,采用 BP 神经网络构建了隐患预测模型,并将训练好的神经网络预测模型应用于浙江省杭州市某道路探地雷达探测数据分析中,识别出了道路隐患的位置和深度,实现了道路地下病害体的智能检测。

8.3.1　雷达数据属性分析

采用意大利 IDS 公司的 Stream UP 三维地质雷达系统进行了数据采集,使用中心频率为 200MHz 的天线,该天线配置了 19 个通道天线阵列,扫描宽度为 1.58m,包括 5 对收发天线,通道横向间距(即 Crossline 方向)为 0.088m,沿着雷达车前进的方向(即 Inline 方向)采样间隔为 0.08m,即天线每隔 0.08m 向下发射一个信号,测点纵向采样间隔为 0.195ns。

道路隐患在由探地雷达信号组成的波形剖面上的特征,与道路上的管线和井等产生的雷达信号差别往往较小,只有很有经验的专业人员才能识别出来。因此,直接采用雷达剖面数据进行机器学习,在此基础上进行智能识别可能会因为隐患与其他目标较小的波形差异性而影响识别效果。探地雷达属性是挖掘隐蔽信息的有效方法,通过将雷达信号转化为雷达属性数据,往往可以突出某些探测目标,从而降低目标识别的难度。通过分析,发现具有雷达纹理属性的数据,能够增强隐患目标与井、管线等目标的响应特征差异,为从雷达信号中有效识别隐患目标奠定了基础。

纹理属性指的是图像或物体在表面上呈现出的规则或不规则的纹路、花纹、纹理等视觉细节信息。纹理特征通常包括颜色、形状、大小、方向、密度等属性,并可分为统计纹理、结构纹理和基于物理的纹理等不同类型。利用纹理特征可以从图像中提取重要的信息,使得计算机能够识别、分析和理解图像内容,从而实现对图像的自动处理和分析。灰度共生矩阵(Gray-Level Co-occurrence Matrix,GLCM)[28]是一种经典的纹理特征提取方法,常用于计算机视觉和图像处理中。GLCM 通过分析图像中相同灰度级像素对的空间位置关系来提取纹理信息。

在城市道路隐患检测方面,单个 GLCM 属性通常不足以准确识别,因此,我们选择了常用的 10 种 GLCM 属性,分别是:GLCM Mean、GLCM Variance、GLCM Standard deviation、GLCM Homogeneity、GLCM Contrast、GLCM Dissimilarity、GLCM Entropy、GLCM Angular second moment、GLCM Correlation、GLCM Energy。选择合适大小的 GLCM 属性窗口对于目标体特征的提取至关重要,并直接影响模型分析的精度和效率,为了深入挖掘 GPR 数据的多维度信息,我们将 GLCM 的窗口设置为[时间方向采样范围]×[雷达前进方向采样数,横向方向采样数],综合考虑目标体特征、数据分辨率以及计算资源,并结合敏感性分析和实验迭代,最终确定了三组不同的 GLCM 尺度:[-6,6]×[1,1]、[-6,6]×[3,3]、[-6,6]×[1,10],如图 8-7 所示,以确保模型的适用性和解释的有效性。

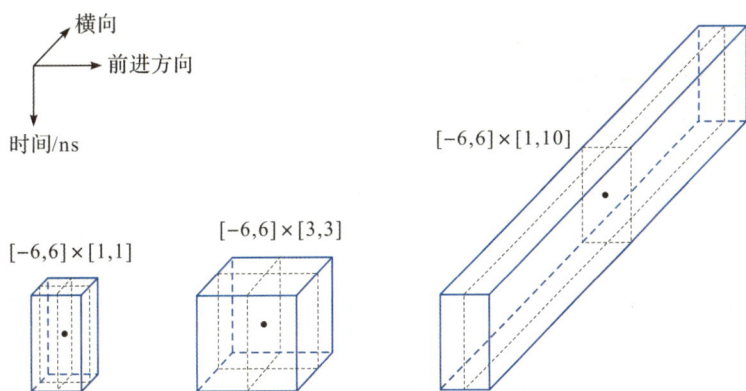

图 8-7　GLCM 尺度的选择

选择时间窗口为[-6,6]意味着我们关注的是目标点前后共 13 个时间单位的数据,这样的窗口大小足以捕捉到目标的地质特征,同时避免了因窗口过大而导致的计算复杂度增加的问题。不同的步长[1,1]、[3,3]、[1,10],提供了不同级别的分析粒度:步长[1,1]进行高分辨率的纹理分析,适合于识别细小的目标特征;步长[3,3]提供了适中的分析粒度,适合于分析中等尺度的特征及变化;步长[1,10]则用于快速概览 Crossline 方向上大尺度的目标结构,如图 8-8 中的管线(见"方框"标注处),虽然其在 Inline 剖面上的反射波显示出类似于空洞的双曲线特征,但是从 3D-GPR 时间切片可以看出,管线在 Crossline 方向上具有明显的线性特征,这与其他目标体有很大的不同,便于区分。

图 8-9、图 8-10 和图 8-11 分别显示了部分隐患与井、隐患与地层、隐患与管线的 GLCM属性交绘图,可以看到,选定不同尺度的 GLCM 属性后,隐患与其他目标体变得

可区分,表明了 GLCM 属性在区分城市道路隐患与其他地下目标体特征方面的能力,也为智能识别奠定了基础。

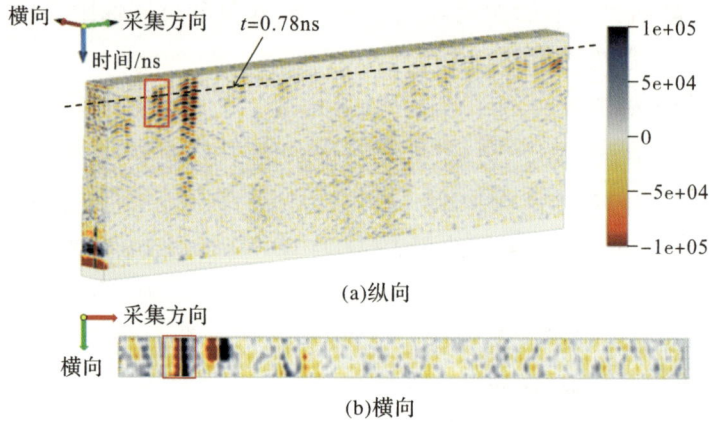

(a)纵向

(b)横向

图 8-8　隐患目标在纵向与横向上的特征表现

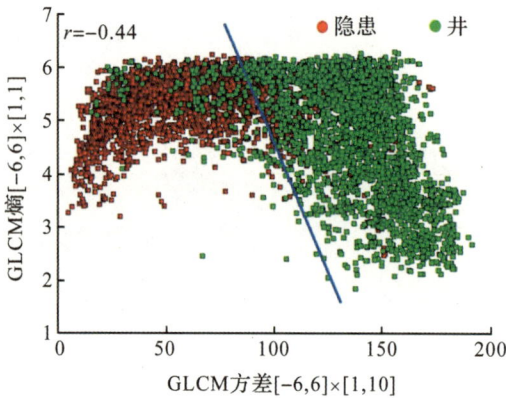

图 8-9　隐患与井的 GLCM 属性交会图

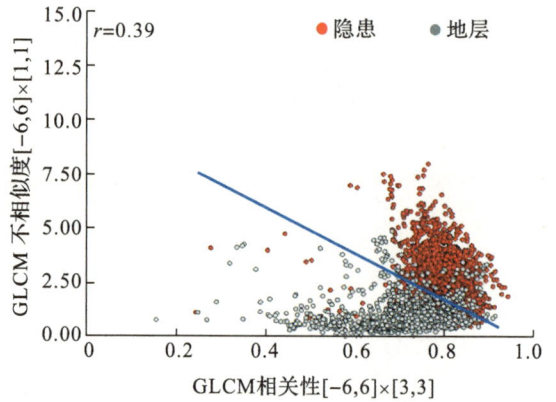

图 8-10　隐患与地层的 GLCM 属性交会图

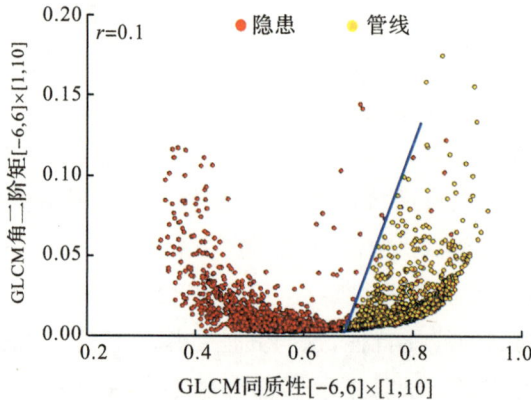

图 8-11　隐患与管线的 GLCM 属性交会图

8.3.2　基于 GLCM 属性的 BP 神经网络地下病害预测模型构建

(1)建立标签数据集,包括训练集和验证集。其中,训练集用于 GLCM 属性机器学习模型的学习训练,验证集用于验证该模型的性能。选取特征已知的探地雷达数据剖面,并通过人工标注形成标签数据集。选取的雷达数据如图 8-12 所示,其中非病害体剖面 297 个(包含正常道路、井、管道剖面)、病害体剖面 174 个(包含疏松和脱空剖面)。

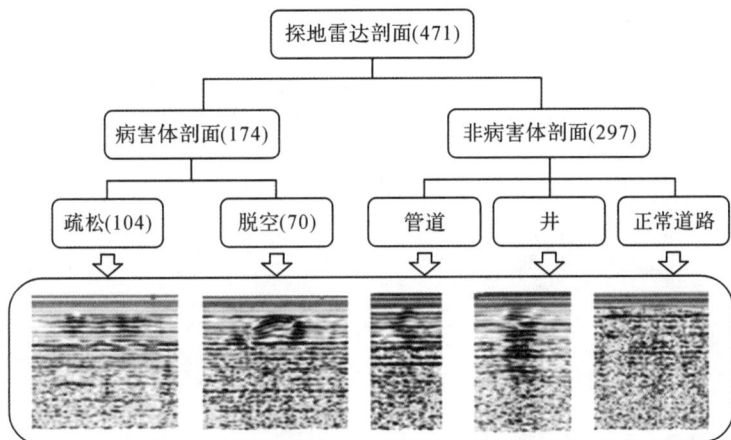

图 8-12　标签数据的类型

根据探地雷达数据特征以及专家经验,在用于模型训练的探地雷达数据二维剖面上识别隐患、井、管道、地层目标体并进行样本点的手动标注,作为标签数据。图 8-13、图 8-14和图8-15显示了部分具有明显目标特征的隐患、井、管线的部分剖面以及标注的样本点。

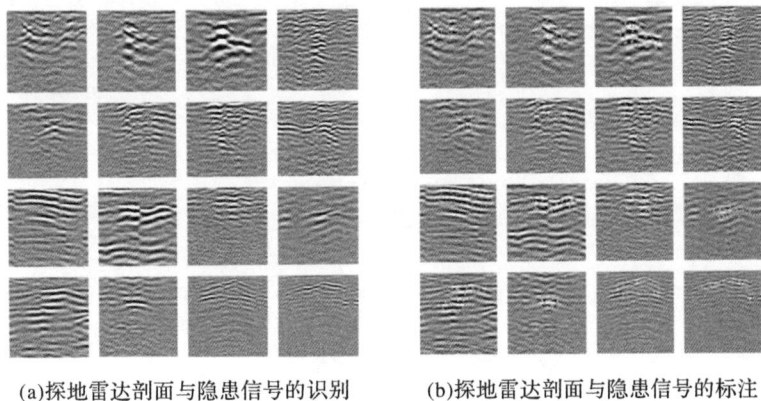

(a)探地雷达剖面与隐患信号的识别　　(b)探地雷达剖面与隐患信号的标注

图 8-13　探地雷达剖面与隐患信号的识别及标注

(2)以标注的样本点为中心获得不同尺度 GLCM 属性的目标特征值,并按 8∶2 的比例分为训练集和验证集,将其作为输入进行模型的训练。综合考虑训练时间以及训练效果的影响,神经网络的结构如图 8-16 所示,选取两个隐藏层,对第一层的 15 个隐含节点、第二层的 8 个隐含节点进行人工神经网络训练,神经网络结构为 31—15—8—4,输入为 3 组不同尺度的 GLCM 属性的目标特征值和梯度处理后的雷达数据,输出分别为隐患、井、管线、地层。

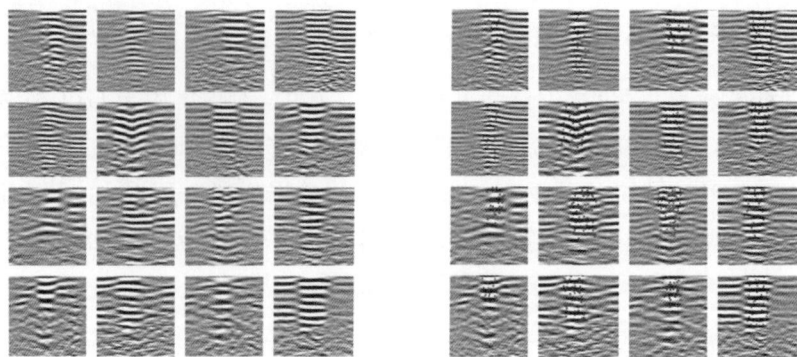

(a)探地雷达剖面与井信号的识别   (b)探地雷达剖面与井信号的标注

图 8-14　探地雷达剖面与井信号的识别及标注

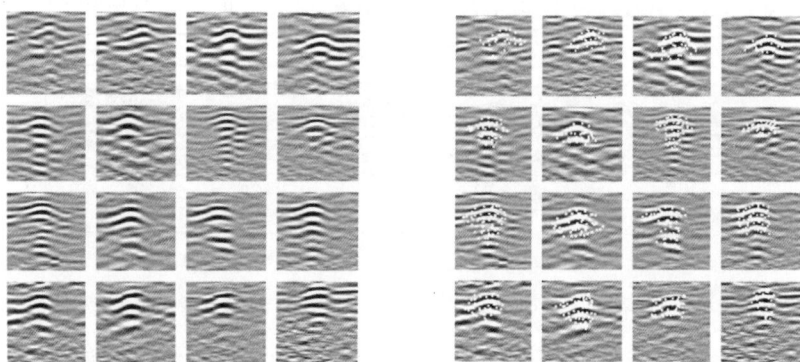

(a)探地雷达剖面与管线的识别   (b)探地雷达剖面与管线的标注

图 8-15　探地雷达剖面与管线的识别及标注

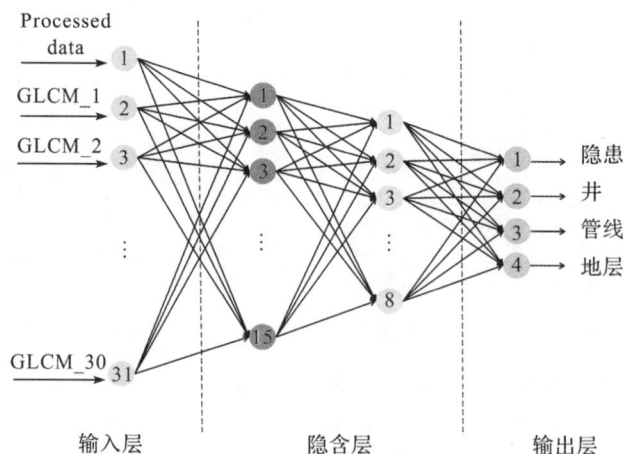

图 8-16　雷达信号 BP 人工神经网络结构

　　模型训练结束后,利用验证集数据,采用混淆矩阵对模型的性能进行评估。如图 8-17所示,混淆矩阵展示了模型在不同类别上的预测结果与实际结果的对比情况。根据混淆矩阵的分析,模型在准确率(Accuracy)上达到 89.59% ,满足工程应用的要求。

（3）为了检验模型的泛化能力，对测试集数据进行处理后，计算其不同尺度的 GLCM 属性值并输入到构建的智能识别模型中，使用 1、2、3、4 四种不同的分类值分别代表道路隐患、管线、地层和井，目标体的识别效果如图 8-18 所示，基本实现了目标体的可视化识别与分类。同时也可以看到，由于井和管线附近的土壤存在疏松现象，不可避免地被识别为病害体的特征，因此，在进一步根据分类值进行隐患自动输出的过程中，为避免井和管线的影响，可以考虑先将其及附近影响区域去除。

图 8-17 混淆矩阵

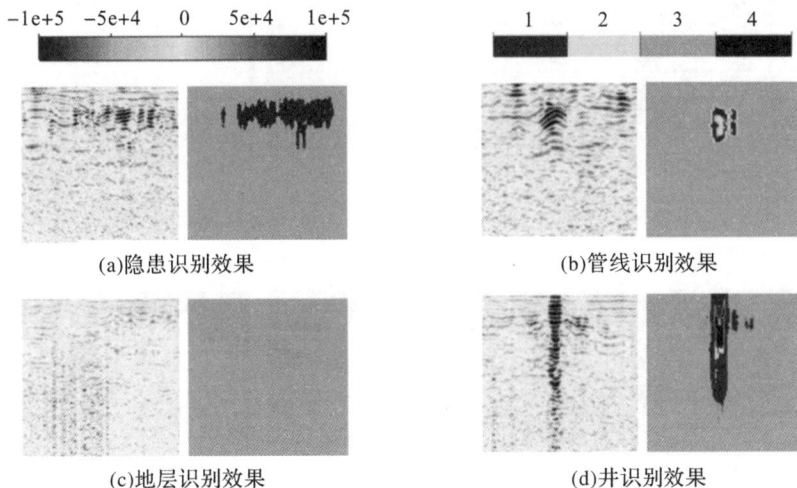

图 8-18 不同目标体的识别效果

8.3.3 BP 神经网络道路隐患预测模型的实际应用

将上述 BP 神经网络预测模型应用于浙江省杭州市城市道路隐患雷达探测数据的智能识别中，进一步证明了该神经网络模型的有效性。如图 8-19 所示，道路东起江虹路 421 号，西至时代大道，长 1310 米，宽 20 米。经人工核验共有 38 个城市道路隐患（见图 8-19 标记处）。将数据进行处理及多尺度 GLCM 属性计算后，输入到模型中进行识别，其中模型能够准确识别 34 个道路隐患,误判或漏判道路隐患 4 个,识别准确率为 89.5%。隐患 d01 到 d05 的识别效果,分别如图 8-20、图 8-21、图 8-22 和图 8-23 所示。

钻孔验证进一步验证了模型识别结果的准确性。以隐患 d02、d05 为例,其现场及钻孔情况分别如图 8-24、图 8-25 所示,可以看出相应位置确实存在脱空隐患。

图 8-19 浙江杭州江二路实测雷达数据隐患分布

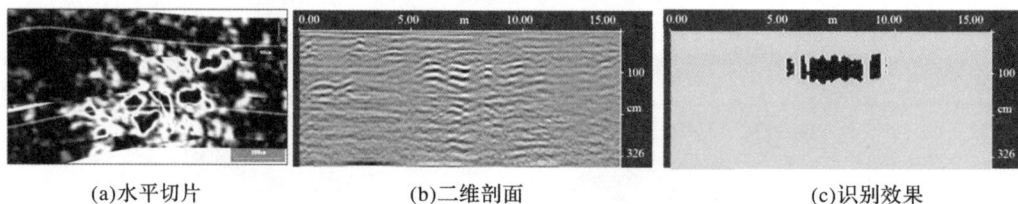

(a)水平切片   (b)二维剖面   (c)识别效果

图 8-20 隐患 d01 的水平切片、二维剖面及识别效果

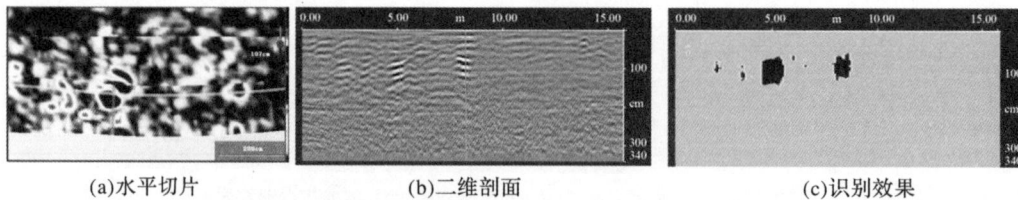

(a)水平切片   (b)二维剖面   (c)识别效果

图 8-21 隐患 d02、d03 的水平切片、二维剖面及识别效果

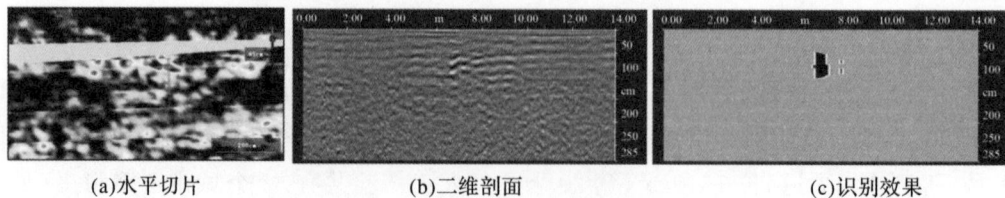

(a)水平切片   (b)二维剖面   (c)识别效果

图 8-22 隐患 d04 的水平切片、二维剖面及识别效果

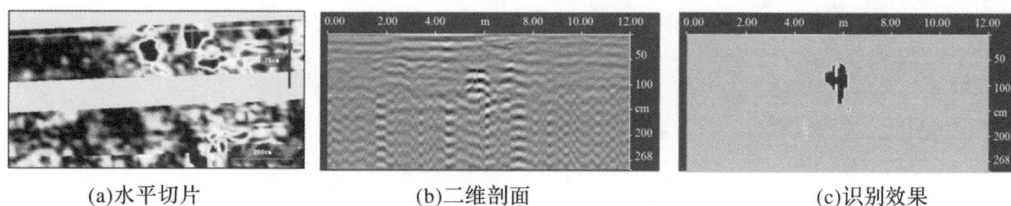
(a)水平切片　　　　　　(b)二维剖面　　　　　　　(c)识别效果

图 8-23　隐患 d05 的水平切片、二维剖面及识别效果

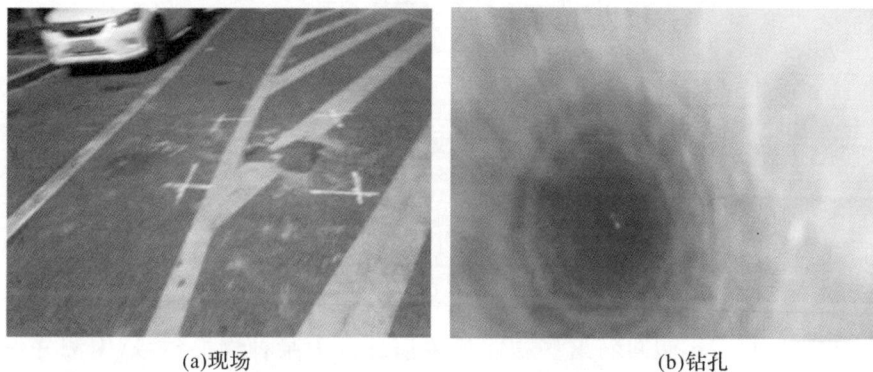
(a)现场　　　　　　　　　　　　　　(b)钻孔

图 8-24　d02 现场及钻孔照片

(a)现场　　　　　　　　　　　　　　(b)钻孔

图 8-25　d05 现场及钻孔照片

习题

8-1 请说明 BP 神经网络的结构特点。

8-2 请写出 BP 神经网络的执行流程。

8-3 本章中油气地震信号的神经网络预测模型的案例,训练时输入的数据是什么?

8-4 用于本章中道路隐患神经网络模型的输入和输出数据各是什么?

8-5 用于神经网络的训练集和验证集的作用各是什么?

习题 8 参考答案

第 9 章

▶▶▶▶▶▶

地质统计与聚类分析

大气、地理环境和地下物质等地学研究的对象一般是由连续介质组成的,而且是三维分布的,如何通过有限离散采样获得的地学数据分析连续分布介质的性质和规律,是地学领域经常遇到的问题。比如,通过油气勘探中的测井可得到某位置地下不同深度的介质的物性参数信息,也可将这些物性参数信息视为某种物性信号,因测井位置是离散分布的,故如何通过这些离散分布的测井数据得到整个测区的地质信息,是地学研究中经常遇到的问题。若要对离散分布的地学数据进行统计和分析,发现其中蕴含的规律,这就需要用到地质统计与聚类分析的方法。本章主要介绍地质统计与聚类分析的基本方法,及其在地学数据分析中的一些应用。主要内容包括:地质统计学基本原理、地质统计学应用、聚类方法和地学数据的聚类分析。

§9.1 地质统计学基本原理

离散采样得到的地学数据是区域化变量。区域化变量也称为区域化随机变量,它与普通的随机变量不同。普通随机变量的取值符合某种概率分布,而区域化随机变量则根据其在一个区域内的位置不同来取值,即它是与位置有关的随机函数。一方面,区域化随机变量是随机函数,它具有局部的、随机的、异常的特征;另一方面,区域化随机变量具有结构性,即在空间位置上相邻的两个点具有某种程度的相关性。

地质统计学是以区域化变量理论为基础,以变差函数或训练图像为主要工具,研究在空间分布上既有随机性又有结构性,或空间相关和依赖性的自然现象的科学[29]。地质统计学发展至今,不仅被应用于地质学,而且在气象、地理、环境、海洋、生态等多个学科得到了应用与发展。下面主要介绍地质统计学的两种方法:两点地质统计学和多点地质统计学。

9.1.1 两点地质统计学

两点地质统计学,是以变差函数为基本工具,研究在空间两个位置(两点)处的变量随机性和结构性特征的方法。

在任一方向,相距 h 的两个区域化变量 $Z(x)$ 与 $Z(x+h)$ 值的差的方差,就称为这两个区域化变量的变差函数(也称为变异函数)。变差函数反映了区域化变量的空间变化特征,特别是能够透过随机性反映区域化变量的结构性,故也被称为结构函数。变差函数的计算公式为

$$2\gamma(x,h)=\mathrm{Vax}[Z(x)-Z(x+h)] \tag{9-1}$$

其中,$\gamma(x,h)$ 为变差函数;Vax 代表方差。

若变差函数仅依赖于自变量 h,而与位置 x 无关,则在某一方向上的变差函数可记为 $\gamma(h)$。

若区域化变量满足(准)二阶平稳条件或(准)内蕴假设,h 为两样本点间的向量,$Z(x_i)$ 和 $Z(x_i+h)$ 分别是 $Z(x)$ 在空间位置 x_i 与 x_i+h 上的观测值,且 $i=1,2,\cdots,N(h)$,那么计算实验变差函数的公式为

$$\gamma^*(h)=\frac{1}{2N(h)}\sum_{i=1}^{N(h)}[Z(x_i)-Z(x_i+h)]^2 \tag{9-2}$$

其中,$\gamma^*(h)$ 为实验变差函数;$N(h)$ 为样点对的个数。

在某一方向,对于不同距离 $|h|$ 可计算出相应的 $\gamma^*(h)$,把计算出的所有 $|h|$ 和 $\gamma^*(h)$ 对,以 $|h|$ 为横坐标、$\gamma^*(h)$ 为纵坐标在直角坐标系中标出,得到散点图,将各散点连接就得到了实验变差函数图。若任一距离 $|h|$ 的变差函数值均可获取,则可得到理论变差函数图。变差函数图可以直观地描述区域化变量 $Z(x)$ 随 $|h|$ 的变化情况。

变差函数是两点地质统计学的基础,能够反映区域化变量的许多重要特征。一般情况下,变差函数 $\gamma(h)$ 是一个单调递增函数,当 h 超过某一数值 $a(a>0)$ 后,变差函数不再增大,而是稳定在一个极限值附近,这种现象称为"跃迁现象"。对于变差函数 $\gamma(h)$,当 $h\rightarrow0$ 时,$\gamma(h)\rightarrow C_0$,这种现象称为"块金效应",C_0 称为块金常数或块金方差或块金值。图 9-1 为一典型的变差函数曲线,其中数值 a 称为变程,极限值 C_0+C 称为基台值。

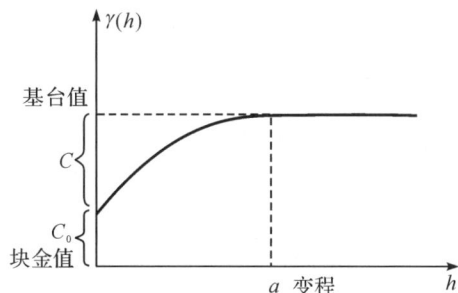

图 9-1　区域化变量典型的变差函数曲线

变程和基台值是地质统计学中的两个重要概念,也是描述变差函数曲线的两个重要指标。$Z(x)$ 一般与以 x 为中心、以变程 a 为半径的邻域内的任何其他 $Z(x+h)$ 具有

空间相关性。通常情况下,这种相关性的程度随着两点距离的增大而减小,当 $h \geqslant a$ 时,两点变量值之间就不存在相关性了。所以,变程 a 的大小反映了区域化变量影响范围的大小。基台值 $C_0 + C$ 的大小反映了区域化变量变化幅度的大小。块金常数 C_0 反映了区域化变量内部随机性的可能程度,该数值较大,则表明区域化变量的连续性较差,即使在很短的距离上,变量值的差异也可以较大。

在不同方向上计算得到的变差函数反映了区域化变量在不同方向上的随机性和结构性。如果在各个方向上区域化变量的变异性相同或接近,则称区域化变量是各向同性的,否则称为各向异性。

通过变差函数,可以对区域化变量进行分析,了解离散采样数据反映的地学信息的空间变化情况,更为重要的是在结构分析的基础上,采用克里金(Kriging)方法对未采样位置的地质参数进行估值计算,获得连续变化的地质参数模型。其实,克里金方法是一种空间插值方法,不同于一般的插值方法,它是基于采样数据反映的区域化变量的结构信息(变差函数),根据待估点或块段有限邻域内的采样点数据,考虑样本点间的空间位置关系、与待估点的空间位置关系,对待估点进行的一种无偏最优估计,并能给出估计精度,比其他方法更精确和符合实际情况。

下面给出克里金估值的一般方法。克里金估计提供的是区域化变量在一个局部区域的平均值的最佳估计。设某区域上的一系列位置点为 $x_1, x_2, \cdots, x_n$,对应的随机变量依次是 $Z(x_1), Z(x_2), \cdots, Z(x_n)$,那么位置 x 处的随机变量 $Z(x)$ 可以采用一个线性组合式来估计,即

$$Z^*(x) = \sum_{i=1}^{n} \lambda_i Z(x_i) \tag{9-3}$$

其中,$Z^*(x)$ 表示 $Z(x)$ 的估计值;λ_i 为权系数。

从式(9-3)可知,若能确定出 λ_i,则很容易就可计算出 $Z^*(x)$。λ_i 是通过地质统计来确定的,并且需要满足以下标准:

$$\begin{cases} E(Z^*(x) - Z(x)) = 0 \\ \mathrm{Vax}(Z^*(x) - Z(x)) = \min \end{cases} \tag{9-4}$$

其中,E 表示数学期望;第一个等式刻画了无偏性;第二个等式要求估计方差最小(最优)。

利用式(9-4)可推导出克里金方程组,用于计算 λ_i,具体表达式为

$$\begin{cases} \sum_{i=1}^{n} \gamma(x_i - x_j)\lambda_i - \mu = \gamma(x_0 - x_j), \quad j = 1, 2, \cdots, n \\ \sum_{i=1}^{n} \lambda_i = 1 \end{cases} \tag{9-5}$$

其中,$\gamma(x_i - x_j)$ 为变差函数;μ 为均值。

通过求解方程式(9-5),即可计算出 λ_i,将其代入式(9-3),就能得到克里金估计值了。

9.1.2　多点地质统计学[30-31]

变差函数仅能表征空间两点之间的相关性,在描述复杂空间结构方面存在先天不足。因此,变差函数难以对复杂结构进行有效刻画。多点地质统计学以训练图像代替变差函数,着重表达空间多点之间的相关性,能够有效克服两点地质统计学在描述空间结构复杂地质体方面的不足。

相距为 h 的两点同时处于状态 S_k 的概率,通常通过两点的非中心指示协方差来计算,表达式为

$$C(h,k) = E[Z(u,k), Z(u+h,k)] \qquad (9\text{-}6)$$

若存在由 n 个向量 $\{h_i, i=1,2,\cdots,n\}$ 确定的数据样板 T_n,则 n 个数据点 $(u+h_1, u+h_2, \cdots, u+h_n)$ 同时为 S_k 的概率,可以通过多点非中心指示协方差来计算,表达式为

$$C(h_i, k) = E\left[\prod_{i=1}^{n} Z(u+h_i), k\right] \qquad (9\text{-}7)$$

n 个数据点 $(u+h_1, u+h_2, \cdots, u+h_n)$ 同时分别为 $S_{k_1}, S_{k_2}, \cdots, S_{k_n}$ 的概率,可以通过多点非中心指示交互协方差来计算,表达式为

$$C(h_i, k_i) = E\left[\prod_{i=1}^{n} Z(u+h_i), k_i\right] \qquad (9\text{-}8)$$

利用多点地质统计学估计某个位置处地质参数的值,实际上是包含 n 个数据点的数据事件 $d_n = \{S(u_i) = s_{k_i}, i=1,2,\cdots,n\}$ 出现的概率,故称为多点地质统计,可表示为

$$\text{Prob}\{d_n\} = \text{Prob}\{S(u_i) = s_{k_i}, i=1,2,\cdots,n\} = E\left[\prod_{i=1}^{n} Z(u_i, k_i)\right] \qquad (9\text{-}9)$$

多点地质统计学中有三个重要概念,分别是数据样板、数据事件和训练图像。数据样板是以待确定位置为中心的、由若干个网格结点组成的特定图案,代表了某种空间模式。虽然数据样板可以有多种样式,但是对于某一次多点地质统计的模拟过程来说,我们一般会选取一个固定的数据样板。通过将数据样板与已知图像(训练图像)匹配,得到的网络节点属性已知的图案,称为数据事件。训练图像是通过综合各种地质信息和资料,生成的一种直观的、可揭示地质结构空间模式的概念模型。训练图像是对已有认识和先验模型的全面和量化的抽象表达,它反映了地质结构及现象的空间分布模式。

采用一定的模拟算法,对训练图像进行扫描,来确定待模拟位置属性的值,这一过程即为多点地质统计随机模拟。不同的模拟算法其实现过程一般是不同的,下面以直接采样(Direct Sampling, DS)算法为例,介绍一下多点地质统计随机模拟的基本方法。

采用直接采样(DS)算法实现多点地质统计的原理如图 9-所示。图 9-2(a)是数据样板,问号代表待估计属性的位置,灰色窗口和黑色窗口代表先验属性。在训练图像中定义一个搜索窗口,如图 9-2(b)所示,按照 a、b、c、d 四个方向进行搜索计算。在搜索窗口内,任选一位置开始用数据样板进行扫描,对应一个数据事件,其中待确定位置的属性是当前位置训练图像中属性的值,如图 9-2(c)所示。进行多次扫描,直到数据事件与先

验信息属性吻合,此时待确定位置对应训练图像上的属性即为模拟得到的属性。采用以上方法对要建立的地质模型网格内所有待确定位置处的属性值进行模拟,即可完成多点地质统计建模。

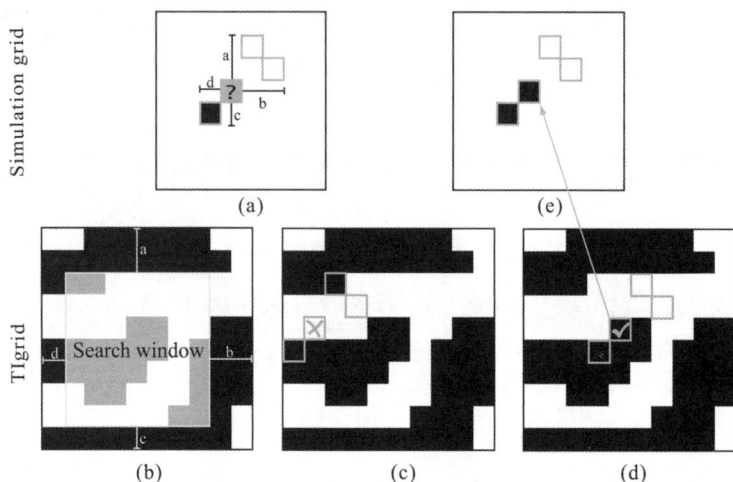

图 9-2　采用直接采样(Direct Sampling)算法实现多点地质统计

§9.2　地质统计学应用

9.2.1　地质统计建模

在地质学研究中,地质统计学主要被用于地质模型的构建。比如,在工程环境地质调查中,基于不同位置获得的钻井岩芯数据(包括每个钻井位置不同深度的地层岩性、界面、断层等属性)采用克里金方法可以建立地质剖面图。更为复杂的建模方法,包括利用钻井岩芯数据、地球物理和遥感等数据,采用多点地质统计学方法构建三维地质模型等。

下面以浅层地质剖面为例,说明地质统计建模的实际应用。

图 9-3 至图 9-7 为钻井岩芯柱状图,显示了每个钻井位置不同深度的地层岩性、界面深度等信息。接下来说明一下如何利用克里金方法基于这些岩芯数据进行地质剖面的构建。首先,需要整理图 9-3 至图 9-7 中 WHZ-83、WHZ-88、WHZ-93、WHZ-98、WHZ-103 五口钻井的岩芯数据,相邻钻井之间距离 10m,建立包含各井的位置、不同深度的地层岩性以及界面深度等信息的数据库。这些数据提供了地层岩性在各个钻井点的空间分布情况,可以识别不同深度的岩性和界面,从而为克里金插值提供基础数据。

在 Surfer 或类似的地质建模软件中,将这些数据输入并进行克里金插值。克里金方法是一种地质统计学技术,可以依据空间数据的相关性,在已知钻井数据之间进行插值,估算未知点的地质信息。这个过程需要选择适当的变差函数,评估空间的自相关性,以确保插值结果能够准确反映地层的连续变化。

钻 孔 柱 状 图

第 1 页　共 1 页

工程名称	浦炬街南C6—10商业地块项目一桩一探				
工程编号	2024-GKC-390878		钻孔编号	WHZ83	
孔口高程/m	6.83	坐标/m	X=70096.53	开工日期	稳定水位深度/m
孔口直径/mm			Y=80242.78	竣工日期	稳定水位日期

地层编号	时代成因	层底高程/m	层底深度/m	分层厚度/m	柱状图 1:300	地层描述
①	Q_3^{ml}	5.2	1.6	1.6		杂填土：黄褐，中密，很湿，可塑，杂色，松散，干~湿，以黏性土为主，夹碎石、碎砖、砼块等建筑垃圾，局部夹较多生活垃圾、腐殖质，硬杂质占20%~80%，最大块径超过10cm，表层夹较多植物根系，土质不均匀。
③						含碎石粉质黏土：黄褐色、褐红色，硬可塑状，含铁锰质氧化结核，夹少量碎砾石，粒径一般为0.5~3cm，最大约6cm，切面较光滑~粗糙，无摇振反应，干强度中等，韧性中等。
		−14.2	21.0	19.4		
⑥	C					石灰岩：青灰色，较坚硬。中厚层构造，隐晶质结构，钙质胶结，岩芯完整性较好，呈长柱状，节长10~40cm，节理裂隙发育，一般宽度1~3mm，裂隙中多充填方解石脉。
		−38.2	45.0	24.0		

勘察单位	浙江省××设计院有限公司	设计		审核		项目负责		图号	WHZ-83

图 9-3　钻井 WHZ-83 岩芯柱状图

钻 孔 柱 状 图

第 1 页　共 1 页

工程名称		浦炬街南C6—10商业地块项目一桩一探					
工程编号		2024-GKC-390878		钻孔编号		WHZ88	
孔口高程/m	6.98	坐标/m	X=70104.34	开工日期		稳定水位深度/m	
孔口直径/mm			Y=80247.19	竣工日期		稳定水位日期	

地层编号	时代成因	层底高程/m	层底深度/m	分层厚度/m	柱状图 1:300	地层描述
①	Q_3^{ml}	5.6	1.4	1.4	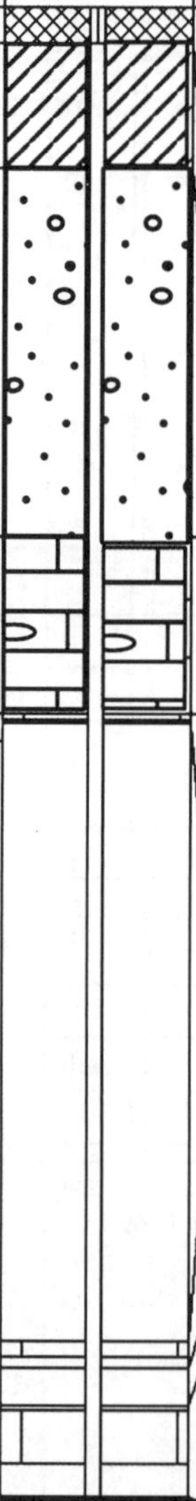	杂填土：黄褐，中密，很湿，可塑，杂色，松散，干~湿，以黏性土为主，夹碎石、碎砖、砼块等建筑垃圾，局部夹较多生活垃圾、腐殖质，硬杂质占20%~80%，最大块径超过10cm，表层夹较多植物根系，土质不均匀。
②		0.7	6.3	4.9		粉质黏土：杂色，中密，饱和，不均匀，圆，灰黄色，硬可塑状，含铁锰质氧化物，局部夹少量砾石。无摇振反应，切面较光滑，干强度中等，韧性中等。
③		−13.6	20.6	14.3		含碎石粉质黏土：黄褐色、褐红色，硬可塑状，含铁锰质氧化结核，夹少量碎砾石，粒径一般为0.5~3cm，最大约6cm，切面较光滑~粗糙，无摇振反应，干强度中等，韧性中等。
④	K	−20.5	27.5	6.9		全风化砂岩：褐红色、砖红色，岩性结构已完全被破坏，局部尚可辨认，岩芯风化呈硬可塑含砾粉质黏土状，夹风化碎砾。
⑥	C	−20.9	27.9	0.4		石灰岩：青灰色，较坚硬。中厚层构造，隐晶质结构，钙质胶结，岩芯完整性较好，呈长柱状，节长10~40cm，节理裂隙发育，一般宽度1~3mm，裂隙中多充填方解石脉。
⑤		−45.0	52.0	24.1		溶洞：全充填，充填物以软塑黏性土为主，夹少量碎石，分布不均，局部粒径较大，粒径可达10cm。 石灰岩：青灰色，较坚硬。中厚层构造，隐晶质结构，钙质胶结，岩芯完整性较好，呈长柱状，节长10~40cm，节理裂隙发育，一般宽度1~3mm，裂隙中多充填方解石脉。
⑥	C	−46.0	53.0	1.0		全充填，充填物以黏性土为主，夹少量碎石。
⑤		−47.5	54.5	1.5		石灰岩：青灰色，较坚硬。中厚层构造，隐晶质结构，钙质胶结，岩芯完整性较好，呈长柱状，节长10~40cm，节理裂隙发育，一般宽度1~3mm，裂隙中多充填方解石脉。
⑥	C	−51.0	58.0	3.5		

勘察单位	浙江省××设计院有限公司	设计		审核		项目负责		图号	WHZ-88

图 9-4　钻井 WHZ-88 岩芯柱状图

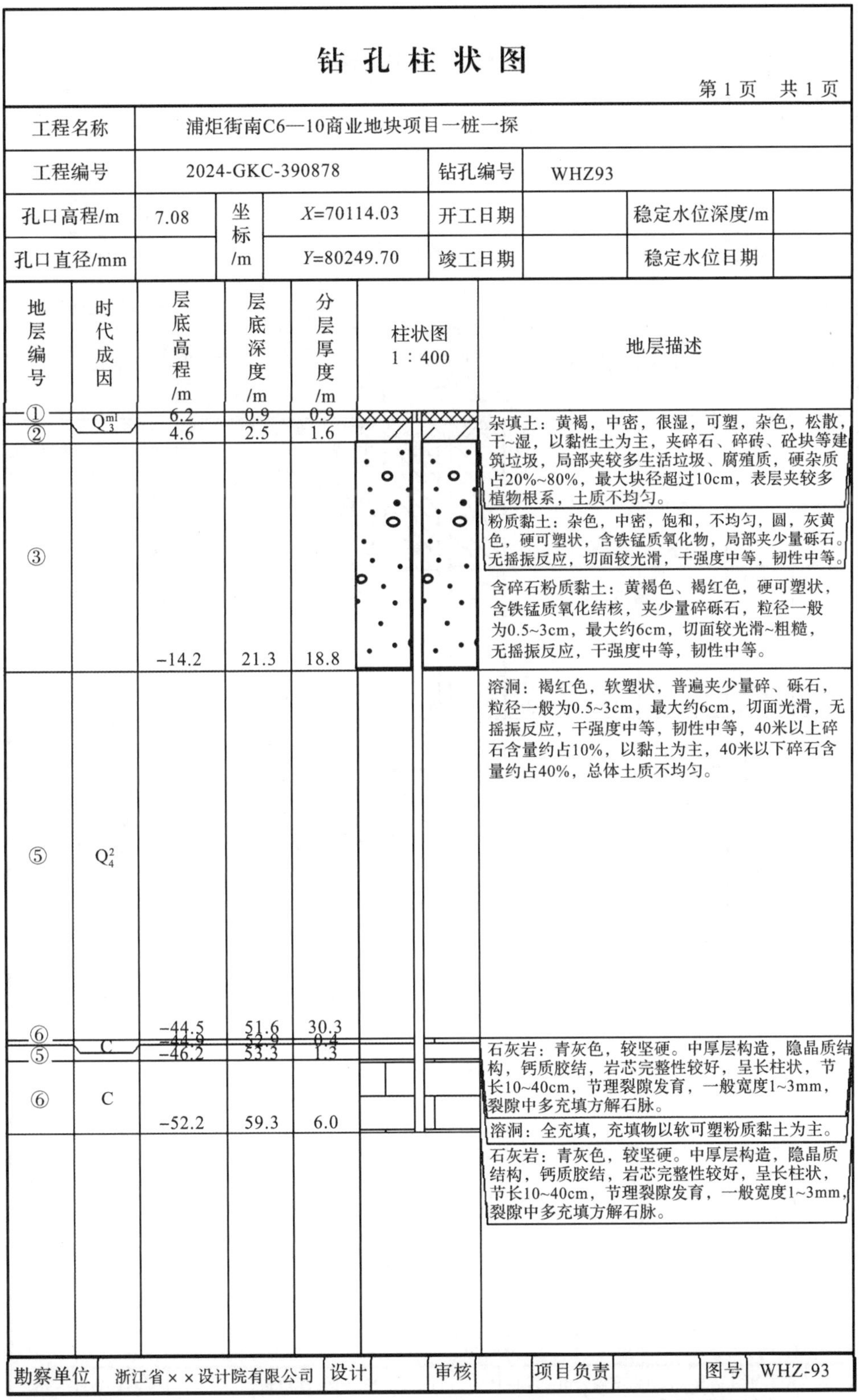

钻 孔 柱 状 图

第 1 页　共 1 页

工程名称	浦炬街南C6—10商业地块项目一桩一探					

工程编号	2024-GKC-390878		钻孔编号	WHZ93		

孔口高程/m	7.08	坐标 /m	X=70114.03	开工日期		稳定水位深度/m	
孔口直径/mm			Y=80249.70	竣工日期		稳定水位日期	

地层编号	时代成因	层底高程/m	层底深度/m	分层厚度/m	柱状图 1：400	地层描述
①	Q_3^{ml}	6.2	0.9	0.9		杂填土：黄褐，中密，很湿，可塑，杂色，松散，干~湿，以黏性土为主，夹碎石、碎砖、砼块等建筑垃圾，局部夹较多生活垃圾、腐殖质，硬杂质占20%~80%，最大块径超过10cm，表层夹较多植物根系，土质不均匀。
②		4.6	2.5	1.6		
③						粉质黏土：杂色，中密，饱和，不均匀，圆，灰黄色，硬可塑状，含铁锰质氧化物，局部夹少量砾石。无摇振反应，切面较光滑，干强度中等，韧性中等。
						含碎石粉质黏土：黄褐色、褐红色，硬可塑状，含铁锰质氧化核核，夹少量碎砾石，粒径一般为0.5~3cm，最大约6cm，切面较光滑~粗糙，无摇振反应，干强度中等，韧性中等。
		-14.2	21.3	18.8		
⑤	Q_4^2					溶洞：褐红色，软塑状，普遍夹少量碎、砾石，粒径一般为0.5~3cm，最大约6cm，切面光滑，无摇振反应，干强度中等，韧性中等，40米以上碎石含量约占10%，以黏土为主，40米以下碎石含量约占40%，总体土质不均匀。
		-44.5	51.6	30.3		
⑥	C	-44.9	52.0	0.4		石灰岩：青灰色，较坚硬。中厚层构造，隐晶质结构，钙质胶结，岩芯完整性较好，呈长柱状，节长10~40cm，节理裂隙发育，一般宽度1~3mm，裂隙中多充填方解石脉。
⑤		-46.2	53.3	1.3		
⑥	C	-52.2	59.3	6.0		溶洞：全充填，充填物以软可塑粉质黏土为主。
						石灰岩：青灰色，较坚硬。中厚层构造，隐晶质结构，钙质胶结，岩芯完整性较好，呈长柱状，节长10~40cm，节理裂隙发育，一般宽度1~3mm，裂隙中多充填方解石脉。

勘察单位	浙江省××设计院有限公司	设计		审核		项目负责		图号	WHZ-93

图 9-5　钻井 WHZ-93 岩芯柱状图

钻 孔 柱 状 图

第 1 页　共 1 页

工程名称	浦炬街南C6—10商业地块项目一桩一探					
工程编号	2024-GKC-390878			钻孔编号	WHZ98	
孔口高程/m	7.18	坐标/m	X=70123.74	开工日期		稳定水位深度/m
孔口直径/mm			Y=80252.18	竣工日期		稳定水位日期

地层编号	时代成因	层底高程/m	层底深度/m	分层厚度/m	柱状图 1:300	地层描述
①	Q_3^{ml}	5.4	1.8	1.8	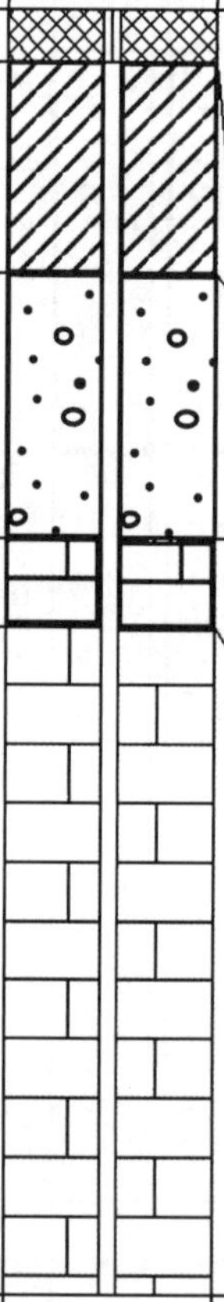	杂填土：黄褐，中密，很湿，可塑，杂色，松散，干~湿，以黏性土为主，夹碎石、碎砖、砼块等建筑垃圾，局部夹较多生活垃圾、腐殖质，硬杂质占20%~80%，最大块径超过10cm，表层夹较多植物根系，土质不均匀。
②		-2.0	9.2	7.4		粉质黏土：杂色，中密，饱和，不均匀，圆，灰黄色，硬可塑状，含铁锰质氧化物，局部夹少量砾石。无摇振反应，切面较光滑，干强度中等，韧性中等。
③		-11.3	18.5	9.3		含碎石粉质黏土：黄褐色、褐红色，硬可塑状，含铁锰质氧化结核，夹少量碎砾石，粒径一般为0.5~3cm，最大约6cm，切面较光滑~粗糙，无摇振反应，干强度中等，韧性中等。
④	K	-14.4	21.6	3.1		全风化砂岩：褐红色、砖红色，岩性结构已完全被破坏，局部尚可辨认，岩芯风化呈硬可塑含砾粉质黏土状，夹风化砾。
⑥	C	-37.8	45.0	23.4		石灰岩：青灰色，较坚硬。中厚层构造，隐晶质结构，钙质胶结，岩芯完整性较好，呈长柱状，节长10~40cm，节理裂隙发育，一般宽度1~3mm，裂隙中多充填方解石脉。

勘察单位	浙江省××设计院有限公司	设计		审核		项目负责		图号	WHZ-98

图 9-6　钻井 WHZ-98 岩芯柱状图

钻 孔 柱 状 图

第 1 页　共 1 页

工程名称	浦炬街南C6—10商业地块项目一桩一探					

工程编号	2024-GKC-390878		钻孔编号	WHZ103		

| 孔口高程/m | 7.17 | 坐标/m | X=70133.45 | 开工日期 | | 稳定水位深度/m | |
| 孔口直径/mm | | | Y=80254.49 | 竣工日期 | | 稳定水位日期 | |

地层编号	时代成因	层底高程/m	层底深度/m	分层厚度/m	柱状图 1∶300	地层描述
①	Q_3^{ml}	5.8	1.4	1.4	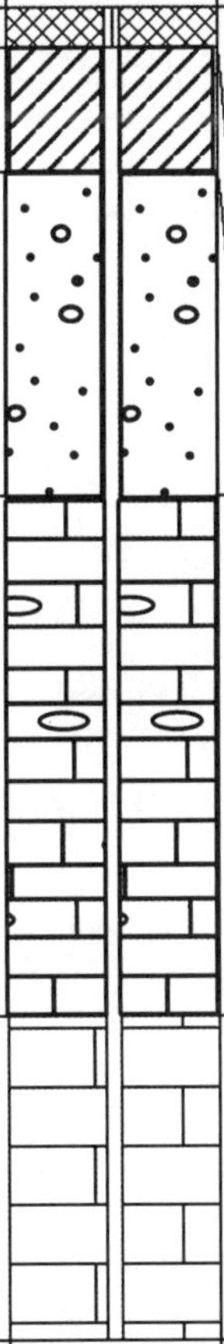	杂填土：黄褐、中密、很湿、可塑、杂色、松散、干~湿，以黏性土为主，夹碎石、碎砖、砼块等建筑垃圾，局部夹较多生活垃圾、腐殖质，硬杂质占20%~80%，最大块径超过10cm，表层夹较多植物根系，土质不均匀。
②		1.4	5.8	4.4		
③						粉质黏土：杂色、中密、饱和、不均匀、圆、灰黄色、硬可塑状，含铁锰质氧化物，局部夹少量砾石。无摇振反应，切面较光滑，干强度中等，韧性中等。 含碎石粉质黏土：黄褐色、褐红色，硬可塑状，含铁锰质氧化结核，夹少量碎砾石，粒径一般为0.5~3cm，最大约6cm，切面较光滑~粗糙，无摇振反应，干强度中等，韧性中等。
		−10.0	17.2	11.4		
④	K					全风化砂岩：褐红色、砖红色，岩性结构已完全被破坏，局部尚可辨认，岩芯风化呈硬可塑含砾粉质黏土状，夹风化砾。
		−28.4	35.6	18.4		
⑥	C					石灰岩：青灰色，较坚硬。中厚层构造，隐晶质结构，钙质胶结，岩芯完整性较好，呈长柱状，节长10~40cm，节理裂隙发育，一般宽度1~3mm，裂隙中多充填方解石脉。
		−39.8	47.0	11.4		

勘察单位	浙江省××设计院有限公司	设计		审核		项目负责		图号	WHZ-103

图 9-7　钻井 WHZ-103 岩芯柱状图

最终生成的地质剖面图（见图 9-8）是一个二维地质模型，它通过克里金插值展示了地层和界面在不同钻井之间的连续变化情况。该剖面图不仅展示了各个岩性的空间分布，还揭示了层界在整个剖面中的变化，使得地质结构的整体形态更加直观和易于理解。

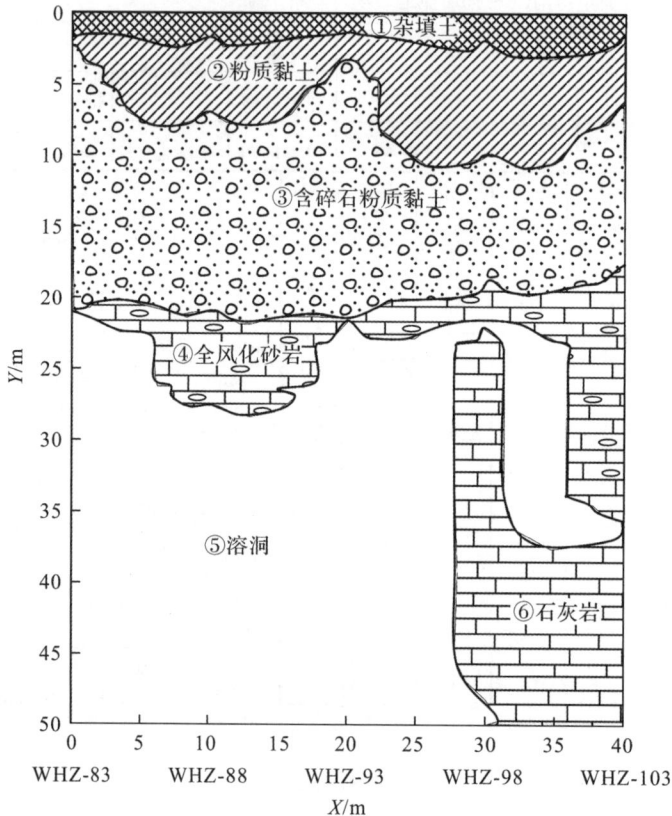

图 9-8　地质剖面图

9.2.2　地震初至波走时数据的地质统计约束反演处理

利用地震初至波信号的走时数据，通过反演处理能够得到地下介质的速度参数模型。这里以地面地震采集的地震初至波信号为例，讨论一下地质统计学在初至波走时数据反演中的应用。地质统计约束反演的基本思想是：基于钻井等提供的地层界面信息，利用地质统计学建立地层界面先验模型，用于约束地震初至波走时数据的反演处理。

地震初至波走时数据的反演处理，通常采用光滑约束的方法，所得速度模型的分辨率较低。尤其是不同地层之间的界面，受制于光滑约束方法，往往较为模糊，难以准确定位。地质统计结构约束反演处理，即利用已知的地层界面对反演进行约束，能够得到分辨率较高的反演模型，增强对地层界面的刻画能力。

图 9-9 是真实的速度模型，黑色代表土壤层，灰色代表基岩层，两者之间有明显的界面。在模型表面设置震源和检波器，检波器间距为 5m，震源间距为 10m，利用射线追踪正演能够获得地震初至波信号的走时数据。对这些走时数据进行反演处理，可得到反

演的速度模型。图 9-10 为光滑约束反演得到的速度模型,可以看到土壤层和基岩层之间的界面较为模糊,不利于对界面位置的解释。对于如图 9-9 所示的速度模型,以 20m 为间隔进行钻井,得到离散分布的地层结构参数,基于这些结构参数,利用克里金(Kriging)插值可以得到横向连续变化的地层界面,如图 9-11 所示。以图 9-11 所示的地层界面信息作为先验结构,对反演进行约束,能够获得如图 9-12 所示的反演结果。从图 9-12 可以看出,带有先验结构信息约束的速度反演模型,能够清晰显示出土壤层和基岩层之间的界面位置和空间变化,而且与真实模型是一致的。

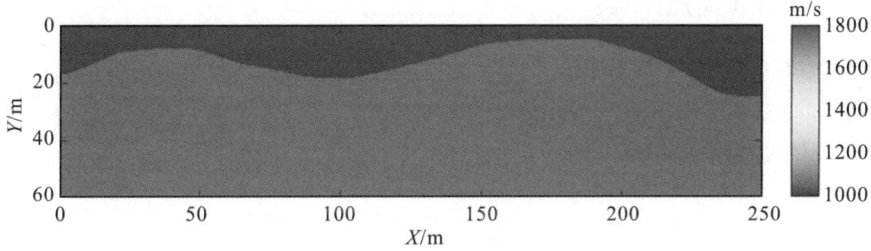

图 9-9　真实的速度模型

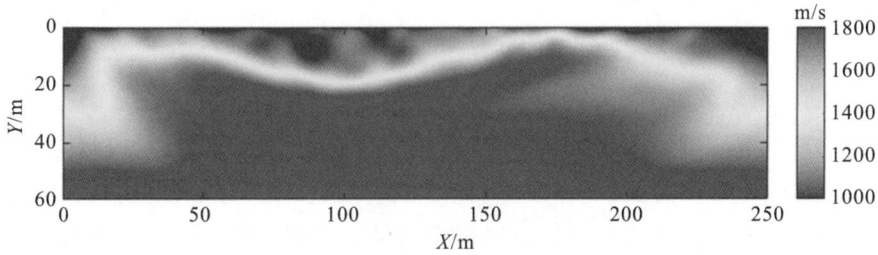

图 9-10　光滑约束反演获得的速度模型

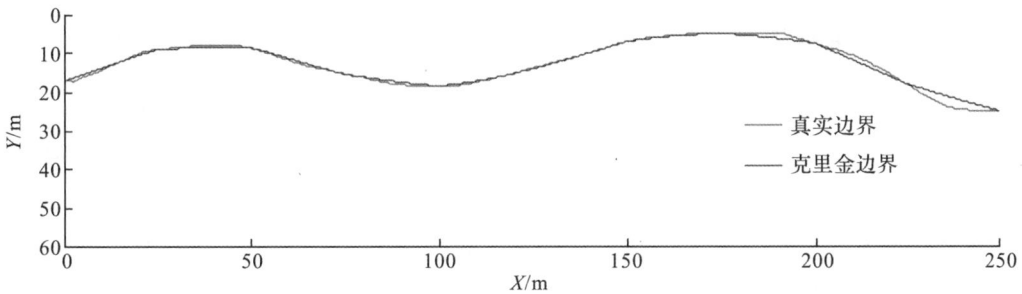

图 9-11　地质统计建立的地层界面

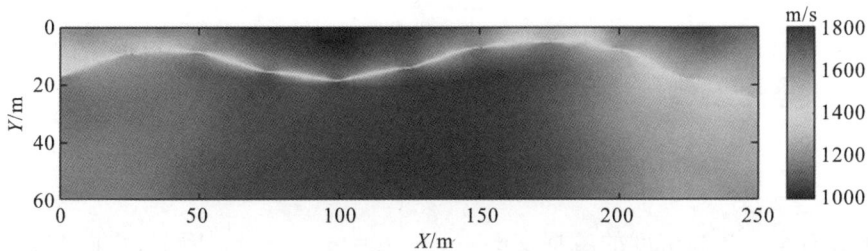

图 9-12　先验结构约束反演获得的速度模型

§9.3 聚类方法

聚类是一种无监督机器学习方法,能够对多种复杂的数据进行分组。每一组称之为一类,不同类之间的元素的相似性较弱,同一类中的元素具有更强的相似性。一般用类的个数和每个类对应的聚类中心来描述聚类结果。聚类方法有多种类型,下面对常用的模糊 C 均值聚类和密度峰聚类进行介绍。

9.3.1 模糊 C 均值聚类

模糊 C 均值(Fuzzy C-Means,FCM)聚类相较于 k 均值聚类(k-Means Clustering)能够获得更加灵活的聚类结果,尤其是按照概率值(隶属度矩阵)决定对象的类别时。其数学表达式为[32]:

$$\Phi_{\text{FCM}} = \sum_{k=1}^{C} \sum_{i=1}^{N} u_{ki}^q \parallel p_i - \nu_k \parallel_2^2 \tag{9-10}$$

其中,C、N 分别为类簇和总参数的数量;q 为常数,满足 $1 \leqslant q < \infty$,被称为模糊化参数;u_{ki} 是衡量第 i 个数据对象属于第 k 个类簇的程度的隶属度值,满足 $\sum_{k=1}^{C} u_{ki} = 1$ 且 $0 \leqslant u_{ki} \leqslant 1$;$p_i$ 为第 i 个参数;ν_k 为第 k 个聚类中心(类簇中心)的值。

式(9-10)表达了一个 2 范数形式的目标函数,利用优化算法对其进行求解,即可获得聚类结果。FCM 聚类需要设置一些初始参数,如类簇数、初始聚类中心等,若初始聚类中心选取不当,可能会严重影响最终的聚类效果。而且,FCM 聚类通常对形态为圆形或近圆形的类簇聚类效果较好,对其他形态的类簇聚类精度往往受到限制。

9.3.2 密度峰聚类

密度峰聚类(Density Peaks Clustering,DPC)基于以下假设[33]:聚类中心被具有相对较低局部密度的邻居点包围,且与其他具有更高局部密度的数据点具有相对较大的距离。

密度峰物性聚类中心的计算和确定方法如下:

对于不同物性数据交会点 i,需要计算点 i 的局部密度 λ_i 和点 i 到具有更高局部密度的点 j 的最短距离 δ_j,其中

$$\lambda_i = \sum_j \chi(d_{ij} - d_c) \tag{9-11}$$

其中,当 $x < 0$ 时,$\chi(x) = 1$,否则 $\chi(x) = 0$;d_{ij} 为点 i 和点 j 之间的距离;d_c 是截断距离;λ_i 等于数据交会点之间距离小于 d_c 的点数。

δ_i 定义为

$$\delta_i = \min_{j:\lambda_j > \lambda_i}(d_{ij}) \tag{9-12}$$

对于具有全局最高密度的数据交会点,有 $\delta_i = \max_j(d_{ij})$。因此,将同时具有较大 λ_i 及 δ_i 的点确定为聚类中心。

密度峰聚类基于数据点的聚集程度进行聚类,对类簇的形态要求没有 FCM 高,不仅能够刻画圆形或近圆形的类簇,而且对形态为线性、椭圆形、多边形等的类簇也有较好的效果,甚至能够适应不规则形态类簇的情况。

§9.4　地学数据的聚类分析

聚类是一种无监督机器学习的方法,随着机器学习技术的飞速发展,聚类在地学数据分析中的应用越来越广泛。在地质灾害区划、地下水水质类型划分与评价、地质样品分类、地理空间数据的模式识别、遥感图像分割、地下介质物性参数的分析等多个领域都有所应用。本节以地层物性参数分析为例,对地学数据的聚类分析作一简单介绍。

在浙江宁波宁奉线地铁施工前,进行了地质勘探。其中,在钻孔中利用测井仪进行了横波速度和电阻率参数的测量,获得了横波速度和电阻率物性数据。对这两种物性数据进行模糊 C 均值聚类,得到了如图 9-13(a)所示的聚类结果。从图 9-13(a)可以看到,利用这两种物性参数聚类得到的三个类簇,分别与淤泥质土、含砾石沙层、碎石块地层相对应,而且区分度是较为明显的。图 9-13(b)显示了浙江杭州良渚古城遗址不同类型的土壤对应的纵波速度和电阻率数据的聚类结果,三个类簇分别对应杂填土、人工堆积土层和自然堆积土层,表明通过对物性参数进行聚类,也可以较好地区分不同性质土壤的类型。

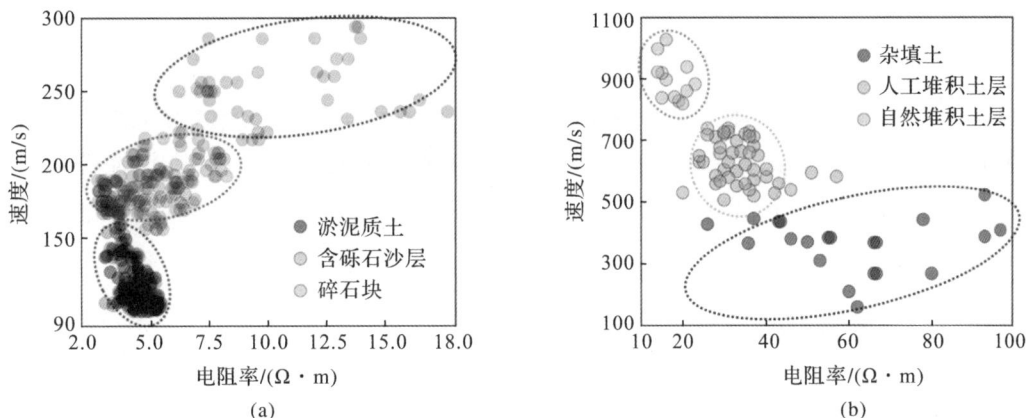

图 9-13　浅地表电阻率与地震波速度参数聚类结果

习题

9-1　什么是变差函数?

9-2　两点地质统计与多点地质统计有何区别?

9-3　地质统计学在地学中有何应用?请举一例说明。

9-4　请写出模糊 C 均值聚类的数学表达式。

9-5　聚类方法在地学中有哪些应用?请列举 3 条。

习题 9 参考答案

第 10 章

►►►►►►

地学数字信号处理的综合实验

前面几章主要阐述了地学数字信号处理的方法与理论,为了加深读者对相关知识的理解,掌握应用这些理论进行地学数字信号分析和处理的方法,本章撰写了地学数字信号处理的综合实验。首先设计了信号分析处理的上机实验题目,其次编写了相应的信号分析处理程序代码,最后利用 MATLAB 软件(版本为 R2021b)进行实现并展示了相应结果。主要内容包括:基本信号及其运算、傅里叶变换和小波变换。

§ 10.1　基本信号及其运算

指数信号、正余弦信号、单位阶跃信号、周期序列等基本信号在地学数字信号分析处理中经常被使用,本章将绘制这些基本信号,介绍相应的程序设计方法,并给出这些程序的运行结果,以加深读者对这些基本信号的性质的理解。而且,对信号的基本运算进行实验,包括信号时移、信号折叠、信号尺度改变、信号加等,以帮助读者更好地掌握这些信号的运算方法。

10.1.1　基本信号

1. 指数信号

连续指数信号可表示为

$$f(t) = ca^t$$

其中,a 为实数,$a > 1$,信号幅值随 t 的增加而增加,为增值函数;$0 < a < 1$,信号幅值随 t 的增加而减小,为衰减函数。实际中通常遇到的是衰减指数信号。c 为常数。

离散指数信号通常表示为

$$x(n) = a^n$$

例 10-1　用 MATLAB 中的 stem 函数绘出 $x(n) = 0.6^n$ 序列,n 从 0 到 15。

解　程序如下:

```
n=0:15;                                %给出序号序列
x=(0.6).^n;                            %给出值序列
stem(n,x)                              %以序号序列和值序列进行绘图
xlabel('n'),ylabel('x(n)');title('实指数序列');    %必要的标记
grid on;                               %添加网格线
```

运行结果如图 10-1 所示。

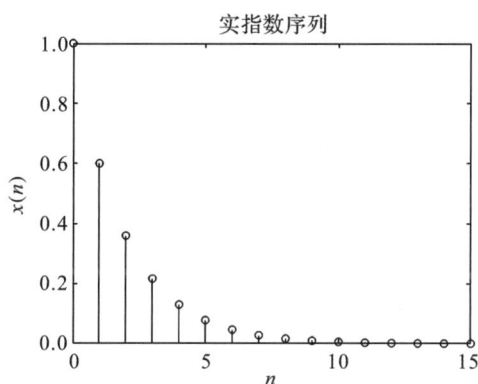

图 10-1　离散指数信号 0.6^n

2. 正弦和余弦信号

正弦信号通常表示为

$$f(t)=K\sin(\omega t+\theta)$$

其中,K 为振幅;ω 为角频率,单位为弧度/秒;θ 为初相位,单位为弧度。余弦信号和正弦信号仅在相位上差 $\pi/2$。

正弦信号和余弦信号常借用复指数信号来表示

$$\begin{cases} e^{j\omega t}=\cos\omega t+j\sin\omega t \\ e^{-j\omega t}=\cos\omega t-j\sin\omega t \end{cases}$$

离散正弦函数表示为

$$x(n)=K\sin(\omega_0 n+\theta_0)$$

例 10-2　用 MATLAB 模拟绘制 $x(n)=2\cos\left(0.02\pi n+\dfrac{\pi}{4}\right)$ 函数。

解　程序如下:

```
n=0:100;                               %给出序号序列
x=2*cos(0.02*pi*n+pi/4);               %给出值序列
stem(n,x)                              %绘值离散图
xlabel('n');ylabel('x(n)');title('余弦序列')    %必要标记
grid on;                               %添加网格线
```

运行结果如图 10-2 所示。

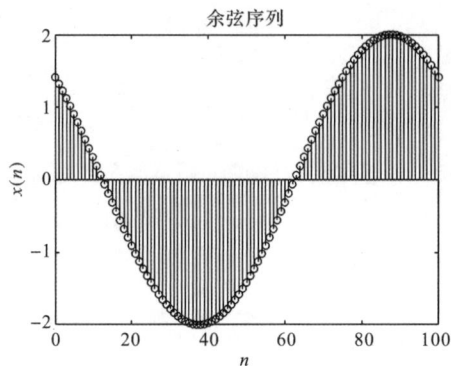

图 10-2　离散余弦信号 $2\cos\left(0.02\pi n+\dfrac{\pi}{4}\right)$

3. 单位阶跃信号

单位阶跃信号用下式表示：

$$u(t)=\begin{cases}0, & t<0 \\ 1, & t\geq 0\end{cases}$$

信号在 $t=0$ 时发生跃变。

单位阶跃信号的离散形式为

$$u(n)=\begin{cases}0, & n<0 \\ 1, & n\geq 0\end{cases}$$

例 10-3　用序号序列−20～20 表示单位阶跃信号。

解　程序如下：

```
n0＝0;
n1＝−20;
n2＝20;
n＝n1:n2;            ％给出序号序列
x＝(n−n0)＞＝0;      ％给出值序列,应注意只有当 n−n0≥0 时值才为 1,否则为 0
stem(n,x)            ％绘出离散序列
xlabel('n');ylabel('x(n)');title('阶跃序列');
grid on;
```

运行结果如图 10-3 所示。

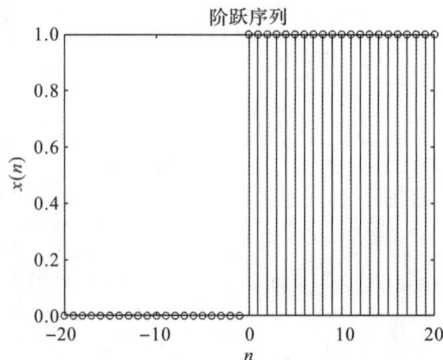

图 10-3　序号序列−20～20 对应的单位阶跃信号

4.脉冲信号

离散脉冲信号可用下式表示：

$$\delta(n)=\begin{cases} 1, & n=0 \\ 0, & n\neq 0 \end{cases}$$

例 10-4　用序列序号−20～20 表示单位脉冲信号。

解　程序如下：

```
n0＝0;
n1＝−20;
n2＝20;
n＝n1:n2;                    %序号序列
x＝(n−n0)＝＝0;              %值序列,应注意只有当 n−n0＝0 时值才为 1,否则为 0
stem(n,x)                    %绘出离散序列
xlabel('n');ylabel('x(n)');title('脉冲序列');
grid on;
```

运行结果如图 10-4 所示。

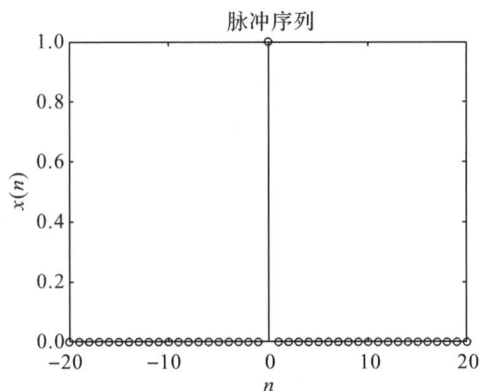

图 10-4　单位脉冲信号

5.周期序列

将原来的信号进行重复叠加,就组成了周期信号,在 MATLAB 中假设原始信号的值序列为 x,则周期信号可通过将原始信号重复多次来表示,例如 $xp=[x,x,x,x,x]$。

例 10-5　产生一个 15 个元素的随机序列,将其重复 6 次形成周期信号,并绘图。

解　程序如下：

```
x＝randn(1,15);                      %产生 15 个元素组成的随机序列
xp＝[x x x x x x];                   %将随机序列重复 6 次,获得周期信号
subplot(2,1,1),plot(x),title('原始信号');
subplot(2,1,2),plot(xp),title('周期信号');xlabel('n')
```

运行结果如图 10-5 所示。

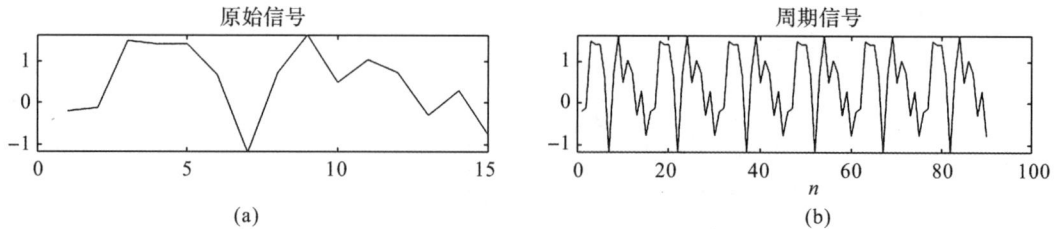

(a)   (b)

图 10-5　随机序列及重复 6 次获得的周期信号

10.1.2　信号的运算

1. 信号时移

信号时移就是将信号在时间轴上移动一个时段,对于连续时间信号可表示为

$$y(t)=x(t-\tau)$$

其中,$x(t)$为原始信号;$y(t)$为新信号,$y(t)$相对于 $x(t)$信号向右平移 τ。

对于离散时间序列,信号的时移可表示为

$$y(n)=x(n-n_0)$$

信号 $y(n)$相对于序列 $x(n)$右移 n_0 个采样周期。

例 10-6　产生一个从 5 Hz 增加到 15 Hz 的啁啾信号,并将其推迟 600 个采样。

解　程序如下:

```
t=0:0.001:1;                    %在 1s 的时间段内以 1kHz 的采样频率进行采样
fo=5;f1=15;                     %频率渐增函数 chirp 从 5Hz 增加到 15Hz
x=chirp(t,fo,1,f1);             %在时间序列 t 上产生频率渐增信号——啁啾信号
m=1:length(x);                  %为原 chirp 信号的序号序列
subplot(2,1,1),plot((m-1)*0.001,x)       %绘出原始随时间变化的啁啾信号
                %m 为序号,因此必须减 1 与采样间隔相乘才能得到时间序列
xlim([01.5]),title('原始信号')
[y,n]=sigshift(x,m,600);
    %将序号序列为 m、值序列为 x 的信号时移,得到序号序列为 n、值序列为 y 的新序列
subplot(2,1,2),plot((n-1)*0.001,y)       %绘制新序列信号
xlim([0 1.5]),title('时移后信号'),xlabel('时间/s')
```

运行结果如图 10-6 所示。

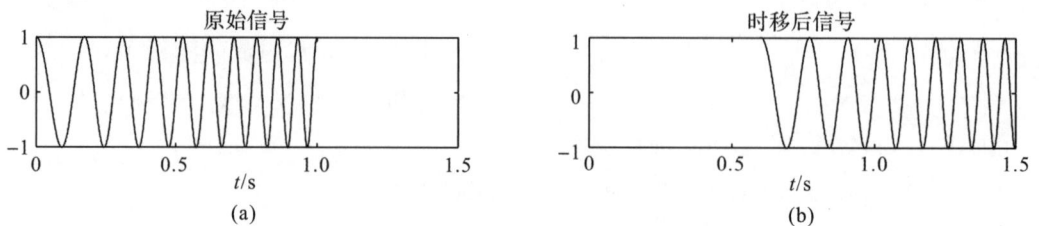

(a)   (b)

图 10-6　啁啾信号及延迟 600 个采样的信号

2. 信号折叠(倒置)

信号折叠就是将信号以 y 轴进行轴对称翻转,其数学形式表示为

$$y(t) = x(-t)$$

$y(t)$ 相对于 $x(t)$ 以纵坐标为对称轴,将信号进行对称翻转,类似于我们儿时玩的折纸。

对于离散信号,信号折叠表示为

$$y(n) = x(-n)$$

即信号 $x(n)$ 的每一项对 $n=0$ 的纵坐标折叠,$y(n)$ 和 $x(n)$ 相对于 $n=0$ 的纵坐标对称。

例 10-7　用自 -15 到 15 的序号序列,给出离散序列 e^{-2n} 的折叠信号,并绘图进行比较。

解　程序如下:

```
n=-15:15;                            %序号序列
x=exp(-2*n);                         %原始信号值序列
subplot(2,1,1),plot(n,x),title('原始信号')  %绘制原始信号
line([0 0],ylim)                     %绘出 y 轴以显示与折叠后函数图像的比较
                                     %ylim 函数得到本图 y 轴的范围区间
[y,n]=sigfold(x,n);                  %将 x 信号序列进行折叠,得到 y 信号
subplot(2,1,2),plot(n,y),title('折叠信号')  %绘制折叠信号
line([0 0],ylim)                     %绘制 y 轴
xlabel('n')
```

运行结果如图 10-7 所示。

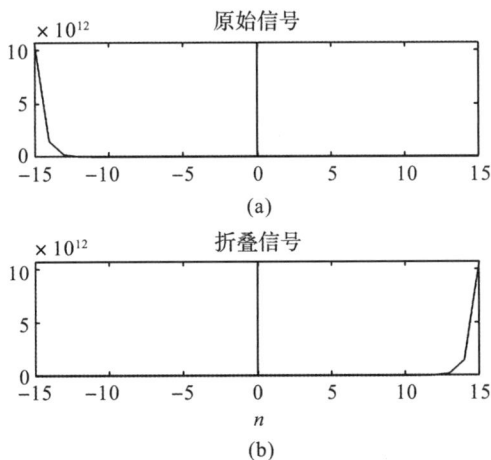

图 10-7　离散序列 e^{-2n} 及其对应的折叠信号

3. 信号尺度改变

信号尺度改变是指信号在时间轴上可以被压缩,也可以被拉伸。其数学形式表示为

$$y(t) = x(at)$$

其中,a 为时间尺度变换系数。$a>1$,$x(t)$ 波形在时间域内被"压缩"至原来的 $1/a$;$0<a<1$,$y(t)$ 波形在时间域内被"扩展"a 倍。

例 10-8 将 $-200\sim200$ 的序号序列给出的正弦信号压缩至原来的 1/4 或扩展4倍,并与原信号进行比较,时间间隔为 0.1s。

解 程序如下:

```
n=-200:200;                              %信号序号序列
dt=0.1;t=n*dt;                           %时间序列
y=sin(t);                                %原始信号值序列
y1=sin(4*t);                             %压缩信号值序列
y2=sin(0.25*t);                          %扩展信号值序列
subplot(3,1,1),plot(n,y1);title('压缩信号')    %绘制压缩信号
subplot(3,1,2),plot(n,y);title('原始信号')     %绘制原始信号
subplot(3,1,3),plot(n,y2);title('扩展信号')    %绘制扩展信号
xlabel('时间/s');
```

运行结果如图 10-8 所示。

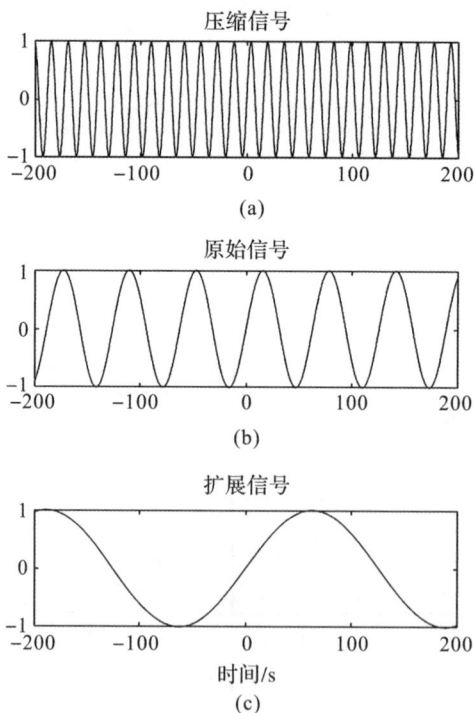

图 10-8 正弦信号压缩至原来的 1/4 和扩大 4 倍后的信号

4. 信号加

信号加就是在相同的时间点将两个或多个信号进行相加。对于连续的两个时间信号相加,数学上可表示为

$$y(t) = x_1(t) + x_2(t)$$

例 10-9　将频率分别为 1Hz 和 10Hz，振幅分别为 1 和 0.4 的两个余弦信号叠加。

解　程序如下：

```
dt＝0.01;f1＝1;f2＝10;                    %采样间隔及两个信号的频率
n1＝0:500;                                %两个信号的序号序列
t＝n1 * dt;                               %两个信号的时间序列
x1＝cos(2 * pi * f1 * t);                 %第一个余弦信号
x2＝0.4 * cos(2 * pi * f2 * t);          %第二个余弦信号
subplot(3,1,1),plot(t,x1),title('第一个信号')   %绘制第一个信号
subplot(3,1,2),plot(t,x2),title('第二个信号')   %绘制第二个信号
y＝x1＋x2;                                %采用直接相加方式将两个信号相加
subplot(3,1,3),plot(t,y)                  %绘制相加的信号
title('合成信号'),xlabel('时间/s')
```

运行结果如图 10-9 所示。

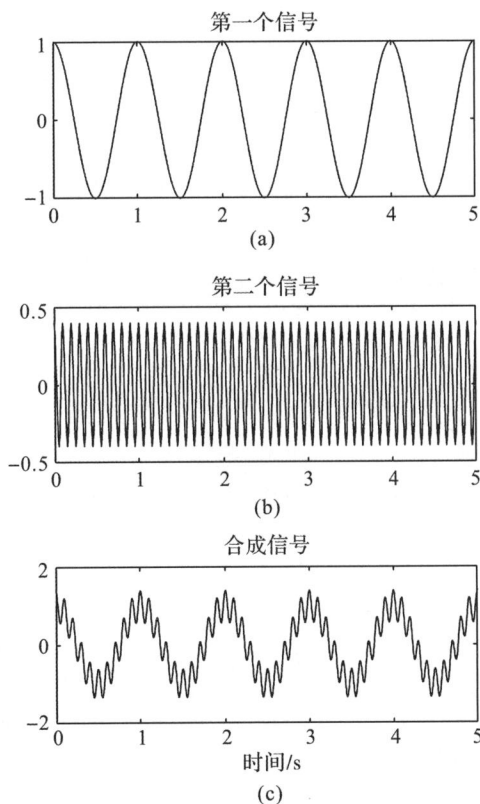

图 10-9　两个余弦信号及叠加结果

§10.2 傅里叶变换

傅里叶变换在信号处理中具有重要的基础地位,短时傅里叶变换、小波变换、曲波变换等均是在傅里叶变换基础上发展起来的。本节主要介绍如何利用 MATLAB 实现信号的离散傅里叶变换和快速傅里叶变换,给出相应的程序代码以及程序运行结果,帮助读者理解傅里叶变换的方法。这些程序能够直接用于实际信号的分析,为傅里叶变换的进一步实际应用奠定基础。本节的内容主要包括:离散傅里叶变换、傅里叶变换的性质、快速傅里叶变换和滤波器。

10.2.1 离散傅里叶变换

例 10-10 已知序列

$$x(n) = \sin(2\pi \times 0.32n) + \sin(2\pi \times 0.34n), \quad n = 0, 1, \cdots, 99$$

试绘制 $x(n)$ 的 Fourier 变换幅值图,并用变换后的数值求解逆变换。其中采样频率为 1s。

解 程序如下:

```
N=100;dt=1;                              %设置最大点数
n=0:N-1; t=n * dt;                       %给出时间序列
xn=sin(2 * pi * 0.32 * t)+sin(2 * pi * 0.34 * t);   %给出原始信号的值序列
Xk=dfs(xn,N);                            %对原始信号进行 Fourier 变换
magXk=abs(Xk);phaXk=angle(Xk);          %求出 Fourier 变换的振幅和相位
subplot(2,2,1),plot(t,xn); xlabel('时间/s')   %绘出原始信号
title('原始信号(N=100)');
xx=idfs(Xk,N);                           %Fourier 逆变换
x=real(xx);                              %取变换后的实部,如做实验可以验证其虚部为零
subplot(2,2,2),plot(t,x),xlabel('时间/s'),
title('运用 Fourier 逆变换得到的合成信号')
k=0:length(magXk)-1;
subplot(2,1,2),plot(k/(N * dt),magXk * 2/N);
                          %绘出 Fourier 变换的振幅谱,频率采用式(3-17)
%采用真实振幅[见式(3-23)]绘图
xlabel('频率/Hz');ylabel('振幅');
title('X(k)振幅(N=100)');
```

程序运行结果如图 10-10 所示。

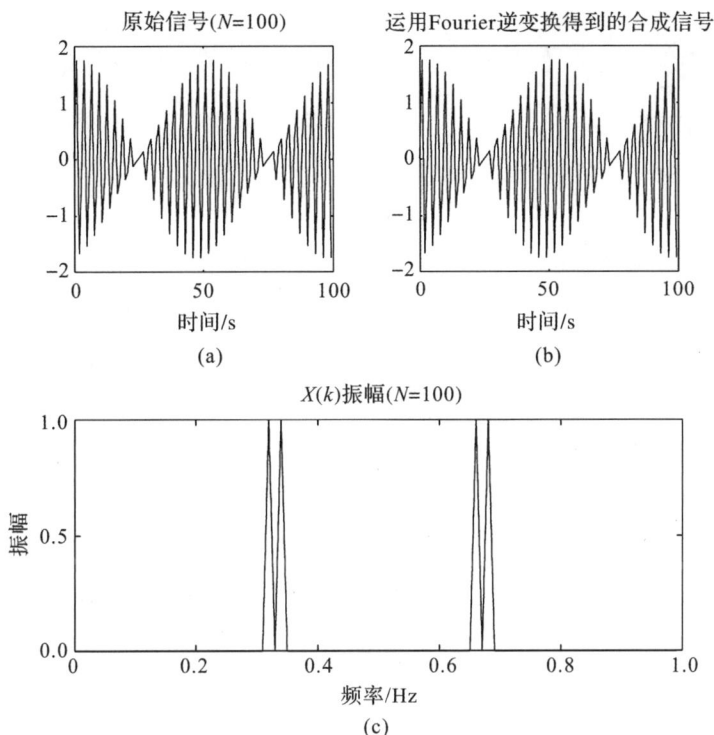

图 10-10　原始信号、振幅谱、频谱经傅里叶逆变换后得到的信号

10.2.2　傅里叶变换的性质

1. 线性性质

若 $x(n)$ 和 $y(n)$ 分别具有离散傅里叶变换 $X(k)$ 和 $Y(k)$，则 $x(n)+y(n)$ 的傅里叶变换为 $X(k)+Y(k)$。

例 10-11　设有两个振动信号分别为 $\sin(2\pi \times 0.16t)$ 和 $\sin(2\pi \times 0.08t)$，求两个振动及合成振动的傅里叶变换。设采样间隔为 1s，数据长度为 100。

解　程序如下：

```
N=100; dt=1;                              %数据长度为100,采样间隔为1s
n=0:N−1;t=n * dt;                         %给出时间序列
xn1=sin(2 * pi * 0.16 * t);               %第一个振动信号
xn2=sin(2 * pi * 0.08 * t);               %第二个振动信号
Xk1=dfs(xn1,N);                           %第一个振动信号的傅里叶变换
Xk2=dfs(xn2,N);                           %第二个振动信号的傅里叶变换
magXk1=abs(Xk1);phaXk1=angle(Xk1);        %第一个振动信号的振幅、相位
magXk2=abs(Xk2);phaXk2=angle(Xk2);        %第二个振动信号的振幅、相位
k=0:length(magXk1)−1;
subplot(3,1,1),plot(k/(N * dt),magXk1 * 2/N);  %绘制第一个振动信号的振幅谱
```

```
ylabel('振幅');
title('第一个振动信号的傅里叶变换');
k=0:length(magXk2)-1;
subplot(3,1,2),plot(k/(N*dt),magXk2*2/N);
ylabel('振幅');
title('第二个振动信号的傅里叶变换');
Xk=dfs(xn1+xn2,N);                    %两个振动信号合成的傅里叶变换
magXk=abs(Xk);phaXk=angle(Xk);       %合成振动的振幅和相位
k=0:length(magXk)-1;
subplot(3,1,3),plot(k/(N*dt),magXk*2/N);  %绘制合成振动信号的振幅和相位
xlabel('频率/Hz');ylabel('振幅');
title('合成振动信号的傅里叶变换');
```

运行结果如图 10-11 所示。

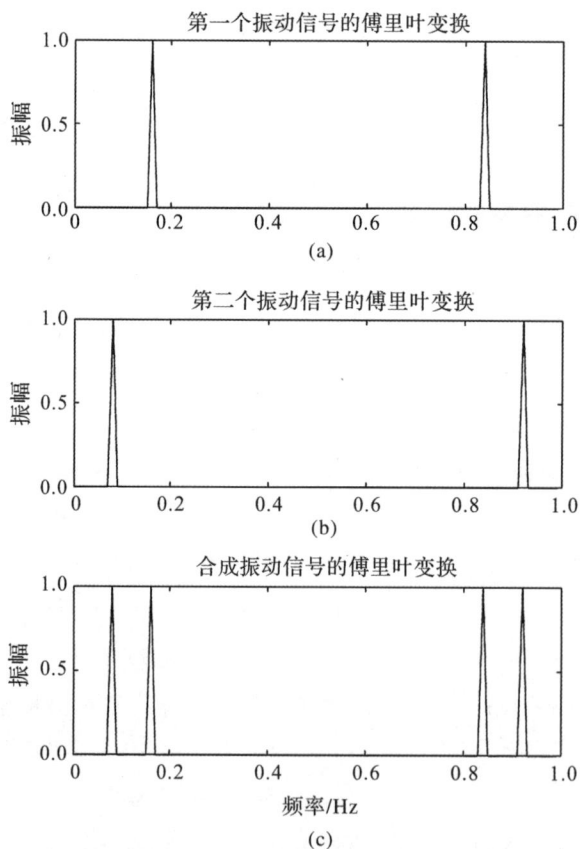

图 10-11　两个振动信号 $\sin(2\pi\times0.16t)$、$\sin(2\pi\times0.08t)$ 及其合成信号的傅里叶变换

2. 时移定理

如果 $x(n)$ 的傅里叶变换为 $X(k)$，则将 $x(n)$ 移位 m，即 $x(n-m)$ 的傅里叶变换

为 $X(k)\mathrm{e}^{-\mathrm{j}2\pi km/N}$。

例 10-12　将 $x_n=\sin(0.14\pi\times n)$ 的信号时移 10 个单位,求其傅里叶变换,并将其除以 $\mathrm{e}^{-\mathrm{j}2\pi k10/N}$ 与时移前信号的傅里叶变换作比较。设采样间隔为 1s,数据长度为 128。

解　程序如下:

```
N=128;dt=1;                                    %数据长度和采样间隔
n=0:N-1; t=n*dt;                               %时间序列
xn1=sin(0.14*pi*t);                            %原始信号
subplot(3,2,1),plot(t,xn1);title('原始信号');   %绘制原始信号
xn2=cirshftt(xn1,10,N);                        %循环位移 10 个时间单位
subplot(3,2,2),plot(t,xn2);                    %绘出循环移位后的信号
title('时移 10 个单位的信号')
Xk1=dfs(xn1,N);                                %将原信号进行傅里叶变换
magXk1=abs(Xk1);phaXk1=angle(Xk1);            %得到原信号的振幅和相位
k=0:length(magXk1)-1;
subplot(3,2,3),
plot(k/(N*dt),magXk1*2/N);                     %绘制原信号的振幅谱
ylabel('振幅');
title('原始信号的振幅谱');
subplot(3,2,4),plot(k/(N*dt),unwrap(phaXk1)),ylabel('相位角/rad')
                  %绘制原信号的相位谱,unwrap 将信号解卷绕,即将相位角展开
title('原始信号的相位谱')
Xk2=dfs(xn2,N);                                %绘制移位后信号的振幅谱
Xk2=Xk2./exp(-2*1i*pi*k*10/N);                 %将移位后的傅里叶变换相乘
%如果没有此语句,得出的相位谱会发生变化
magXk2=abs(Xk2);phaXk2=angle(Xk2);
k=0:length(magXk2)-1;
subplot(3,2,5),
plot(k/(N*dt),magXk2*2/N);
xlabel('频率/Hz');ylabel('振幅');
title('移位后与 exp(-j2πk10/N)相除的振幅谱');
subplot(3,2,6),plot(k/(N*dt),unwrap(phaXk2)),ylabel('相位角/rad')
xlabel('频率/Hz')
title('移位后与 exp(-j2πk10/N)相除的相位谱')
```

运行结果如图 10-12 所示。

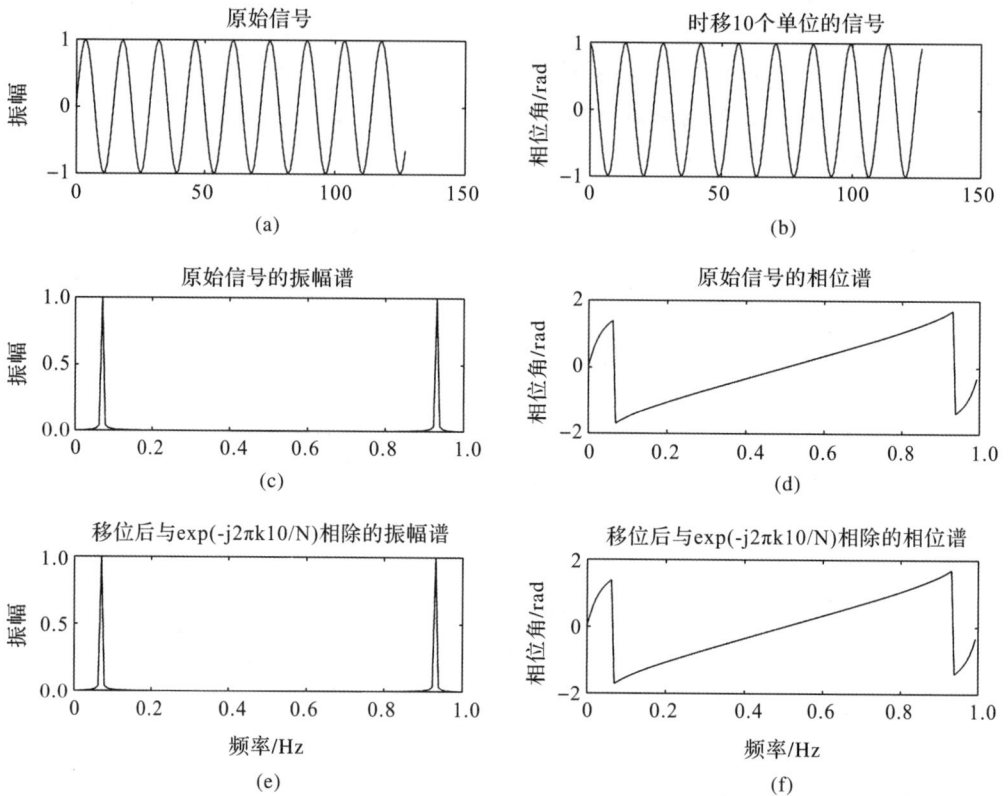

图 10-12　傅里叶变换的时移性质

3. 褶积定理

褶（卷）积定理可以表述为：两个函数 $h(n)$ 和 $x(n)$ 在时间域内的褶积等价于在频率域内的乘积。即 $\sum\limits_{0}^{N-1} x(i)h(k-i)$ 的傅里叶变换为 $X(k)H(k)$。

例 10-13　产生从 3Hz 到 15Hz 的渐变啁啾信号并与脉冲信号进行卷积,将卷积后的傅里叶变换与这两个函数傅里叶变换后的乘积进行比较。设采样间隔为 0.01s,数据长度为 100。

解　程序如下:

```
N=100;dt=0.01;              %数据点数和采样间隔
n=0:N-1;t=n*dt;             %时间序列
f=n/(N*dt);                 %频率序列
h=[1 zeros(1,N-1)];         %脉冲信号第一个值为1,其余为零
fo=3;f1=15;                 %频率渐增函数啁啾信号从3Hz增加到15Hz
x=chirp(t,fo,1,f1);         %在时间序列t上产生频率渐增信号——啁啾信号
xh=conv(x,h);               %将啁啾信号和脉冲信号进行卷积,参看上面的用法
XH=dfs(xh(1:N),N);

                            %由于卷积后数据变长,这里只选取与原数据长度相等的数据个数
```

```
subplot(2,2,1),plot(f,real(XH) * 2/N);          %绘出卷积后傅里叶变换的实部
xlabel('频率/Hz');title('信号卷积后傅里叶变换 XH 的实部');
subplot(2,2,2),plot(f,imag(XH) * 2/N);          %绘出卷积后傅里叶变换的虚部
xlabel('频率/Hz');title('信号卷积后傅里叶变换 XH 的虚部');
X=dfs(x,N);                      %对啁啾信号进行傅里叶变换
H=dfs(h,N);                      %对脉冲信号进行傅里叶变换
XH1=X. * H;                      %将啁啾信号和脉冲信号的傅里叶变换相乘
subplot(2,2,3),plot(f,real(XH1) * 2/N);          %绘出傅里叶变换后乘积的实部
xlabel('频率/Hz');title(' 频率域乘积 XH1 的实部')
subplot(2,2,4),plot(f,imag(XH1) * 2/N);          %绘出傅里叶变换后乘积的虚部
xlabel('频率/Hz');title(' 频率域乘积 XH1 的虚部');
```

运行结果如图 10-13 所示。

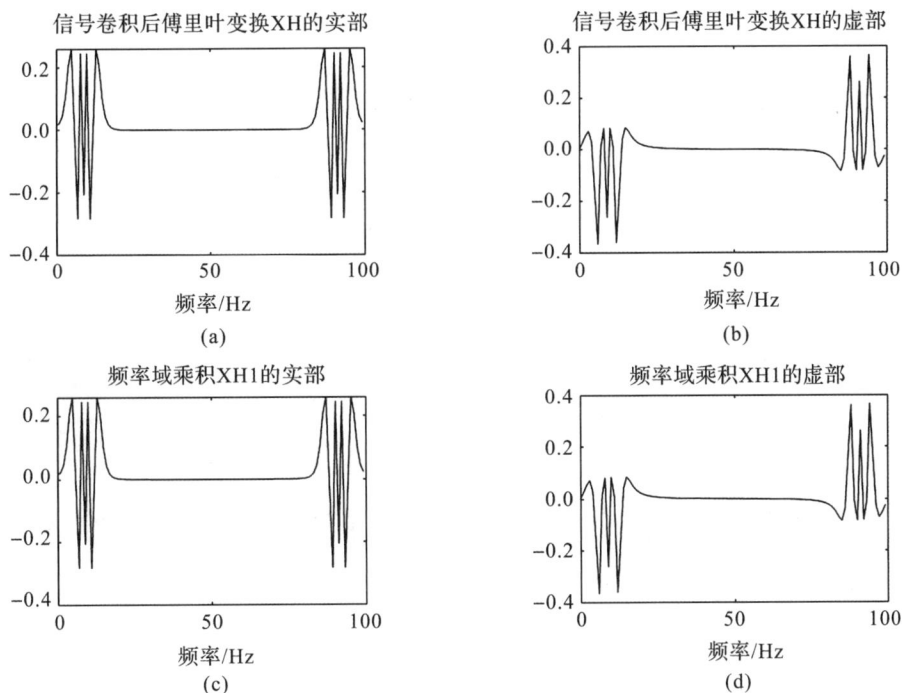

图 10-13　两个信号褶积得到的信号的傅里叶变换与两个信号傅里叶变换的乘积

10.2.3　快速傅里叶变换

例 10-14　一个信号由频率为 20Hz、幅值为 0.5 的余弦信号和频率为 35Hz、幅值为 1.5 的余弦信号组成。数据采样频率 $f_s=100$Hz(对应于采样间隔为 0.01s),试分别绘制数据长度 $N=128,1024$ 时的幅频图。

解　程序如下:

```
fs=100;N=128;                          %采样频率和数据点数
n=0:N-1;t=n/fs;                        %时间序列
x=0.5*cos(2*pi*20*t)+1.5*cos(2*pi*35*t);              %信号
y=fft(x,N);                            %对信号进行快速傅里叶变换
mag=abs(y);                            %求得傅里叶变换后的振幅
f=n*fs/N;                              %频率序列
subplot(2,2,1),plot(f,mag);            %绘出随频率变化的振幅
xlabel('频率/Hz');
ylabel('振幅');title('N=128');grid on;
%绘出 Nyquist 频率之前随频率变化的振幅
subplot(2,2,2),plot(f(1:N/2),mag(1:N/2));
xlabel('频率/Hz');
ylabel('振幅');title('N=128');grid on;
%对信号采样数据长度为 1024 点的处理
fs=100;N=1024;n=0:N-1;t=n/fs;
x=0.5*cos(2*pi*20*t)+1.5*cos(2*pi*35*t);              %信号
y=fft(x,N);                            %对信号进行快速傅里叶变换
mag=abs(y);                            %求取傅里叶变换的振幅
f=n*fs/N;
subplot(2,2,3),plot(f,mag);            %绘出随频率变化的振幅
xlabel('频率/Hz');
ylabel('振幅');title('N=1024');grid on;
subplot(2,2,4)
plot(f(1:N/2),mag(1:N/2));             %绘出在 Nyquist 频率之前随频率变化的振幅
xlabel('频率/Hz');
ylabel('振幅');title('N=1024');grid on;
```

运行结果如图 10-14 所示。

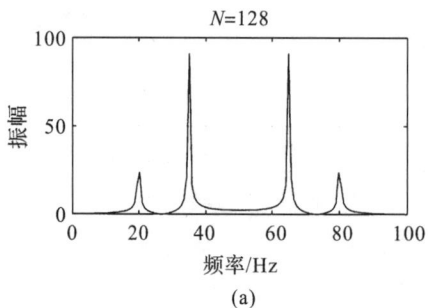

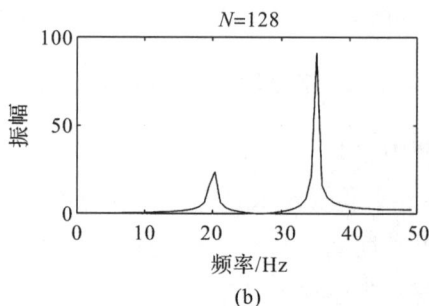

(a)   (b)

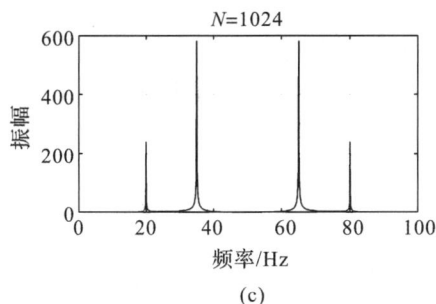

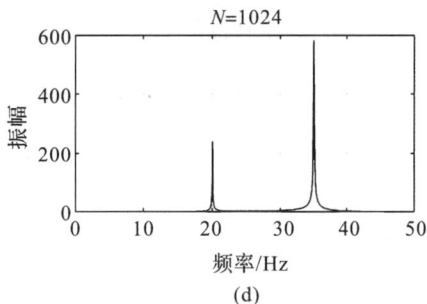

图 10-14　两个余弦信号组成的新信号的 128 点振幅谱和 1024 点振幅谱

例 10-15　对信号 $x(t)=\cos(2\pi\times35t)+\cos(2\pi\times20t)$ 进行快速傅里叶变换,对其结果进行傅里叶逆变换,将结果与原信号进行比较。设采样频率为 100Hz,采样点数为 128。

解　程序如下:

```
fs=100;N=128;                    %采样频率和数据个数
n=0:N-1;t=n/fs;                  %时间序列
x=cos(2*pi*35*t)+cos(2*pi*20*t); %时间域信号
subplot(2,2,1),plot(t,x);xlabel('时间/s');
ylabel('x');title('原始信号');
grid on;
y=fft(x,N);                      %傅里叶变换
mag=abs(y);                      %得到振幅谱
f=n*fs/N;                        %频率序列
subplot(2,2,2),
plot(f(1:N/2),mag(1:N/2)*2/N);   %绘制 Nyquist 频率前的振幅
xlabel('频率/Hz');ylabel('振幅');
title('原始信号的快速傅里叶变换');grid on;
xifft=ifft(y);                   %进行傅里叶逆变换
realx=real(xifft);               %求取傅里叶逆变换的实部
ti=(0:length(xifft)-1)/fs;       %傅里叶逆变换的时间序列
subplot(2,2,3),plot(ti,realx);
xlabel('时间/s');ylabel('x');
title('运用傅里叶逆变换得到的信号');grid on;
yif=fft(xifft,N);            %将傅里叶逆变换得到的时间域信号进行傅里叶变换
mag=abs(yif);
f=(0:length(y)-1)'*fs/length(y); %频率序列
subplot(2,2,4),plot(f(1:N/2),mag(1:N/2)*2/N); %绘制 Nyquist 频率前的振幅
xlabel('频率/Hz');ylabel('振幅');
title('运用 IFFT 得到信号的快速傅里叶变换');grid on;
```

运行结果如图 10-15 所示。

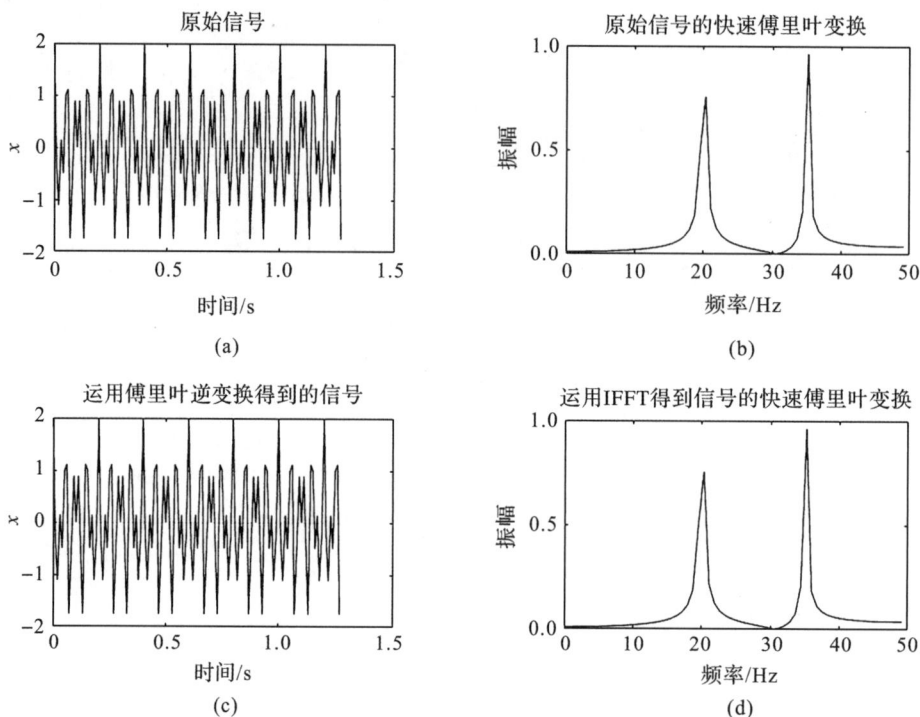

图 10-15 快速傅里叶正变换与逆变换的对比

例 10-16 对信号 $x(t)=0.5\cos(2\pi\times3ndt)+\sin(2\pi\times10ndt)$ 进行快速傅里叶变换，并将频率为 $6\sim12\text{Hz}$ 的波滤去。设数据点数为 512，采样间隔 $dt=0.02$。绘出滤波前后的振幅谱，以及滤波后的时间域信号。

解 程序如下：

```
dt=0.02;N=512;
n=0:N-1;t=n*dt;f=n/(N*dt);              %时间序列及频率序列
f1=3;f2=10;                             %信号的频率成分
x=0.5*cos(2*pi*f1*t)+sin(2*pi*f2*t);
subplot(2,2,1),plot(t,x);               %绘制原始信号
title('原始信号的时间域');xlabel('时间/s');
y=fft(x);                               %对原始信号作 FFT 变换
subplot(2,2,2),plot(f,abs(y)*2/N)       %绘制原始信号的振幅谱
xlabel('频率/Hz'),ylabel('振幅')
xlim([0 50]);title('原始振幅谱')
f1=6;f2=12;                             %滤去频率的上限和下限
yy=zeros(1,length(y));                  %设置与 y 相同元素的数组
for m=0:N-1             %将落在该频率范围及其大于 Nyquist 频率的波滤去
```

```
    if(m/(N*dt)>f1&&m/(N*dt)<f2)...            %小于 Nyquist 频率的滤波范围
||(m/(N*dt)>(1/dt-f2)&&m/(N*dt)<(1/dt-f1))
                                            %大于 Nyquist 频率的滤波范围
                                            %1/dt 为一个频率周期
        yy(m+1)=0.;                         %置在此频率范围内的振动信号的振幅为零
    else
        yy(m+1)=y(m+1);                     %其余频率范围的振动信号的振幅不变
    end
end
subplot(2,2,4),plot(f,abs(yy)*2/N)  %绘制滤波后的振幅谱
xlim([0 50]);xlabel('频率/Hz');ylabel('振幅')
%将滤波范围显示作为标题
gstext=sprintf('%4.1f~%4.1f Hz 的频率被滤除',f1,f2);
title(gstext)
%绘制滤波后的数据运用 IFFT 变换回时间域并绘图
subplot(2,2,3),plot(t,real(ifft(yy)))
title('通过 IFFT 回到时间域');
xlabel('时间/s');
```

运行结果如图 10-16 所示。

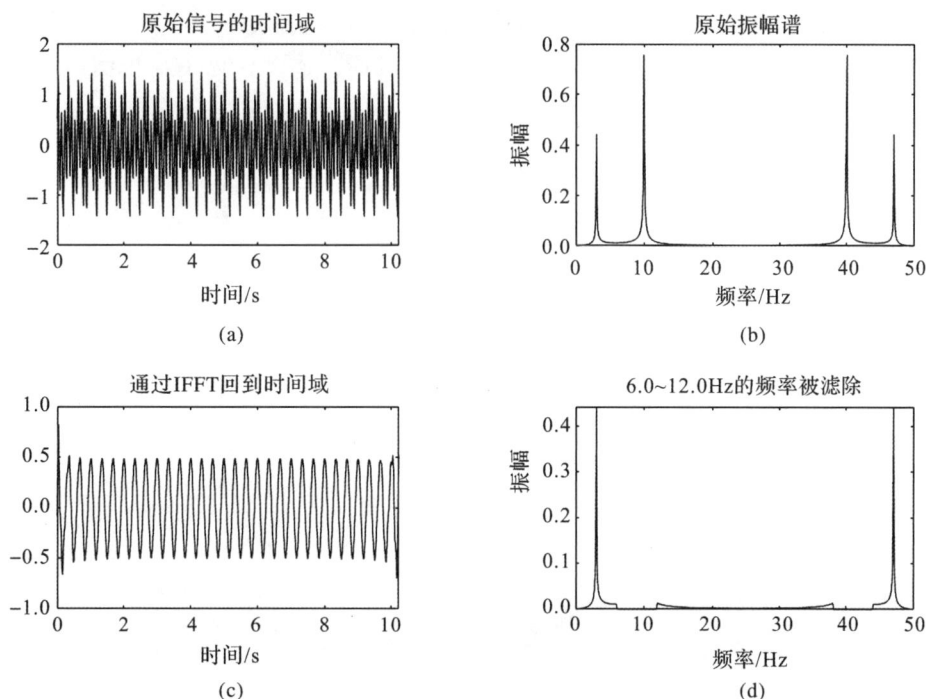

图 10-16　滤波前后的信号及其振幅谱

10.2.4 滤波器

1. Butterworth 滤波器

Butterworth 模拟低通滤波器的幅频响应平方函数为

$$|H(j\omega)|^2 = A(\omega^2) = \frac{1}{1 + (\omega/\omega_c)^{2N}}$$

其中,ω_c 为低通滤波器的截止频率(Cutoff Fequency);N 为滤波器的阶数。

Butterworth 滤波器的特点:在通带内具有最大平坦的频率特性,其幅频响应在截止频率之后会单调下降;阶数越高,特性越接近矩形,过渡带越窄;传递函数无零点。

例 10-17 绘制 Butterworth 低通模拟原型滤波器的幅频响应平方曲线,阶数分别为 2,6,12,24。

解 程序如下:

```
n=0:0.01:2;                       %设置频率点
for ii=1:4                        %取 4 种滤波器
  switch ii
  case 1,N=2;
  case 2,N=6;
  case 3,N=12;
  case 4,N=24;
  end
  [z,p,k]=buttap(N);              %设计 Butterworth 滤波器
  [b,a]=zp2tf(z,p,k);            %将零点极点增益形式转换为传递函数形式
  [H,w]=freqs(b,a,n);            %按 n 指定的频率点给出频率响应
  magH2=(abs(H)).^2;            %给出幅频响应平方
  hold on;
  plot(w,magH2);                %绘制幅频响应平方曲线
end
xlabel('w/wc');
ylabel('|H(jw)|^2');
title('Butterworth 模拟原型滤波器');
text(1.5,0.18,'n=2')            %作必要的标记
text(1.3,0.08,'n=6')
text(1.16,0.08,'n=12')
text(0.93,0.98,'n=24')
grid on;
```

运行结果如图 10-17 所示。

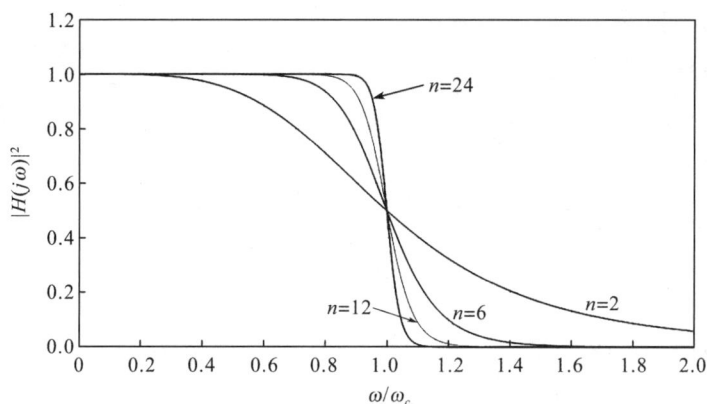

图 10-17　Butterworth 低通模拟原型滤波器的幅频响应平方曲线

2. Chebyshev Ⅰ型滤波器

Chebvshev Ⅰ型模拟低通滤波器的平方幅频响应函数为

$$|H(j\omega)|^2 = A(\omega^2) = \frac{1}{1+\varepsilon^2 C_N^2(\omega/\omega_c)}$$

其中，ε 为小于 1 的正数，表示通带内的幅值波纹情况；ω_c 为截止频率；N 为 Chebyshev 多项式阶数；$C_N^2(\omega/\omega_c)$ 为 Chebyshev 多项式，定义为

$$C_N(x) = \begin{cases} \cos[N\arccos(x)], & |x| \leqslant 1 \\ \cosh[N\mathrm{arcosh}(x)], & |x| > 1 \end{cases}$$

Chebyshev Ⅰ型滤波器的特点是：在通带内具有等波纹起伏特性，而在阻带内则单调下降，且具有更大的衰减特性；阶数越高，特性越接近矩形；传递函数没有零点。

例 10-18　绘制 Chebvshev Ⅰ型模拟低通滤波器的幅频响应平方曲线，阶数分别为 3,5,7,9。

解　程序如下：

```
n=0:0.01:2;                    %设置频率点
for ii=1:4
  switch ii
  case 1,N=3;
  case 2,N=5;
  case 3,N=7;
  case 4,N=9;
  end
  Rp=1;                        %设置通带波纹为 1dB
  [z,p,k]=cheb1ap(N,Rp);       %设计 Chebyshev Ⅰ型滤波器
  [b,a]=zp2tf(z,p,k);          %转换为传递函数形式
  [H,w]=freqs(b,a,n);          %求得传递函数的频率特性
  magH2=(abs(H)).^2;           %求得传递函数的幅频响应平方
```

```
    subplot(2,2,ii);
    plot(w,magH2);
    title(['N=' num2str(N)]);              %将数字 N 转换为字符串与'N='合并作为标题
    xlabel('w/wc');
    ylabel('Chebyshev Ⅰ |H(jw)|^2');
grid on
end
```

运行结果如图 10-18 所示。

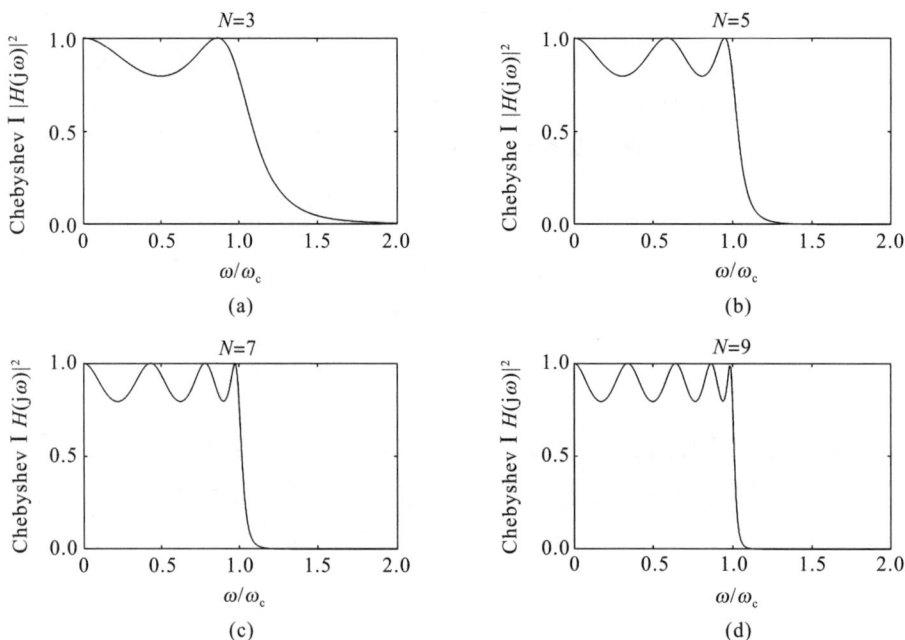

图 10-18　Chebyshev Ⅰ型滤波器的幅频响应平方曲线

3. Chebyshev Ⅱ型滤波器

Chebyshev Ⅱ型模拟低通滤波器的幅频响应平方函数为

$$|H(\mathrm{j}\omega)|^2 = A(\omega^2) = \frac{1}{1+\varepsilon^2 C_N^2(\omega/\omega_c)^{-1}}$$

式中,各项参数的意义同上。Chebyshev Ⅱ型滤波器的特点是:在阻带内具有等波纹的起伏特性,而在通带内是单调、平滑的;阶数越高,频率特性曲线越接近矩形;传递函数既有极点,又有零点。

例 10-19　绘制 Chebyshev Ⅱ型模拟低通滤波器的平方幅频响应曲线,阶数分别为 3,5,7,9。

解　程序如下:

```
n=0:0.01:2;                          %设置频率点
for ii=1:4
  switch ii
```

```
case 1,N=3;
case 2,N=5;
case 3,N=7;
case 4,N=9;
end
Rs=16;                          %阻带衰减设置为 16dB
[z,p,k]=cheb2ap(N,Rs);          %设计 Chebyshev Ⅱ型滤波器
[b,a]=zp2tf(z,p,k);             %转换为传递函数形式
[H,w]=freqs(b,a,n);             %求得滤波器的频率响应
magH2=(abs(H)).^2;              %求得幅频响应平方
subplot(2,2,ii);
plot(w,magH2);                  %绘出幅频响应平方曲线
title(['N=' num2str(N)]);
xlabel('w/wc');
ylabel('Chebyshev Ⅱ |H(jw)|^2');
grid on;
end
```

运行结果如图 10-19 所示。

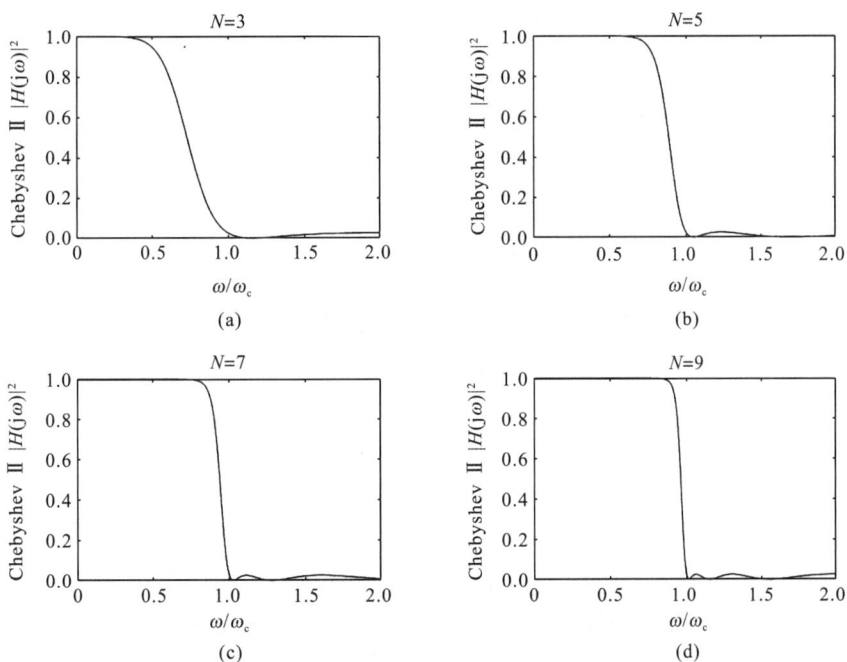

图 10-19　Chebyshev Ⅱ型滤波器的幅频响应平方曲线

4. 矩形窗函数

例 10-20　绘制矩形窗函数的幅频响应曲线,窗长度 N 分别为 15,25,55,100。

解　程序如下:

```
Nf=512;
for ii=1:4
  switch ii
  case 1
    Nwin=15;
  case 2
    Nwin=25;
  case 3
    Nwin=55;
  case 4
    Nwin=100;
  end
  w=boxcar(Nwin);                          %矩形窗
  [y,f]=freqz(w,1,Nf);                     %用不同的窗长度求得复数频率特性
  mag=abs(y);                              %求得幅频响应
  subplot(2,2,ii);
  plot (f/pi,20 * log10(mag/max(mag)));    %绘出幅频形状
  xlabel('归一化频率');ylabel('振幅/dB');
  stext=['N=' int2str(Nwin)];             %给出标题,指出所用的数据个数
  title(stext);grid on;
end
```

运行结果如图 10-20 所示。

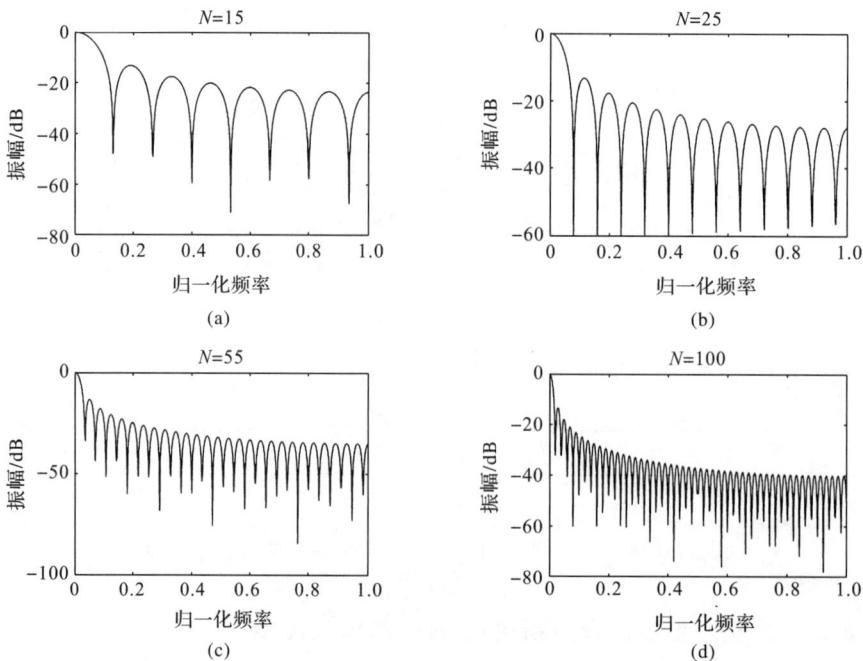

图 10-20　矩形窗函数的幅频响应曲线

§10.3　小波变换

傅里叶变换分析的是整个信号所包含的频率成分,无法分析随时间变化的频率分布情况。短时傅里叶变换,采用短时窗将信号分割成多个小段,对每个小段分别进行傅里叶变换,虽然能够得到不同时间段的频谱信息,但是时频图的分辨率受到固定窗函数的限制。小波变换,采用小波基函数代替傅里叶变换的三角基函数,实现了较高精度的时频和多分辨分析。本节对短时傅里叶变换和小波分析进行程序实现,并介绍小波变换在信号检测中的实际应用方法。

10.3.1　短时傅里叶变换

例 10-21　某一数字信号序列 $x(n)$,$n=0,1\cdots,N-1$,$N=500$,在$(60,160)$和$(260,360)$范围内分别有两个频率不同的余弦信号。利用短时傅里叶变换方法,采用长度为 81 的 Hamming 窗,时间的滑动步长为 1,分析其时频分布。

解　程序如下:

```
N=500;
dt=1;
t=0:dt:N-1;
x=zeros(size(t));
x(60:160)=cos(2 * pi * 1/20 * (t(60:160)-60));
x(260:360)=cos(2 * pi * 1/40 * (t(260:360)-260));
subplot(2,2,1),plot(x),xlabel('时间/s');grid on;
X=fft(x);
subplot(2,2,2),plot((0:N-1/2)/N/dt,abs(X * 2/N));grid on;
xlabel('频率/Hz');ylabel('振幅')
Nw=81;
nstep=1;
h=window(@hamming,Nw);
Ts=[];
L=floor(Nw/2);
F=(0:(Nw-1)/2)/(Nw * dt);
TF=[];
for ii=1:nstep:N
  if(ii<L+1)
     xw=[zeros(1,L-ii+1),x(1:ii+L)]. * h';
  elseif(ii>N-L)
     xw=[x(ii-L:N),zeros(1,(ii+L)-N)]. * h';
```

```
else    %if(ii>L+1&ii<N-L-1)
    xw=x(ii-L:ii+L).*h';
end
Ts=[Ts,ii];
temp=fft(xw,Nw);
TF=[TF,(temp(1:(Nw+1)/2)*2/Nw)'];
end
subplot(2,2,3),mesh(Ts,F,abs(TF));
xlabel('时间/s'),ylabel('频率/Hz'),zlabel('振幅')
subplot(2,2,4),pcolor(Ts,F,abs(TF));
shading interp;
xlabel('时间/s'),ylabel('频率/Hz');
colorbar
```

运行结果如图 10-21 所示。

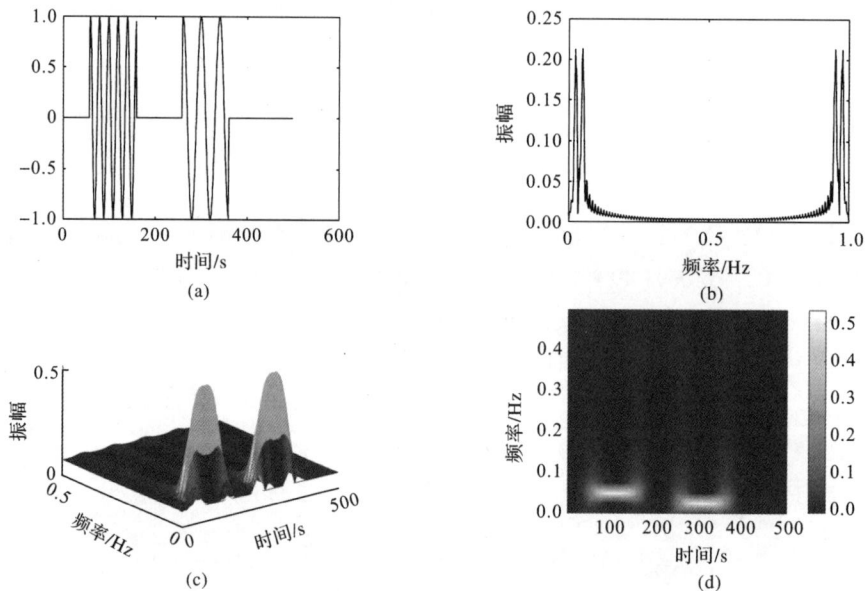

图 10-21　两个频率的余弦信号的短时傅里叶变换分析

10.3.2　小波变换

选择高斯函数的一阶、二阶导数(墨西哥草帽小波函数)作为小波基函数,进行突变点分析。各小波函数的表达式为

$$g(t,a)=\begin{cases} \dfrac{1}{a}\exp\left(-\dfrac{t^2}{2a^2}\right) \\[2ex] \dfrac{t}{a}\exp\left(-\dfrac{t^2}{2a^2}\right) \\[2ex] \left(1-\dfrac{t^2}{a^2}\right)\exp\left(-\dfrac{t^2}{2a^2}\right) \end{cases}$$

例 **10-22**　绘制长度为 400s,且在 200s 处有尺度为 8 的高斯函数的原始波形及其一阶导数、二阶导数的形状。

解　程序如下：

```
si=400;t0=200;a=8;
t=(1:1:si);                        %给出时间序列
x=exp(-((t-t0)/a).^2/2)/a;         %高斯函数
y=(t-t0).*exp(-((t-t0)/a).^2/2)/a; %一阶导数
z=(1-((t-t0)/a).^2).*exp(-((t-t0)/a).^2/2)/a;  %二阶导数
subplot(3,1,1),plot(t,x)
title('高斯小波基')
subplot(3,1,2),plot(t,y)
title('小波基的一阶导数')
subplot(3,1,3),plot(t,z)
title('小波基的二阶导数')
xlabel('时间/s')
```

运行结果如图 10-22 所示。

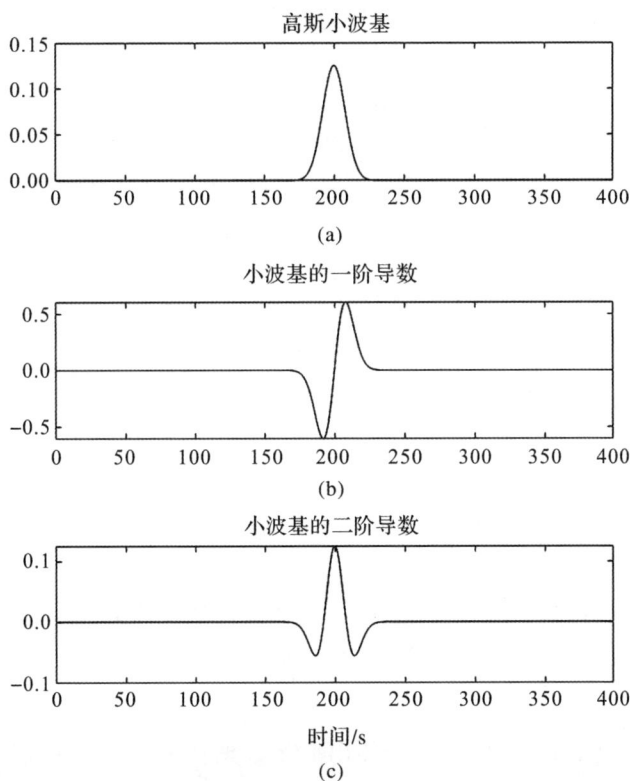

图 10-22　高斯函数及其一阶导数和二阶导数

例 10-23 假设模拟数据有下列形式：

$$x(t)=\begin{cases} 20e^{\frac{t}{200}}\sin(2\pi\times0.01t), & 1\leqslant t<200 \\ 20e^{\frac{t}{200}}\sin(4\pi)+30, & 200\leqslant t<300 \\ 20e^{\frac{t}{200}}\sin(4\pi)+10, & 300\leqslant t<400 \\ 20e^{\frac{t}{200}}\sin(4\pi)+10+100\sin(2\pi\times0.03t), & 400\leqslant t\leqslant500 \end{cases}$$

采用例 10-22 中的小波基和子程序，求其突变点。

解 程序如下：

```
x＝zeros(1,500);                    %设置空矢量
%给出检测数据
for t＝1:1:500
  if (t<200)
    x(t)＝20. * exp(t/200). * sin(2 * pi * 0.01 * t);
  elseif (t>＝200)&&(t<300)
    x(t)＝20. * exp(t/200). * sin(2 * pi * 0.01 * 200)＋30;
  elseif ((t>＝300)&&(t<400))
    x(t)＝20. * exp(t/200). * sin(2 * pi * 0.01 * 200)＋10;
  else
x(t)＝20. * exp(t/200). * sin(2 * pi * 0.01 * 200)＋10＋100 * sin(2 * pi * 0.003 * t);
  end
end
%结束检测数据
x＝x';                              %将检测数据进行转置处理,待用
x＝x－mean(x);                      %去掉平均值
a＝1;                              %给出小波尺度为 1
for n＝(1:1:500)
  t0＝n * 1;
  [g,fai,v]＝gdttest(a,t0,500);
          %调用小波函数的计算程序,反回小波函数 g、高斯函数 fai 及其一阶导数 v
  xx(n)＝sum(x. * g');              %二阶导数的计算(墨西哥草帽小波函数)
  yyy(n)＝sum(x. * (fai)');         %高斯函数的计算
  zzz(n)＝sum(x. * v');             %一阶导数的计算
end
subplot(3,1,1),plot(x);            %绘出原始数据波形
ylabel('检测数据')
subplot(3,1,2),plot(yyy);          %绘出以高斯函数为基函数的小波变换
```

```
ylabel('高斯函数结果')
subplot(3,1,3),plot(zzz);          %绘出高斯函数的一阶导数为基函数的小波变换
ylabel('一阶导数结果')
xlabel('时间/s')
```

运行结果如图 10-23 所示。

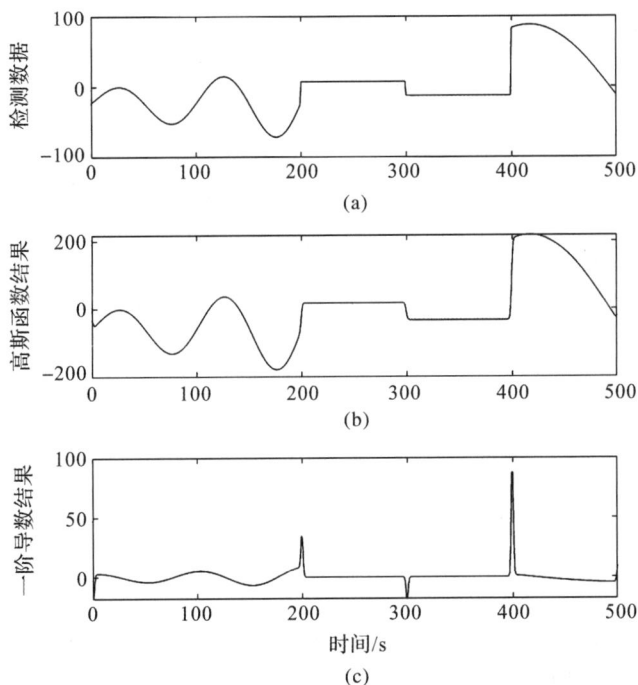

(a)

(b)

(c)

图 10-23　采用不同小波基函数进行信号突变点检测结果

例 10-24　绘制出如图 10-24 所示的非平稳信号,包含 10 Hz、25 Hz、50 Hz 和 100 Hz 四个频率成分,初相位为零;利用自己掌握的小波函数,对该非平稳信号进行时频分析。

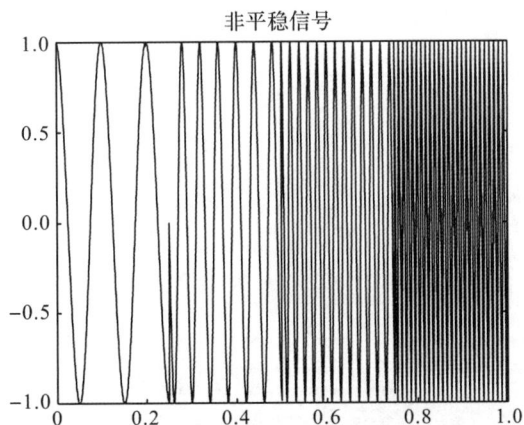

图 10-24　非平稳信号

解　程序如下:

```
%非平稳信号
fs=1000;
t=0:1/fs:1-1/fs;
t1=0:1/fs:0.25-1/fs;
t2=0.25:1/fs:0.5-1/fs;
t3=0.5:1/fs:0.75-1/fs;
t4=0.75:1/fs:1-1/fs;
x1=cos(2 * pi * 10 * t1);
x2=cos(2 * pi * 25 * t2);
x3=cos(2 * pi * 50 * t3);
x4=cos(2 * pi * 100 * t4);
x=[x1, x2, x3, x4];
figure(1);
subplot(2,1,1);
plot(t,x);
title('原始信号');
%连续小波变换
[cfs, frequencies]=cwt(x, 'amor', fs);
subplot(2,1,2);
pcolor(t, frequencies, abs(cfs));
shading interp;
xlabel('时间/s');
ylabel('频率/Hz');
title('时频分析');
colormap jet;
colorbar;
figure(2);
surf(t, frequencies, abs(cfs), 'EdgeColor', 'none');
title('三维时频分析');
xlabel('时间/s');
ylabel('频率/Hz');
zlabel('振幅');
colormap jet;
colorbar;
```

程序运行结果如图 10-25 和图 10-26 所示。

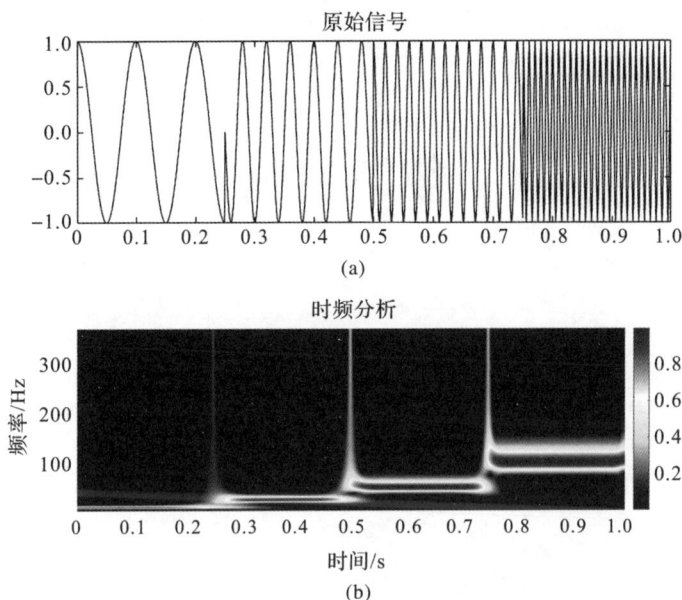

图 10-25　非平稳信号及其时频分析结果

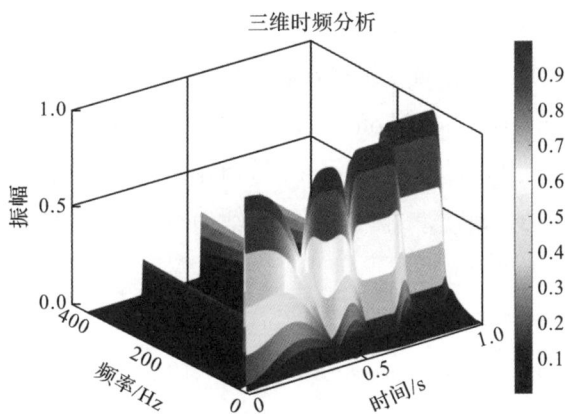

图 10-26　图 10-25 所示非平稳信号时频分析的三维显示结果

●● 习 题 ●●

10-1　设信号 $x(t)=\cos(2\pi\times100t)$，请绘制 $x(t)$ 延迟 10 个单位的信号。

10-2　平稳信号 $x(t)=\cos(2\pi\times10t)+\cos(2\pi\times25t)$，请对该信号进行频谱分析，并绘制该信号及其振幅谱。

10-3　非平稳信号 $x(t)=\begin{cases}\cos(2\pi\times10t),&0\mathrm{s}\leqslant t<5\mathrm{s}\\\cos(2\pi\times25t),&5\mathrm{s}\leqslant y\leqslant10\mathrm{s}\end{cases}$，请对该信号进行傅里叶变换和小波变换（任选一小波基函数），绘制该信号及傅里叶变换得到的振幅谱和小波变换得到的时频谱。

习题 10 参考答案

参考文献

［1］同济大学数学系.高等数学［M］.7 版.北京:高等教育出版社,2014.

［2］徐伯勋,白旭滨,傅孝毅.信号处理中的数学变换和估计方法［M］.北京:清华大学出版社,2004.

［3］郑君里,应启珩,杨为理.信号与系统［M］.北京:高等教育出版社,2000.

［4］谢玉洪,陈志宏,周家雄.中国海上气田时移地震实践［M］.北京:石油工业出版社,2011.

［5］程乾生.数字信号简明教程［M］.北京:高等教育出版社,2007.

［6］Yilmax Ö Z. Engineering seismology with applications to geotechnical engineering ［M］. Tulsa of USA: Society of Exploration Geophysicists,2015.

［7］Stein S,Wysession M.地震学、震源及地球结构概论［M］.梁春涛,李红谊,田有,等译.北京:科学出版社,2020.

［8］Cooley J,Tukey J. An algorithm for the machine calculation of complex Fourier series［J］. Mathematics of Computation,1965,19(90):297-301.

［9］董世学,韩立国,王建民,等.检波器-地表耦合系统对地震记录的影响［J］.地球物理学报,2001,44:161-169.

［10］石战结,田钢,董世学,等.沙漠地区地震检波器耦合的高频信号匹配滤波技术［J］.石油物探,2005,44(3):261-263.

［11］Shi Z J,Tian G,Dong S X,et al. Attenuation compensation of low-velocity layers using micro-seismogram logs: case studies［J］. Journal of Geophysics and Engineering,2004,1(3):181-186.

［12］刘钰,石战结,王帮兵,等.探地雷达子波确定性稀疏脉冲反褶积技术［J］.浙江大学学报(工学版),2018,52(9):1828-1836.

［13］Gabor D. Theory of communication［J］. Radio and Communication,1946,93:429-457.

［14］Allen J B. Short time spectral analysis, synthesis, and modification by discrete Fourier transform［J］. IEEE Transactions on Acoustics, Speech, and Signal Processing, 1977, 25(3): 235-238.

［15］Morlet J, Arens G, Fourgeau E, et al. Wave propagation and sampling theory—Part Ⅰ: complex signal and scattering in multilayered media［J］. Geophysics, 1982, 47(2): 203-221.

［16］Haar A. On the theory of orthogonal function systems［J］. Mathematische Annalen, 1910, 69 (3): 331-371.

［17］Grossman A, Morlet J. Decomposition of hardy functions into square integrable wavelets of constant shape［J］. SIAM Journal on Mathematical Analysis, 1984, 15: 723-736.

［18］Meyer Y. Wavelets andoperators［M］. Cambridge University Press, 1992.

［19］Daubechies I. Ten lectures on wavelets［M］. Philadelphia of USA: Society of Industrial and Applied Mathematics, 1992.

［20］Mallet S G. A Theory for multiresolution signal decomposition: the waveletrepresentation［J］. IEEE Trans. Pattern Annal. Machine Intell, 1989, 11: 674-693.

［21］Coifman R R. Uniform analyticity of orthogonal projections［J］. Transactions of the American Mathematical Society, 1989, 312: 779-817.

［22］Candès E, Demanet L, Donoho D, et al. Fast discrete curvelet transforms［J］. Multiscale Modeling and Simulation, 2006, 5(3): 1-44.

［23］Stockwell R G, Mansinha L, Lowe R P. Localization of the complex spectrum: the S transform［J］. IEEE Transactions on Signal Processing, 1996, 44(4): 998-1001.

［24］Boashash B, Ristich B. Polynomial Wigner-Ville distributions and time-varying higher-order spectra［J］. IEEE Xplore, 1992:31-34.

［25］Hou Z Z, Yang W C. Two-dimensional wavelet transform and multi-scale analysis of the gravity field of China［J］. Chinese Journal of Geophysics, 1997, 40(1): 85-95.

［26］Rumelhart D E, Hinton G E, Williams R J. Learning representations by back-propagating errors［J］. Nature, 1986, 323: 533-536.

［27］Yu G, Wang Z H, Zhao P. Multisynchrosqueezing transform［J］. IEEE Transactions on Industrial Electronics, 2019, 66(7): 5441-5455.

［28］Hall-Beyer M. Practical guidelines for choosing GLCM textures to use in landscape classification tasks over a range of moderate spatial scales［J］. International Journal of Remote Sensing, 2017, 38(5): 1312-1338.

[29]刘爱利,王培法,丁园圆.地统计学概论[M].北京:科学出版社,2012.

[30]Strebelle S. Conditional simulation of complex geological structures using multiple-pointstatistics[J]. Mathematical Geology,2002,34(1):1-21.

[31]Mariethoz G,Renard P,Straubhaar J. The direct sampling method to perform multiple-point geostatistical simulations[J]. Water Resources Research,2010,46:W11536.

[32]Bezdek J C,Ehrlich R,Full W. FCM:the fuzzy C-means clusteringalgorithm[J]. Computers and Geosciences,1984,10:191-203.

[33]Rodriguez A,Laio A. Clustering by fast search and find of density peaks[J]. Science,2014,344:1492-1496.